住房和城乡建设部"十四五"规划教材

全国住房和城乡建设职业教育教学指导委员会规划推荐教材

工程项目招投标与合同管理
（第四版）

（土建类专业适用）

兰凤林　主编

U0299632

中国建筑工业出版社

图书在版编目（CIP）数据

工程项目招投标与合同管理/兰凤林主编.—4 版
.—北京：中国建筑工业出版社，2021.2（2022.12重印）
住房和城乡建设部"十四五"规划教材 全国住房和
城乡建设职业教育教学指导委员会规划推荐教材
ISBN 978-7-112-25806-2

Ⅰ.①工… Ⅱ.①兰… Ⅲ.①建筑工程-招标-职业
教育-教材②建筑工程-投标-职业教育-教材③建筑工
程-合同-管理-职业教育-教材 Ⅳ.①TU723

中国版本图书馆 CIP 数据核字（2020）第 267640 号

本教材共 7 个教学单元。教学单元 1 主要阐述了工程项目与项目管理、建设工程市场和招投标在我国的发展；教学单元 2 以施工招标为例，讲述了招标方式、招标程序和具体的招标工作；教学单元 3 介绍了投标的程序、投标文件的编制和投标报价；教学单元 4 主要讲述了合同的订立、履行、变更、终止、违约责任和争议的处理方式；教学单元 5 分别从建设工程施工合同示范文本的主要内容、通用条款的一般约定、质量、进度、造价、安全控制条款等方面进行介绍；教学单元 6 阐述了工程的发包与承包模式、施工合同类型的选择、合同的签订、履约和风险防范；教学单元 7 主要讲述了施工索赔的程序、索赔报告、索赔的计算、索赔技巧与反索赔。

本教材编写思路清晰，配套资源丰富，不仅有单元学习导图、学习案例，还有电子教案、PPT、微课、在线自测题等数字资源，以及相关的课程思政学习讨论，实用性强。

本教材既可供高职高专土建施工类专业学生使用，还可以作为工程技术人员的学习和培训用书。

通过以下方式获取教师课件：1. 邮箱 jckj@cabp. com. cn；2. 电话（010）58337285；3. 建工书院 http://edu. cabplink. com

责任编辑：李 阳 李 明
责任校对：芦欣甜

住 房 和 城 乡 建 设 部 " 十 四 五 " 规 划 教 材
全国住房和城乡建设职业教育教学指导委员会规划推荐教材
工程项目招投标与合同管理（第四版）
（土建类专业适用）
兰凤林 主编
*
中国建筑工业出版社出版、发行（北京海淀三里河路 9 号）
各地新华书店、建筑书店经销
霸州市顺浩图文科技发展有限公司制版
北京市密东印刷有限公司印刷
*
开本：787 毫米×1092 毫米 1/16 印张：15¼ 字数：352 千字
2021 年 9 月第四版 2022 年 12 月第三次印刷
定价：42.00 元（赠教师课件）
ISBN 978-7-112-25806-2
（37036）

修订版教材编审委员会名单

主 任：赵 研

副主任：危道军 胡兴福 王 强

委 员 （按姓氏笔画为序）：

丁天庭	于 英	卫顺学	王付全	王武齐
王春宁	王爱勋	邓宗国	左 涛	石立安
占启芳	卢经杨	白 俊	白 峰	冯光灿
朱首明	朱勇年	刘 静	刘立新	池 斌
孙玉红	孙现申	李 光	李 辉	李社生
杨太生	吴承霞	何 辉	宋新龙	张 弘
张 伟	张若美	张鲁风	张瑞生	陈东佐
陈年和	武佩牛	林 密	季 翔	周建郑
赵琼梅	赵慧琳	胡伦坚	侯洪涛	姚谨英
夏玲涛	黄春蕾	梁建民	鲁 军	廖 涛
熊 峰	颜晓荣	潘立本	薛国威	魏鸿汉

本教材编审委员会名单

主　任：杜国城

副主任：杨力彬　张学宏

委　员（按姓氏笔画为序）：

丁天庭　于　英　王武齐　朱首明　朱勇年

危道军　杨太生　林　密　季　翔　周建郑

赵　研　胡兴福　姚谨英　葛若东　潘立本

魏鸿汉

修订版序言

　　本套教材第一版于 2003 年由建设部土建学科高等职业教育专业指导委员会本着"研究、指导、咨询、服务"的工作宗旨，从为院校教育提供优质教学资源出发，在对建筑工程技术专业人才的培养目标、定位、知识与技能内涵进行认真研究论证，整合国内优秀编者团队，并对教材体系进行整体设计的基础上组织编写的，于 2004 年首批出版了 11 门主干课程的教材。教材面世以来，应用面广、发行量大，为高职建筑工程技术专业和其他相关专业的教学与培训提供了有效的支撑和服务，得到了广大应用院校师生的普遍欢迎和好评。结合专业建设、课程建设的需求及有关标准规范的出台与修订，本着"动态修订、及时填充、持续养护、常用常新"的宗旨，本套教材于 2006 年（第二版）、2012 年（第三版）又进行了两次系统的修订。由于教材的整体性强、质量高、影响大，本套教材全部被评为住房和城乡建设部"十一五""十二五""十三五""十四五"规划教材，大多数教材被评为"十一五""十二五"国家规划教材，数部教材被评为国家精品教材。

　　目前，本套教材的总量已达 25 部，内容涵盖高职建筑工程技术专业基础课程、专业课程、岗位课程、实训教学等全领域，并引入了现代木结构建筑施工等新的选题。结合我国建筑业转型升级的要求，当前正在组织装配式建筑技术相关教材的编写。

　　本次修订是本套教材的第三次系统修订，目的是为了适应我国建筑业转型发展对高职建筑工程技术专业人才培养的新形势、建筑技术进步对高职建筑工程技术专业人才知识和技能内涵的新要求、管理创新对高职建筑工程技术专业人才管理能力充实的新内涵、教育技术进步对教学手段及教学资源改革的新挑战、标准规范更新对教材内容的新规定。

　　应当着重指出的是，从 2015 年起，经过认真地论证，主编团队在有关技术企业的支持下，对本套教材中的《建筑识图与构造》《建筑力学》《建筑结构》《建筑施工技术》《建筑施工组织》进行了系统的信息化建设，开发出了与教材紧密配合的 MOOC 教学系统，其目的是为了适应当前信息化技术广泛参与院校教学的大形势，探索与创新适应职业教育特色的新型教学资源建设途径，积极构建"人人皆学、时时能学、处处可学"的学习氛围，进一步发挥教学辅助资源对人才培养的积极作用。我们将密切关注上述 5 部教材及配套 MOOC 教学资源的应用情况，并不断地进行优化。同时还要继续大力加强与教材配套的信息化资源建设，在总结经验的基础上，选择合适的教材进行信息化资源的立体开发，最终实现"以纸质教材为载体，以信息化技术为支撑，二者相辅相成，为师生提供一流服务，为人才培养提供一流教学资源"的目的。

今后，还要继续坚持"保持先进、动态发展、强调服务、不断完善"的教材建设思路，不简单追求本套教材版次上的整齐划一，而是要根据专业定位、课程建设、标准规范、建筑技术、管理模式的发展实际，及时对具备修订条件的教材进行优化和完善，不断补充适应建筑业对高职建筑工程技术专业人才培养需求的新选题，保证本套教材的活力、生命力和服务能力的延续，为院校提供"更好、更新、更适用"的优质教学资源。

住房和城乡建设职业教育教学指导委员会

土建施工类专业指导委员会

序　言

　　高等学校土建学科教学指导委员会高等职业教育专业委员会(以下简称土建学科高等职业教育专业委员会)是受教育部委托并接受其指导,由建设部聘任和管理的专家机构。其主要工作任务是,研究如何适应建设事业发展的需要设置高等职业教育专业,明确建设类高等职业教育人才的培养标准和规格,构建理论与实践紧密结合的教学内容体系,构筑"校企合作、产学结合"的人才培养模式,为我国建设事业的健康发展提供智力支持。在建设部人事教育司的领导下,2002年,土建学科高等职业教育专业委员会的工作取得了多项成果,编制了土建学科高等职业教育指导性专业目录;在"建筑工程技术""工程造价""建筑装饰技术""建筑电气技术"等重点专业的专业定位、人才培养方案、教学内容体系、主干课程内容等方面取得了共识;制定了建设类高等职业教育专业教材编审原则;启动了建设类高等职业教育人才培养模式的研究工作。

　　近年来,在我国建设类高等职业教育事业迅猛发展的同时,土建学科高等职业教育的教学改革工作亦在不断深化之中,对教育定位、教育规格的认识逐步提高;对高等职业教育与普通本科教育、传统专科教育和中等专业教育在类型、层次上的区别逐步明晰;对必须背靠行业、背靠企业,走校企合作之路,逐步加深了认识。但由于各地区的发展不尽平衡,既有理论又能实践的"双师型"教师队伍尚在建设之中等原因,高等职业教育的教材建设对于保证教育标准与规格,规范教育行为与过程,突出高等职业教育特色等都有着非常重要的现实意义。

　　"建筑工程技术"专业(原"工业与民用建筑"专业)是建设行业对高等职业教育人才需求量最大的专业,也是目前建设类高职院校中在校生人数最多的专业。改革开放以来,面对建筑市场的逐步建立和规范,面对建筑产品生产过程科技含量的迅速提高,在建设部人事教育司和中国建设教育协会的领导下,对该专业进行了持续多年的改革。改革的重点集中在实现三个转变,变"工程设计型"为"工程施工型",变"粗坯型"为"成品型",变"知识型"为"岗位职业能力型"。在反复论证人才培养方案的基础上,中国建设教育协会组织全国各有关院校编写了高等职业教育"建筑施工"专业系列教材,于2000年12月由中国建筑工业出版社出版发行,受到全国同行的普遍好评,其中《建筑构造》《建筑结构》《建筑施工技术》被教育部评为普通高等教育"十五"国家级规划教材。土建学科高等职业教育专业委员会成立之后,根据当前建设类高职院校对"建筑工程技术"专业教材的迫切需要;

根据新材料、新技术、新规范急需进入教学内容的现实需求，积极组织全国建设类高职院校和建筑施工企业的专家，在对该专业课程内容体系充分研讨论证之后，在原高等职业教育"建筑施工"专业系列教材的基础上，组织编写了《建筑识图与构造》《建筑力学》《建筑结构》（第二版）《地基与基础》《建筑材料》《建筑施工技术》（第二版）《建筑施工组织》《建筑工程计量与计价》《建筑工程测量》《高层建筑施工》《工程项目招投标与合同管理》11 门主干课程教材。

  教学改革是一个不断深化的过程，教材建设是一个不断推陈出新的过程，希望这套教材能对进一步开展建设类高等职业教育的教学改革发挥积极的推进作用。

土建学科高等职业教育专业委员会

2003 年 7 月

修订版前言

招投标制度作为国内外经常采用的一种工程承发包的交易方式，已经形成了较为完整的体系。"工程项目招投标与合同管理"也成为土木建筑类院校学生的必修课。但是随着经济、技术和社会的飞速发展，与工程招投标、合同管理相关的法律法规和示范文本也在不断更新。为了跟上社会发展的步伐，本教材内容也及时进行更新。

此次修订过程中力求突出以下特色：

1. 与现行的工程招投标、合同管理相关的法律法规和示范文本同步

本书将 2013 年以来更新和发布的招投标方面的法律法规融入教材中，如 2017 年修正版的《中华人民共和国招标投标法》、2019 年修订的《中华人民共和国招投标法实施条例》，以及 2018 年开始实施的《招标公告和公告信息发布管理办法》《必须招标的工程项目规定》、2017 年版的《施工合同示范文本》等。

2. 立足于建设工程施工招投标、施工合同管理与索赔

现在很多院校开设"工程项目招投标与合同管理"课程的课时很有限，32～48 学时不等，甚至有更少的。在这种学时范围内，教学内容主要围绕最具有代表性的施工招投标与合同管理来讲解，能最大程度上满足教学的需要，更有利于将施工这一环节的招投标与合同管理讲透彻，以达到触类旁通的目的。

3. 知识点的表现形式更丰富、内容务实、可操作性强

（1）第四版中以思维导图的形式增加了每一教学单元的单元导图，方便学生把握知识框架和要点；

（2）正文和单元练习中都增加了较多案例，方便学生学以致用、活跃思维；

（3）围绕教材知识内容的延伸，增加了微课；

（4）单元练习题的形式不再是呆板的简答题，而是更为灵活的选择题、填空题、判断题、案例分析题等，更贴近学生的考试题型。

本教材第三版修订由林密主编（修订第二章、第三章、第六章），李涛任副主编（修订第一章、第四章、第五章）。

本教材第四版修订由四川建筑职业技术学院的兰凤林主编（负责全书统稿并修订教学单元 1～3）、李涛任副主编（修订教材单元 1）、王硕任副主编（修订教学单元 4～7）。

尽管我们在教材内容选择和教材特色的探索方面做了很多努力，但是由于编者水平有限，教材中仍可能存在一些错误和不足，恳请各教学单位和读者在使用本教材的过程中提出宝贵意见，以便下次修订时改进。

前　言

随着建设市场的发育日益成熟和建设法规的日臻完善，作为当代的建设行业的技术管理人员没有招标投标和合同管理方面的知识和技能，就无法面对高风险的建设市场。因此，高职高专院校建筑工程类专业应该开设本课程，并将其作为必修课程。

本课程试图通过课堂讲授和课程设计，使学生了解建设市场、FIDIC 合同条件；熟悉项目经营管理、建设法规、合同原理、建设工程施工合同；掌握招标投标操作实务、施工合同的签订和管理、施工索赔等方面的知识。

本教材的课堂讲授时间约为 60 学时，课程设计一至二周。教材在课程内容和课程设计的安排上，都留有一定的余地，使用时可根据各校的实际情况进行取舍。

本教材根据高等学校土建学科指导委员会高等职业教育专业委员会制定的建筑工程技术专业的教育标准、培养方案和本课程教学基本要求组织编写。宁波高等专科学校林密任主编并编写第二章、第三章和课程设计指导书，湖南城建职业技术学院唐健人任副主编并编写第七章、第八章，四川建筑职业技术学院李涛编写第一章、第四章，黄河水利职业技术学院张振安编写第五章、第六章。武汉职业技术学院张定文任主审。

本书在编写过程中，参考了大量文献资料，在此谨向它们的作者表示衷心的感谢。

由于编者水平有限，本教材难免存在不足之处，敬请老师和同学们指正。

目 ● 录

教学单元 1

绪　论

【单元学习导图】

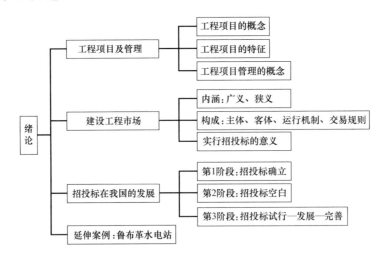

1.1 工程项目与工程项目管理

1.1.1 工程项目

"项目"一词已越来越广泛地被人们用于社会经济和文化生活的各个方面。人们经常用"项目"来表示一类事物或需要完成的某种任务。比如建造一栋大楼、一座工厂、一座水坝，也可能是完成某个科研课题、举办一次活动等。因此项目的定义很多，许多专家都用简单通俗的语言对项目进行抽象性概括和描述。虽然表达各不相同，但可以简要地概括为：项目就是指在一定的约束条件下（主要是指限定的资源、时间和质量要求），具有特定目标的一次性任务。

项目具有以下特征：

（1）一次性

一次性是项目最主要的特征，是项目与普通活动的最大区别。项目有确定的起点和终点，没有可以完全照搬的先例，也不会有完全相同的过程和资源消耗。项目的其他特征也是从这一主要特征衍生出来的。

（2）具有约束条件

项目的约束条件主要有：①时间约束，即要有合理的建设工期时限；②资源约束，即有一定的投资总额、人力、物力等条件限制；③质量约束，即每项工程都有预期的生产能力、产品质量、技术水平或使用效益的目标要求。

（3）独特性

每个项目都是独特的。这种独特性可能表现为项目提供的成果与众不同，也可能是项目的时间和地点、内外部环境、自然和社会条件有别于其他项目。总之，每个项目都是独一无二的。

（4）目标的明确性

项目具有明确的目标，包括约束性目标（如工期、质量、成本、安全）、成果性目标（如需要满足的功能）和其他一些需要满足的目标。

（5）项目活动的整体性

项目中的一切活动都是互相联系构成一个整体的，不能有多余的活动，也不能缺少某些活动，否则必将损害项目目标的实现。

（6）组织的临时性和开放性

临时性是指随着项目的进展、项目组织的任务、人员和职责都不断变化，项目终结时，项目组织要解散，人员要转移。开放性是指参与项目的组织往往有多个，它们通过协议或合同以及其他社会关系结合在一起，在项目的不同阶段不同程度地介入项目活动中。

（7）开发与实施的渐进性

每个项目都是独特的，因此，项目的开发过程必然是渐进的，不可能复制通用的模式。即使有可借鉴的模式，也都需要经过逐步的补充、修改和完善。

工程项目是项目家族中最常见、最典型的一类。根据《建设工程项目管理规范》GB/T 50326—2017 中，建设工程项目是指为完成依法立项的新建、扩建、改建工程，进行的、有起止日期的、达到规定要求的一组相互关联的受控活动，包括策划、勘察、设计、采购、施工、试运行、竣工验收和考核评价等阶段。

1.1.2　工程项目管理

工程项目管理是以工程项目为对象的项目管理，是在一定的约束条件下，以最优地实现项目目标为目的，按照内在的逻辑规律对工程项目进行计划、组织、协调、指挥、控制的系统管理活动。

工程项目管理贯穿于项目从决策、设计、施工直至建成投产为止的全过程，涉及建设、咨询、设计、施工、监理，以及建设行政主管部门、材料设备供应商等单位，它们在项目管理工作中相互合作。

1.2　建设工程市场

1.2.1　建设工程市场的内涵

建设工程市场是指以建设工程承发包交易活动为主要内容的市场。有狭义和广义之分：

　　狭义的建设工程市场是指进行建设产品交易的具体场所，是有形的市场，例如工程交易中心或者是公共资源交易中心。

　　广义的建设工程市场是指与建设产品有关的一切交易关系的总和，包括有形的市场和无形的市场。

　　（1）与工程建设有关的各种要素市场，如劳务市场、资本市场、技术市场、设备租赁市场、建筑材料市场等。

　　（2）为工程建设提供专业服务的有关组织体系（工程市场），如勘察设计市场、施工市场、项目管理市场等。

　　（3）建设产品生产及流通过程中的经济联系和经济关系（即无形的建设工程市场）。

1.2.2　建设工程市场的构成

　　建设工程市场的构成包括市场主体、客体、运行机制、交易规则。

　　（1）主体

微课 1.1
我国建筑
工程市场的
资质管理

　　市场主体是指在建设工程交易活动中，享有权利和承担义务的组织或个人。它包括发包人、承包人和咨询服务机构。

　　发包人是建设工程项目的发起人，是项目的投资者，属于建设工程市场的买方（合同中的甲方）。发包人在我国又称为业主或建设单位。发包人可以是企事业单位、联合投资董事会、各类开发公司或个人。

　　承包人是依法取得行业资质或许可，在法律允许的范围内承揽工程业务，提供发包人所需的产品或服务，并获得相应的工程价款的企业，属于建设工程市场的卖方（合同中的乙方）。例如勘察、设计、施工等单位属于承包人。

　　咨询服务机构是指具有一定注册资金，一定数量的工程技术、经济管理人员，取得相应咨询资质、营业执照，能为项目的发包人或承包人提供咨询服务的机构。例如招标代理机构、工程造价事务所、监理单位等。咨询服务机构属于建设工程市场的卖方（合同中的乙方）。

　　（2）客体

　　建设工程市场的客体是指市场中买卖双方交易的对象，包括建设产品和相关的服务。

　　建设产品属于有形产品，如一座桥、一栋大厦、一条路。相关服务属于无形的产品，主要依靠智力提供服务，如监理服务、咨询服务。

　　（3）运行机制

　　市场的运行机制主要包括交易方式、竞争方式和定价机制。在建设工程市场中，竞争方式以招投标为主，交易方式以订货交易为主，定价机制采用预结算为主。

　　（4）交易规则

　　承发包双方都应遵守政府制定的相关法律法规、标准规范，应采用书面形式订立交易合同。政府对企业或从业人员采用资质认定的方式进行管理，对工程建设的质量、安全进行监督。

1.2.3　在工程项目的承发包交易中实行招投标制度的意义

在我国的建设工程市场中，承发包交易以招投标为主，其他方式为辅。

（1）工程项目招投标是培育和发展建设工程市场的重要环节。首先，推行招投标有利于规范建设工程市场主体的行为，促进合格市场主体的形成；其次，推行招投标有利于形成良性的市场运行机制；最后，通过推行招投标，有利于为市场主体创造一个公平竞争的环境，有利于政府对工程建设进行监督。

（2）推行工程项目招投标有利于促进经济体制配置改革和市场经济体制的建立。推行招投标，可以打破垄断，有利于资源的优化配置，使市场竞争有序化，为市场经济的形成奠定基础。

（3）推行工程项目招投标有利于促进我国的建筑业与国际工程承发包市场接轨。无论是我国的公司到国外去承包工程，还是外国政府、国际组织的资金进入我国投资，工程建设的承发包方式都是以招投标为主。所以在我国推行招投标有利于"走出去，引进来"，与国际承发包市场接轨。

1.3　工程项目招投标在我国的发展

工程招投标制度起源于国外，英国是在工程承发包领域最早实行招投标制度并将其法制化的国家，引入我国的时间相对较晚。招投标制度在我国的发展，大体经历了三个阶段。

1. 第 1 阶段，1949 年以前，招投标制度在我国已经确立。

1864 年，法国在上海的法租界内修建法国领署时最早采用招投标制度，但那时我国处于半殖民地半封建状态，主权丧失，招投标双方都是国外的机构和公司，与我国的法律、制度、机构、人员无关。1880 年，上海的"杨瑞记"营造厂（承包商）宣布成立，并于 1892 年在上海的江海关大楼工程中中标，取得该工程建造权，标志着招投标制度在我国正式确立。

2. 第 2 阶段，1949 年—1979 年，招投标制度在我国是空白期。

由于我国实行严格的计划经济，工程建设任务由政府宏观调控，统一计划、统一分配给各大公有制企业，缺乏市场经济的竞争基础，也没有通过招标引入竞争的需要，因此这一阶段招投标制度在我国处于空白期。

3. 第 3 阶段，1979 年至今，招投标制度在我国先后经历了试行—发展—完善的过程。

（1）1979 年—1989 年，招投标制度在我国试行

1979 年我国开始改革开放，探索市场经济体制。1980 年，在工程项目承包与发包中允许试行招标、投标方式。1982 年，我国获得了中华人民共和国成立后的第一笔世界银行的贷款，该贷款用于修建鲁布革水电站的引水系统工程。按照世界银行的规定，该项目必须在全球范围内进行公开招标。鲁布革水电站工程不仅给我国的工程建设管理带来深远的影响，在我国招投标制度的发展历史上也具有里程碑意义。1983 年，我国颁布了《建筑安装工程招标投标试行办法》，1984 年颁布了《建设工程招标投标暂行规定》。这标志着我国招投标的基本原则已经确立，但是这一时期的招投标制度并未得到有效实施，而且在各领域的发展不均衡。

（2）1990 年—2000 年，招投标制度在我国进一步发展

这 10 年间，我国在招投标方面陆续颁布了一系列的法律法规，为招投标制度的发展奠定了较为坚实的法律基础。1991 年发布了《国家计委关于加强国家重点建设项目及大型建设项目招标投标管理的通知》；1997 年颁布《中华人民共和国建筑法》，巩固了招投标方式在承发包领域的地位；1999 年第九届全国人大常委会通过了《中华人民共和国招标投标法》；随后国务院和地方人大颁发了配套的行政法规和一系列地方性法规，这意味着我国招投标的法律体系基本形成。这一时期是我国招投标发展的蓬勃时期，招投标方式的运用领域进一步扩大，招投标制度深入人心。

（3）2000 年至今，招投标制度在我国进一步健全和完善

2000 年至今，我国招投标方面的法律法规、规范性文件更加细化和具体，全方位规范着承发包双方的交易行为。2002 年《中华人民共和国政府采购法》产生，规范了政府采购行为，扩大了招投标的实施领域；2007 年，九部委联合颁布了《房屋建筑和市政工程标准施工招标文件》和《房屋建筑和市政工程标准施工招标资格预审文件》；2011 年通过了《中华人民共和国招标投标法实施条例》；2013 年颁布了《电子招标投标办法》，同年又对以前的相关法律法规进行修订；2017 年发布《招标公告和公示信息发布管理办法》；2018 年发布了《必须招标的工程项目规定》。这些都标志着我国的招投标制度已经越来越健全、完善，也意味着我国的建设工程市场竞争越来越规范、有序。

【延伸案例】 鲁布革水电站工程

鲁布革原本是一个名不见经传的布依族小山寨，意为"山清水秀的村寨"，位于云贵两省交界的深山峡谷之中。让它闻名于世的原因是因为这里修建了鲁布革水电站。该电站是我国"六五"和"七五"期间的重点工程项目。

1. 工程简介

鲁布革水电站是珠江上游南盘江左岸支流黄泥河上的最后一座梯级电站。电站总装机容量 60 万千瓦（4×150MW），年平均发电量 27.5 亿千瓦时。由首部枢纽、引水发电系统、地下厂房三部分组成。电能通过 4 条 220 千伏、2 条 110 千伏线路分别送往昆明和贵州兴义等地。鲁布革水电站于 1957 年开始初步规划，1982 年 11 月开工建设，1988 年 12 月第一台机组投产发电，1990 年底建成投产。

2. 名号响当当

鲁布革水电站被誉为中国水电基础建设对外开放的"窗口"电站。它创造出多项中

国第一：

中国第一个面向国际公开招投标的工程！

国内第一个引进世界银行贷款的工程建设项目！

中国第一次项目管理体制改革！

首个土木施工国际招标项目！

首个采用合同制管理的项目！

首次引进监理制度的项目！

3. 这么牛的工程是谁修建的

业主单位：云南省电力工业局

建设管理单位：水利电力部鲁布革工程管理局

设计单位：昆明勘测设计院

施工单位：首部和厂区：水利电力部第十四工程局（以下简称水电十四局）

引水系统工程：日本大成建设株式会社

咨询机构：世界银行特别咨询团（SBC）、澳大利亚雪山工程公司（SMEC）、挪威咨询顾问团（AGN）

运行单位：鲁布革发电总厂

主要设备供应商：发电机组：德国西门子公司

水轮机和球阀：挪威克维聂公司

变压器：日本住友公司

4. 引水系统工程招投标情况

1981年，水利电力部决定利用世界银行贷款。世界银行的贷款总额为1.454亿美元。按其规定，引水系统工程的施工要按照国际咨询工程师联合会（FIDIC）推荐的程序进行国际公开招标。

1982年9月招标公告发布，设计概算1.8亿元，标底1.4958亿元，工期1579天。

1982年9月至1983年6月，资格预审，15家符合资格的中外承包商购买标书。

1983年11月8日，投标大会在北京举行，总共有8家公司投标，其中1家废标，见表1-1。

投标单位及报价 　　　　　　　　　　　表 1-1

投标人	投标报价(人民币:元)
日本大成公司	84630590.97
南斯拉夫能源工程公司	132234146.30
日本前田公司	87964864.29
法国SBTP公司	179393719.20
意美合资英波吉洛联营公司	92820660.50
中国闽昆、挪威FHS联营公司	121327425.30
中国贵华、前联邦德国霍兹曼联营公司	119947489.60
德国霍克蒂夫公司	废标

评标结果公布，日本大成公司中标（投标价 8463 万元、是标底的 56.58%，工期 1545 天）。

5. 引入竞争带来的震撼

完工后的日本大成公司共制造出了至少三大冲击波：第一波价格，中标价仅为标底的 56.58%；第二波队伍，日本大成公司派到现场的只有一支 30 人的管理队伍，作业工人全部由中国承包公司委派；第三波结果，完工决算的工程造价为标底的 60%、工期提前 156 天、质量达到合同规定的要求。

鲁布革工程创造了 14 项全国纪录，荣获了"国家优秀勘察（金质）奖""国家优秀设计（金质）奖"和"建筑工程鲁班奖"。被评为"新中国成立 60 周年百项经典暨精品工程"之一。

6. 没有对比就没有伤害

相比引水系统工程，水电十四局承担的首部枢纽工程进展缓慢，1983 年开工。世界银行特别咨询团于 1984 年 4 月和 1985 年 5 月两次到工地考察，都认为按期完成截流计划难以实现。

水电十四局发动千人会战，进度有加快，但成本大增、质量出现问题。用的是同样的工人（日本大成公司劳务人员来自中方），两者差距为何那么大？此时，中国的施工企业意识到，奇迹的产生源于好的机制，高效益来自科学的管理。

7. 深远影响

鲁布革工程管理经验的精髓是改革、发展和创新。

（1）对水电建设领域的影响

该项目之后，我国水电建设率先实行业主负责、招标承包和建设监理制度，推广项目法施工经验。新的水电建设体制逐步确立，计划经济的自营体制宣告结束，改革成效逐渐显现。这种新的管理模式带来了效率的极大提升，加快了我国水电开发进程，促进了我国水电建设管理体制改革。

（2）对其他领域的影响

1987 年 5 月 30 日，国家计委召开全国施工工作会议，推广"鲁布革工程管理经验"。此后，全国大小施工工程开始试行招投标制与合同制管理，对我国工程建筑领域的管理体制、劳动生产率和报酬分配等方面产生了重大影响。鲁布革经验冲击了旧的管理体制和自营管理机制，促进了新型管理体制的形成和发展，增强了改革意识；引进了国外先进的科学技术、管理经验和先进设备，培育了创新精神；锻炼了队伍，培养了人才，也激发了职工拼搏进取的精神；激发了中国企业的改革热情，促进了我国建筑行业项目管理的发展。

它的影响早已超出水电系统本身，对人们的思想造成了强烈冲击，是我国水电建设改革史上的重要里程碑，在我国改革开放史上也占有一席之地。

• 思政讨论区 •

　　同学们，1982 年修建鲁布革水电站时，我国无论是建造技术、材料制造还是建设工程项目管理水平，都是非常落后的，所以这个水电站的建造带给我们震撼，也使我们交了高昂的"学费"。但是经过近 40 年的励精图治，我国先后建造了很多举世瞩目的工程，例如港珠澳大桥、雷神山医院，让世界见证了"中国实力"和"中国速度"。

　　问题：1. 请同学们讨论港珠澳大桥和雷神山医院在建造方面的亮点是什么？同学们还能列举出哪些体现中国建设实力和中国速度的工程？谈谈你的感受。

　　　　2. 作为 21 世纪的建设者和接班人，你会怎么做？

单 元 练 习

一、填空题

1. 项目具有_____、_____、_____、_____、_____、_____、_____等特征。

2. 建设工程市场的构成包括_____、_____、_____、_____几个部分。

二、判断题

1.（　　）项目中的活动是孤立存在的。

2.（　　）建设工程市场是指以建设工程承发包交易活动为主要内容的市场。

3.（　　）建设工程的投标人只能是法人。

三、简答题

招投标制度在我国的发展经历了哪些阶段？

单元 1　在线自测题

教学单元 2

施工项目招标

【单元学习导图】

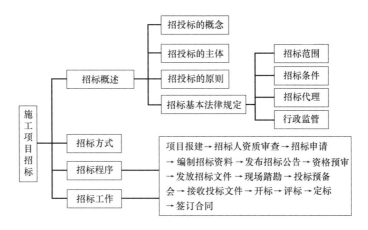

2.1 施工项目招标概述

2.1.1 招投标的概念

招标是指招标人事前公布工程、货物或服务等发包业务的相关条件和要求，通过发布广告或发出邀请函等形式，召集自愿参加竞争者投标，并根据事前规定的评选办法选定承包商的市场交易活动。在建筑工程施工招标中，招标人要根据投标人的投标报价、施工方案、技术措施、人员素质、工程经验、财务状况及企业信誉等方面进行综合评价，择优选择承包商，并与之签订合同。

投标就是投标人根据招标文件的要求，提出完成发包业务的方法、措施和报价，竞争取得业务承包权的活动。

2.1.2 招投标的主体

工程招投标的主体是指进行工程招标、投标活动的法人或其他组织，即招标人和投标人。

1. 招标人

招标人是指提出招标项目，进行招标活动的法人或非法人组织。主要有以下两种类型：

（1）法人

法人是指法律赋予相应人格，具备民事权利能力及民事行为能力并且能够依法独立享有民事权利、承担民事义务的社会组织。例如：企业法人、机关法人、事业单位法人、社会团体法人。

（2）非法人组织

非法人组织是指不具备法人条件的组织。主要有：法人的分支机构、不具备法人资格的联营体、合伙企业及个人独资企业等。

2. 投标人

投标人是指响应招标、参加投标竞争的法人或非法人组织。

依法招标的科研项目、创意方案等智力技术服务等允许自然人参加投标的，自然人也可以作为投标人。

此外，倘若招标文件允许，也可以由两个及以上的单位组成联合体进行投标。

2.1.3 招投标活动的基本原则

建设工程招投标活动的基本原则，就是建设工程招投标活动应遵循的普遍的指导思想或准则。根据《中华人民共和国招标投标法》（以下简称《招投标法》）规定，这些原则包括：公开、公平、公正和诚实信用。

（1）公开原则。公开原则就是要求招投标活动具有高度的透明性，招标信息、招标程序必须公开，即必须做到招标通告公开发布，开标程序公开进行，中标结果公开通知，使每一个投标人获得同等的信息，在信息量相等的条件下进行公平的竞争。

（2）公平原则。公平原则要求给予所有投标人以完全平等的机会，使每一个投标人享有同等的权利并承担同等的义务，招标文件和招标程序不得含有任何对某一方歧视的要求或规定。

（3）公正原则。公正原则就是要求在选定中标人的过程中，评标机构的组成必须避免任何倾向性，评标标准必须完全一致。

（4）诚实信用原则。诚实信用原则也称诚信原则，要求招投标当事人应以诚实、守信的态度行使权利、履行义务，以维护双方的利益平衡。双方当事人都必须以尊重自身利益的同等态度尊重对方利益，同时必须保证自己的行为不损害第三方利益和国家、社会的公共利益。《招投标法》规定应该实行招标的项目不得规避招标，招标人和投标人不得有串通投标、泄露标底、骗取中标、非法转包等行为。

2.1.4 招标的基本法律规定

随着我国建筑市场的发育成熟以及与国际接轨，我国的招投标制度也逐步完善，国家和政府通过立法对招投标活动进行了规范。全国人大通过的《中华人民共和国建筑法》《中华人民共和国招标投标法》等法律，各部委制定的《建设工程质量管理条例》《工程建设项目施工招标投标办法》《评标委员会和评标方法暂行规定》等法规，以及各省市制定的有关政策规定都对招投标活动进行了原则的和具体的规定。

1. 招标范围

根据 2018 年 6 月 1 日实施的《必须招标的工程项目规定》（国家发展改革委 第 16 号令）中第 2～4 条的要求，依法必须招标的具体范围如下：

（1）全部或者部分使用国有资金投资或者国家融资的项目包括：

1）使用预算资金 200 万元人民币以上，并且该资金占投资额 10％以上的项目；

2）使用国有企业事业单位资金，并且该资金占控股或者主导地位的项目。

（2）使用国际组织或者外国政府贷款、援助资金的项目包括：

1）使用世界银行、亚洲开发银行等国际组织贷款、援助资金的项目；

2）使用外国政府及其机构贷款、援助资金的项目。

不属于前两款规定情形的大型基础设施、公用事业等关系社会公共利益、公众安全的项目，必须招标的具体范围由国务院发展改革部门会同国务院有关部门按照确有必要、严格限定的原则制订，报国务院批准。

上述规定范围内的项目，其勘察、设计、施工、监理以及与工程建设有关的重要设备、材料等的采购达到下列标准之一的，必须招标：

（1）施工单项合同估算价在 400 万元人民币以上；

（2）重要设备、材料等货物的采购，单项合同估算价在 200 万元人民币以上；

（3）勘察、设计、监理等服务的采购，单项合同估算价在 100 万元人民币以上。

同一项目中可以合并进行的勘察、设计、施工、监理以及与工程建设有关的重要设备、材料等的采购，合同估算价合计达到前款规定标准的，必须招标。

《招投标法》第六十六条规定，涉及国家安全、国家秘密、抢险救灾或者属于利用扶贫资金实行以工代赈、需要使用农民工等特殊情况，不适宜进行招标的项目，按照国家有关规定可以不进行招标。

《中华人民共和国招标投标法实施条例》（以下简称《招投标法实施条例》）第九条进一步明确，有下列情形之一的，可以不进行招标：

（1）需要采用不可替代的专利或者专有技术；

（2）采购人依法能够自行建设、生产或者提供；

（3）已通过招标方式选定的特许经营项目投资人依法能够自行建设、生产或者提供；

（4）需要向原中标人采购工程、货物或者服务，否则将影响施工或者功能配套要求；

（5）国家规定的其他特殊情形。

由于中国幅员辽阔，各地情况千差万别，为了适应当地实际情况，各省、自治区、直辖市都根据《招投标法》的基本规定，制定了具体的实施细则。其中对招标范围的规定也做法不一，如有的规定，凡属国有和集体所有制企业投资建设的项目或国有和集体经济组织控股的建设项目必须实行招标，其他项目则由建设单位自主决定是否进行招标；有的规定，除抢险救灾等特殊工程外，所有的新建、扩建、改建的建设项目都必须进行招标；有的规定，建筑面积在一定限额以上（如 $500m^2$ 以上）或投资、造价在一定限额以上（如造价 50 万元以上）的建设项目必须进行招标，限额以下可以不招标等。

非法律法规规定必须招标的项目，建设单位可自主决定是否进行招标，任何组织或个人不得强制要求招标。同时，若建设单位自愿要求招标的，招投标管理机构应予以支持。

2. 招标条件

为了建立和维护正常的建设工程招投标秩序，建设工程招标必须具备一定的条件，不具备这些条件就不能进行招标。如国家发展计划委员会、建设部等七部委联合制定的《工程建设项目施工招标投标办法》规定，依法必须招标的工程建设项目，应当具备下列条件才能进行施工招标：

（1）招标人已经依法成立；

（2）初步设计及概算已履行审批手续；

（3）有相应资金或资金来源落实；

（4）有招标所需的设计图纸及技术资料。

当然，对于建设项目不同建设任务的招标，其条件可以有所不同或有所侧重。

建设工程勘察、设计招标的条件：

（1）设计任务书或可行性研究报告已获批准；

（2）具有设计所必需的可靠基础资料。

建设监理招标的条件：

（1）初步设计和概算已获批准；

（2）工程建设的主要技术工艺要求已确定；

（3）项目已纳入国家计划或已向有关部门备案。

建设工程材料、设备供应招标的条件：

（1）建设资金（含自筹资金）已按规定落实；

（2）具有批准的初步设计或施工图设计所附的设备清单，专用、非标设备应有设计图纸、技术资料等。

从实践来看，人们希望招标能担当起对工程建设实施把关作用，因而赋予其很多前提条件，这在一定时期也是必要的，但招投标的使命只是或主要是解决一个建设项目如何发包的问题。从这个意义上讲，只要建设项目合法有效地确立了，并已具备了实施项目的大条件，就可以进行招标。根据实践经验，对建设项目招标的条件，最基本、最关键的要把握住两条：一是建设项目已合法成立，按照国家有关规定需要履行项目审批手续的，已履行了审批手续；二是建设资金已基本落实，工程任务承接者确定后能实际开展运作。

3. 招标代理

建设工程招标代理，是指工程建设单位将建设工程招标事务，委托给从事相应业务的中介服务机构，由该中介服务机构在招标人委托授权的范围内，以招标人的名义独立组织建设工程招标活动，并由建设单位接受招标活动的法律效果的一种制度。这里，代替他人进行建设工程招标活动的中介服务机构，称为招标代理人。

建设工程招标人委托建设工程中介服务机构作为自己的代理人，必须有委托授权行为。委托授权是建设工程招标人作为被代理人，以委托的意思表示将招标代理权授予代理人的单方行为。被代理人一方一旦授权，代理人就取得了招标代理权。建设工程招标当事人委托授予代理权，应当采用书面形式。授权委托书应当具体载明代理人的姓名或者名称、代理事项、代理的权限范围和代理权的有效期限，并且由委托人签名盖章。授权委托书授权不明，代理人凭借授权不明的授权委托书与善意的第三人（相对人）进行了不符合被代理人本意的招标事务，其效果仍应归属于被代理人，因此致使第三人（相对人）受损害的，被代理人应向受害人负赔偿责任，代理人负连带责任。

招标代理人受招标人委托代理招标，必须签订书面委托代理合同。授权委托书和委托代理合同关系十分密切，但两者不是一回事。授权委托书和委托代理合同的主要区别是：授权委托书体现为单方法律行为，委托合同体现为双方法律行为。所谓委托代理合同，是指招标人委托招标代理机构处理招标事务，招标代理机构接受委托的协议。

招标代理机构应具有编制招标文件和组织评标的专业能力。

4. 招投标行政监管

国家发展改革委指导和协调全国招投标工作，对国家重大建设项目的工程招投标活动实施监督检查。工业和信息化部、住房和城乡建设部、交通运输部、铁道部、水利部、商务部等按照规定的职责分工对有关招投标活动实施监督。

县级以上地方人民政府发展改革部门指导和协调本行政区域的招投标工作。县级以上地方人民政府有关部门按照规定的职责分工，对招投标活动实施监督，依法查处招投标活动中的违法行为。县级以上地方人民政府对其所属部门有关招投标活动的监督职责分工另有规定的，从其规定。

财政部门依法对实行招投标的政府采购工程建设项目的政府采购政策执行情况实施监督。

监察机关依法对与招投标活动有关的监察对象实施监察。

根据建设行政主管部门的授权，在省、市、县（市）设立建设工程招投标办公室，负责本行政区域内的招投标监管工作。其监管职责主要包括：

（1）办理建设工程项目报建登记；

（2）接受招标人申报的招标申请书，对招标工程应当具备的招标条件、招标人的招标资格或招标代理人的资格、采用的招标方式进行审查认定；

（3）对投标人的投标资质进行复查；

（4）对招投标活动进行全过程监督；

（5）查处建设工程招投标方面的违法行为。

2.2　招标方式

2.2.1　招标的分类

1. 按建设阶段分类

工程项目建设过程可分为建设决策阶段、勘察设计阶段和施工阶段。因而按工程项目建设程序，招标可分为以下几种类型：

（1）项目可行性研究招标。这种招标是建设单位为选择科学、合理的投资开发建设方案，为进行项目的可行性研究，通过投标竞争寻找满意的咨询单位的招标。投标人一般为工程咨询单位。中标人最终的工作成果是项目的可行性研究报告。

（2）勘察、设计招标。勘察、设计招标指根据批准的可行性研究报告，择优选定承担项目勘察、方案设计或扩初的勘察设计单位的招标。勘察和设计是两种不同性质的工作，可由勘察单位和设计单位分别完成，也可由具有勘察资质的设计单位独家承担。施工图设计可由方案设计或扩初设计中标单位承担，一般不再进行单独招标。

（3）建设监理招标。工程施工招标前，一般首先选定建设监理单位。对于依法必须招标的工程建设项目的建设监理单位，必须通过招标确定。

（4）工程施工招标。在工程项目的初步设计或施工图设计完成后，用招标的方式选择施工单位的招标。

（5）材料、设备招标。当项目中包含有专业性强、价值高的材料或设备时，建设单位可能独立进行材料、设备的招标。

2. 按承包范围分类

（1）项目总承包招标，即选择项目总包人的招标。这种招标又可分为两种类型：①工程项目实施阶段的全过程招标；②工程项目建设全过程的招标。前者是在设计任务书完成后，从项目勘察、设计到交付使用进行一次性招标。后者则是从项目的可行性研究到交付使用进行一次性招标。建设单位提出项目投资和使用要求及竣工、交付使用期限，项目的可行性研究、勘察设计、材料和设备采购、施工安装、生产准备和试生产、交付使用，均由一个总承包商负责承包，即所谓的"交钥匙工程"。

（2）施工总承包招标。我国由于长期采取设计与施工分开的管理体制，目前具备设计、施工双重能力的施工企业为数较少。因而在国内工程招标中，所谓项目总承包招标往往是指施工过程的总承包招标，与国际惯例所指的总承包尚有相当大的差距。

（3）专项工程承包招标。这是指在工程承包招标中，对其中某项比较复杂，或专业性强、施工和制作要求特殊的分部分项工程进行单独招标。

3. 按工程专业分类

按照工程专业分类，常见的有房屋建筑工程施工招标、市政工程施工招标、交通工程施工招标、水利工程施工招标等。房屋建筑工程施工招标又可以分为土建工程施工招标、安装工程施工招标和装饰工程施工招标等。除了施工招标，还有勘察、设计招标，建设监理招标，材料、设备采购招标等。

4. 按是否涉外分类

按照工程是否具有涉外因素，可以将建设工程招标分为国内工程招标和国际工程招标。国际工程招标又可分为在国内建设的外资项目招标，国外设计、施工企业参与竞争的国内建设项目招标，以及国内设计、施工企业参加的国外项目招标等。

2.2.2　招标方式

1. 公开招标

公开招标又称为无限竞争招标，是由招标人通过报刊、广播、电视等方式发布招标广告，有意的承包商接受资格预审、购买招标文件、参加投标的招标方式。

这种招标方式的优点是：投标的承包商多，范围广，竞争激烈，建设单位有较大的选择余地，有利于降低工程造价、提高工程质量、缩短工期。

公开招标是最具竞争性的招标方式，其参与竞争的投标人数量最多，只要符合相应的资质条件，投标人愿意便可参加投标，不受限制。因而竞争程度最为激烈。它可以为招标人选择报价合理、施工工期短、信誉好的承包商创造机会，为招标人提供最大限度的选择范围。

公开招标程序最严密、最规范，有利于招标人防范风险，保证招标的效果；有利于防范招投标活动操作人员和监督人员的舞弊现象。

公开招标是适用范围最为广泛的招标方式。《招投标法》规定，凡法律法规要求招标的建设项目必须采用公开招标的方式，若因某些原因需要采用邀请招标，必须经招投标管理机构批准。

公开招标也有缺点，如由于投标的承包商多，招标工作量大，组织工作复杂，需投入较多的人力、物力，招标过程所需时间较长。因此，各地在实践中采取了不同的变通办法，但都是违背法律规定的招投标活动原则的。

2. 邀请招标

邀请招标又称为有限竞争性招标。这种方式不发布公告，招标人根据自己的经验和所掌握的各种信息资料，向具备承担该项工程施工能力的三个以上承包商发出投标邀请书，收到邀请书的单位参加投标。

邀请招标方式的优点是：目标集中，招标的组织工作较容易，工作量较小。邀请招标程序上比公开招标简化，招标公告、资格审查等操作环节被省略，因此在时间上比公开招标短得多。邀请招标的投标人往往为三至五家，比公开招标少，因此评标工作量减少，时间也大大缩短。

邀请招标方式的缺点是：由于参加的投标人较少，竞争性较差，使招标人对投标人的选择范围变小。如果招标人在选择邀请单位前所掌握的信息量不足，则会失去发现最适合承担该项目的承包商的机会。

由于邀请招标存在上述缺点，因此有关法规对依法必须招标的建设项目，采用邀请招标的方式进行了限制。

依法必须进行公开招标的项目，有下列情形之一的，可以邀请招标：

（1）项目技术复杂或有特殊要求，或者受自然地域环境限制，只有少量潜在投标人可供选择；

（2）涉及国家安全、国家秘密或者抢险救灾，适宜招标但不宜公开招标；

（3）采用公开招标方式的费用占项目合同金额的比例过大。

有前款第二项所列情形的，由项目审批、核准部门在审批、核准项目时作出认定；其他项目由招标人申请有关行政监督部门作出认定。

3. 两阶段招标

对技术复杂或者无法精确拟定技术规格的项目，招标人可以分两阶段进行招标：第一阶段，投标人按照招标公告或者投标邀请书的要求提交不带报价的技术建议，招标人根据投标人提交的技术建议确定技术标准和要求，编制招标文件；第二阶段，招标人向在第一阶段提交技术建议的投标人提供招标文件，投标人按照招标文件的要求提交包括最终技术方案和投标报价的投标文件。

两阶段招标不是一种独立的招标方式，两阶段招标既可用在公开招标中，也可用在邀请招标中。

2.3 施 工 招 标

2.3.1 施工招标的程序

建设工程项目施工招标的每一个步骤都要按照相关法律法规的要求进行。图 2-1 所示为施工项目公开招标的程序。

邀请招标的程序与公开招标基本相同。不同之处在于：邀请招标不需要公开发布招标公告，而是向被邀请的对象发出投标邀请书，也不需要进行资格预审。

2.3.2 项目报建

建设工程项目报建，是指工程项目的建设单位在工程开工前一定期限内向建设行政主管部门（或由建设工程招标投标管理机构代管）申报工程项目，办理项目登记手续。建设工程项目报建的范围为各类房屋建筑、土木工程、设备安装、管道线路敷设、装饰装修等，新建、扩建、改建、迁建、恢复建设的基本建设及技术改造项目。

建设工程项目报建的内容主要包括：

（1）工程名称；

（2）建设地点；

（3）建设内容；

（4）投资规模；

（5）资金来源；

（6）当年投资额；

（7）工程规模；

（8）计划开工、竣工日期；

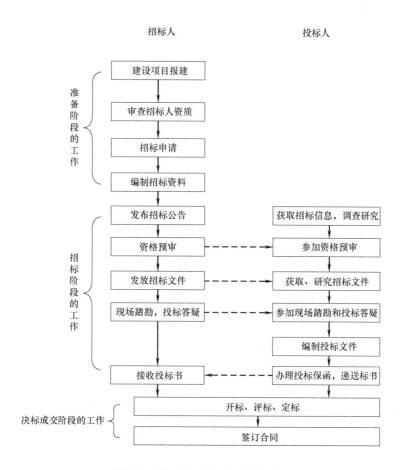

图 2-1　施工项目公开招标的程序

（9）发包方式；

（10）基建班子及工程筹建情况；

（11）项目建议书或可行性研究报告批准书。

2.3.3　招标人资质审查和招标申请

各地一般规定，招标人进行招标，要向招投标管理机构填报招标申请书。招标申请书经批准后，方可以编制招标文件、评标定标办法和标底，并将这些文件报招投标管理机构批准。招标人或招标代理人也可在申报招标申请书时，一并将已经编制完成的招标文件、评标定标办法和标底报招投标管理机构批准。经招投标管理机构对上述文件进行审查认定后，方可发布招标公告或发出投标邀请书。

招标申请书是招标人向政府主管机构提交的要求开始组织招标的一种文书。其主要内容包括：招标工程具备的条件、招标的工程内容和范围、拟采用的招标方式和对投标人的要求、招标人或者招标代理人的资质等。制作或填写招标申请书，是一项实践性很强的基础工作，要充分考虑不同招标类型的不同特点，按照规范化的要求进行。

进行招标申请时，招投标管理机构的审查内容如下：

（1）对招标人的资格进行审查。主要是查验招标人是否具有编制招标文件与组织评标的能力，符合条件的方可准许其自行招标，否则将要求其委托招标代理。所谓招标人具有编制招标文件与组织评标的能力，是指招标人具有与招标项目规模和复杂程度相适应的技术、经济方面的专业人员。

（2）对招标项目所具备的条件进行审查。符合条件的方准许其进行施工招标。具体条件详见 2.1.4 中"招标条件"。

（3）对项目的招标方式进行审查。凡依法必须招标的项目，没有特殊情况必须公开招标。有特殊原因需要采用邀请招标或议标的，必须依据《招投标法》《工程建设项目施工招标投标办法》以及其他法律法规的规定进行严格审查。

2.3.4 编制招标资料

编制依法必须进行招标的项目的资格预审文件和招标文件，应当使用国务院发展改革部门会同有关行政监督部门制定的标准文本，以及国务院有关行政监督部门制定发布的行业标准文本。本教材引用的相关表格格式和内容出自于 2010 年版的《中华人民共和国房屋建筑和市政工程标准施工招标文件》（以下简称《标准施工招标文件》）和《中华人民共和国房屋建筑和市政工程标准施工招标资格预审文件》（以下简称《标准施工招标资格预审文件》）。

工期在 12 个月以内、技术相对简单且设计和施工不是由同一承包人承担的小型项目，可以采用 2012 年编制的《简明标准施工招标文件》；设计和施工一起发包给同一承包人实施的，可以使用 2012 年编制的《标准设计施工总承包招标文件》。

1. 招标公告和资格预审公告

招标公告或资格预审公告应当至少载明下列内容：

（1）招标人的名称和地址；

（2）招标项目的内容、规模、资金来源；

（3）招标项目的实施地点和工期；

（4）获取招标文件或者资格预审文件的时间、地点、方式；

（5）递交招标文件或资格预审文件的时间和方式；

（6）对投标人的资格条件要求；

（7）其他必要内容。

《标准施工招标资格预审文件》和《标准施工招标文件》提供的资格预审公告和招标公告见表 2-1、表 2-2。资格预审文件和招标文件编制完成后，要报招标管理机构审查，审查同意后方可刊登资格预审（投标报名）公告、招标公告。

资格预审公告　　　　　　　　　　　　　　　　　　　　　　　表 2-1

资格预审公告

_____(项目名称)_____**标段施工招标**

资格预审公告(代招标公告)

1. 招标条件

本招标项目_____(项目名称)已由_____(项目审批、核准或备案机关名称)以_____(批文名称及编号)批准建设,项目业主为_____,建设资金来自_____(资金来源),项目出资比例为_____,招标人为_____,招标代理机构为_____。项目已具备招标条件,现进行公开招标,特邀请有兴趣的潜在投标人(以下简称申请人)提出资格预审申请。

2. 项目概况与招标范围

_____[说明本次招标项目的建设地点、规模、计划工期、合同估算价、招标范围、标段划分(如果有)等]。

3. 申请人资格要求

3.1 本次资格预审要求申请人具备_____资质,_____(类似项目描述)业绩,并在人员、设备、资金等方面具备相应的施工能力,其中,申请人拟派项目经理须具备_____专业_____级注册建造师执业资格和有效的安全生产考核合格证书,且未担任其他在施建设工程项目的项目经理。

3.2 本次资格预审_____(接受或不接受)联合体资格预审申请。联合体申请资格预审的,应满足下列要求:_____。

3.3 各申请人可就本项目上述标段中的_____(具体数量)个标段提出资格预审申请,但最多允许中标_____(具体数量)个标段(适用于分标段的招标项目)。

4. 资格预审方法

本次资格预审采用_____(合格制/有限数量制)。采用有限数量制的,当通过详细审查的申请人多于_____家时,通过资格预审的申请人限定为_____家。

5. 申请报名

凡有意申请资格预审者,请于___年___月___日至___年___月___日(法定公休日,法定节假日除外),每日上午___时至___时,下午___时至___时(北京时间,下同),在_____(有形建筑市场/交易中心名称及地址)报名。

6. 资格预审文件的获取

6.1 凡通过上述报名者,请于___年___月___日至___年___月___日(法定公休日,法定节假日除外),每日上午___时至___时,下午___时至___时,在_____(详细地址)持单位介绍信购买资格预审文件。

6.2 资格预审文件每套售价____元,售后不退。

6.3 邮购资格预审文件的,需另加手续费(含邮费)____元。招标人在收到单位介绍信和邮购款(含手续费)后___日内寄送。

7. 资格预审申请文件的递交

7.1 递交资格预审申请文件截止时间(申请截止时间,下同)为___年___月___日___时___分,地点为_____(有形建筑市场/交易中心名称及地址)。

7.2 逾期送达或者未送达指定地点的资格预审申请文件,招件人不予受理。

8. 发布公告的媒介

本次资格预审公告同时在_____（发布公告的媒介名称）上发布。

9. 联系方式

招 标 人：_____	招标代理机构：_____
地　　址：_____	地　　址：_____
邮　　编：_____	邮　　编：_____
联 系 人：_____	联 系 人：_____
电　　话：_____	电　　话：_____
传　　真：_____	传　　真：_____
电子邮件：_____	电子邮件：_____
网　　址：_____	网　　址：_____
开户银行：_____	开户银行：_____
账　　号：_____	账　　号：_____

____年___月___日

招标公告　　　　　　　　　　　　　　　　　　　表 2-2

招标公告（未进行资格预审）

_____（项目名称）_____标段施工招标公告

1. 招标条件

本招标项目_____（项目名称）已由_____（项目审批、核准或备案机关名称）以_____（批文名称及编号）批准建设，招标人（项目业主）为_____，建设资金来自_____（资金来源），项目出资比例为_____。项目已具备招标条件，现对该项目的施工进行公开招标。

2. 项目概况与招标范围

_____［说明本招标项目的建设地点、规模、合同估算价、计划工期、招标范围、标段划分（如果有）等］。

3. 投标人资格要求

3.1 本次招标要求投标人须具备_____资质，_____（类似项目描述）业绩，并在人员、设备、资金等方面具有相应的施工能力，其中，投标人拟派项目经理须具备_____专业_____级注册建造师执业资格，具备有效的安全生产考核合格证书，且未担任其他在施建设工程项目的项目经理。

3.2 本次招标_____（接受或不接受）联合体投标。联合体投标的，应满足下列要求：_____

_____。

3.3 各投标人均可就本招标项目上述标段中的_____（具体数量）个标段投标，但最多允许中标_____（具体数量）个标段（适用于分标段的招标项目）。

4. 投标报名

　　凡有意参加投标者,请于___年___月___日至___年___月___日(法定公休日、法定节假日除外),每日上午___时至___时,下午___时至___时(北京时间,下同),在_____(有形建筑市场/交易中心名称及地址)报名。

5. 招标文件的获取

　　5.1 凡通过上述报名者,请于___年___月___日至___年___月___日(法定公休日、法定节假日除外),每日上午___时至___时,下午___时至___时,在_____(详细地址)持单位介绍信购买招标文件。

　　5.2 招标文件每套售价___元,售后不退。图纸押金___元,在退还图纸时退还(不计利息)。

　　5.3 邮购招标文件的,需另加手续费(含邮费)___元。招标人在收到单位介绍信和邮购款(含手续费)后___日内寄送。

6. 投标文件的递交

　　6.1 投标文件递交的截止时间(投标截止时间,下同)为___年___月___日___时分,地点为_____(有形建筑市场交易中心名称及地址)。

　　6.2 逾期送达的或者未送达指定地点的投标文件,招标人不予受理。

7. 发布公告的媒介

　　本次招标公告同时在_____(发布公告的媒介名称)上发布。

8. 联系方式

招 标 人:_____	招标代理机构:_____
地　　址:_____	地　　址:_____
邮　　编:_____	邮　　编:_____
联 系 人:_____	联 系 人:_____
电　　话:_____	电　　话:_____
传　　真:_____	传　　真:_____
电子邮件:_____	电子邮件:_____
网　　址:_____	网　　址:_____
开户银行:_____	开户银行:_____
账　　号:_____	账　　号:_____

___年___月___日

• 思政讨论区 •

　　同学们刚学完招标公告,公告中对项目经理提出了明确的资格要求,即具备注册建造师资格(一级或二级)、安全生产考核合格证书(安全B证)、未担任其他在施建设工程项目的项目经理。在建造师的基础上增加了安全证书的要求,可见国家对生产安全非常重视。"安全第一、预防为主"是我国安全生产管理的方针。

　　问题:1. 请同学们收集并交流近期我国建设工程项目中发生的安全事故。

　　　　　2. 请同学们交流一下工地上有哪些安全方面的宣传标语。

　　　　　3. 请同学们讨论如何培养安全意识。

2. 资格预审文件

根据《标准施工招标资格预审文件》规定，资格预审文件一般包括下列内容：

第一章资格预审公告

第二章申请人须知（其中的前附表见表 2-3）

第三章资格审查办法

第四章资格预审申请文件格式

包括：

（1）资格预审申请函（格式与内容见表 2-4）

（2）法定代表人身份证明（表 2-5）

（3）授权委托书（表 2-6）

（4）联合体协议书（表 2-7）

（5）申请人基本情况表（表 2-8）

（6）近年财务状况表，需是经过会计师事务所或者审计机构的审计的财务会计报表，包括近年资产负债表、近年损益表、近年利润表、近年现金流量表以及财务状况说明书。

（7）近年完成的类似项目情况表（表 2-9）

（8）正在施工的和新承接的项目情况表（表 2-10）

（9）近年发生的诉讼和仲裁情况（表 2-11）

（10）其他材料：如①近年不良行为记录情况；②在建工程以及近年已竣工工程合同履行情况；③拟投入主要施工机械设备情况表；④拟投入项目管理人员情况表。

第五章项目建设概况

申请人须知前附表 表 2-3

条款号	条款名称	编列内容
1.1.2	招标人	名　称： 地　址： 联系人： 电　话： 电子邮件：
1.1.3	招标代理机构	名　称： 地　址： 联系人： 电　话： 电子邮件：
1.1.4	项目名称	
1.1.5	建设地点	
1.2.1	资金来源	
1.2.2	出资比例	
1.2.3	资金落实情况	
1.3.1	招标范围	
1.3.2	计划工期	计划工期：_____日历天 计划开工日期：___年___月___日 计划竣工日期：___年___月___日

条款号	条 款 名 称	编 列 内 容
1.3.3	质量要求	质量标准：
1.4.1	申请人资质条件、能力和信誉	资质条件： 财务要求： 业绩要求：　（与资格预审公告要求一致） 信誉要求： （1）诉讼及仲裁情况 （2）不良行为记录 （3）合同履约率
		项目经理资格：＿＿＿专业＿＿＿级（含以上级）注册建造师执业资格和有效的安全生产考核合格证书，且未担任其他在施建设工程项目的项目经理。 其他要求： （1）拟投入主要施工机械设备情况 （2）拟投入项目管理人员情况 （3）……
1.4.2	是否接受联合体资格预审申请	□不接受 □接受，应满足下列要求：
		其中：联合体资质按照联合体协议约定的分工认定，其他审查标准按联合体协议中约定的各成员分工所占合同工作量的比例，进行加权折算
2.2.1	申请人要求澄清资格预审文件的截止时间	
2.2.2	招标人澄清资格预审文件的截止时间	
2.2.3	申请人确认收到资格预审文件澄清的时间	
2.3.1	招标人修改资格预审文件的截止时间	
2.3.2	申请人确认收到资格预审文件修改的时间	
3.1.1	申请人需补充的其他材料	（1）其他企业信誉情况表 （2）拟投入主要施工机械设备情况 （3）拟投入项目管理人员情况 ……
3.2.4	近年财务状况的年份要求	＿＿＿年，指＿＿＿年＿＿＿月＿＿＿日起至＿＿＿年＿＿＿月＿＿＿日止
3.2.5	近年完成的类似项目的年份要求	＿＿＿年，指＿＿＿年＿＿＿月＿＿＿日起至＿＿＿年＿＿＿月＿＿＿日止
3.2.7	近年发生的诉讼及仲裁情况的年份要求	＿＿＿年，指＿＿＿年＿＿＿月＿＿＿日起至＿＿＿年＿＿＿月＿＿＿日止
3.3.1	签字和(或)盖章要求	
3.3.2	资格预审申请文件副本份数	＿＿＿份
3.3.3	资格预审申请文件的装订要求	□不分册装订 □分册装订，共分＿＿＿册，分别为：＿＿＿＿＿ ＿＿＿＿＿＿＿＿＿＿ 每册采用＿＿＿方式装订，装订应牢固、不易拆散和换页，不得采用活页装订

条款号	条款名称	编列内容
4.1.2	封套上写明	招标人的地址： 招标人全称： _____（项目名称）_____标段施工招标资格预审申请文件在___年___月___日___时___分前不得开启
4.2.1	申请截止时间	___年___月___日___时___分
4.2.2	递交资格预审申请文件的地点	
4.2.3	是否退还资格预审申请文件	□否　　　　□是，退还安排：
5.1.2	审查委员会人数	审查委员会构成：___人，其中招标人代表___人（限招标人在职人员，且应当具备评标专家的相应的或者类似的条件），专家___人； 审查专家确定方式：_____
5.2	资格审查方法	□合格制　　　　□有限数量制
6.1	资格预审结果的通知时间	
6.3	资格预审结果的确认时间	
9	需要补充的其他内容	
9.1	词语定义	
9.1.1	类似项目	
	类似项目是指：	
9.1.2	不良行为记录	
	不良行为记录是指：	
……	……	
9.2	资格预审申请文件编制的补充要求	
9.2.1	"其他企业信誉情况表"应说明企业不良行为记录、履约率等相关情况，并附相关证明材料，年份同第3.2.7项的年份要求	
9.2.2	"拟投入主要施工机械设备情况"应说明设备来源（包括租赁意向）、目前状况、停放地点等情况，并附相关证明材料	
9.2.3	"拟投入项目管理人员情况"应说明项目管理人员的学历、职称、注册执业资格、拟任岗位等基本情况，项目经理和主要项目管理人员应附简历，并附相关证明材料	
9.3	通过资格预审的申请人（适用于有限数量制）	
9.3.1	通过资格预审申请人分为"正选"和"候补"两类。资格审查委员会应当根据第三章"资格审查办法（有限数量制）"第3.4.2项的排序，对通过详细审查的申请人按得分由高到低顺序，将不超过第三章"资格审查办法（有限数量制）"第1条规定数量的申请人列为通过资格预审申请人（正选），其余的申请人依次列为通过资格预审的申请人（候补）	
9.3.2	根据本章第6.1款的规定，招标人应当首先向通过资格预审申请人（正选）发出投标邀请书	
9.3.3	根据本章第6.3款，通过资格预审申请人项目经理不能到位或者利益冲突等原因导致潜在投标人数量少于第三章"资格审查办法（有限数量制）"第1条规定的数量的，招标人应当按照通过资格预审申请人（候补）的排名次序，由高到低依次递补	
9.4	监督	
	本项目资格预审活动及其相关当事人应当接受有管辖权的建设工程招标投标行政监督部门依法实施的监督	
9.5	解释权	
	本资格预审文件由招标人负责解释	
9.6	招标人补充的内容	
……	……	

资格预审申请函 表 2-4

资格预审申请函

_____(招标人名称)：

1. 按照资格预审文件的要求,我方(申请人)递交的资格预审申请文件及有关资料,用于你方(招标人)审查我方参加_____(项目名称)_____标段施工招标的投标资格。

2. 我方的资格预审申请文件包含第二章"申请人须知"第 3.1.1 项规定的全部内容。

3. 我方接受你方的授权代表进行调查,以审核我方提交的文件和资料,并通过我方的客户,澄清资格预审申请文件中有关财务和技术方面的情况。

4. 你方授权代表可通过_____(联系人及联系方式)得到进一步的资料。

5. 我方在此声明,所递交的资格预审申请文件及有关资料内容完整、真实和准确,且不存在第二章"申请人须知"第 1.4.3 项规定的任何一种情形。

申请人：_____(盖单位章)

法定代表人或其委托代理人：_____(签字)

电　　话：_____

传　　真：_____

申请人地址：_____

邮政编码：_____

_____年_____月_____日

法定代表人身份证明 表 2-5

法定代表人身份证明

投标人名称：_____

单位性质：_____

地址：_____

成立时间：_____年_____月_____日

经营期限：_____

姓名：_____性别：_____年龄：_____职务：_____

系_____(投标人名称)的法定代表人。

特此证明。

投标人：_____(盖单位章)

_____年_____月_____日

授权委托书

本人_____（姓名）系_____（投标人名称）的法定代表人，现委托_____（姓名）为我方代理人。代理人根据授权，以我方名义签署、澄清、说明、补正、递交、撤回、修改_____（项目名称）_____标段施工投标文件、签订合同和处理有关事宜，其法律后果由我方承担。

委托期限：_____。

代理人无转委托权。

附:法定代表人身份证明

投标人：_____（盖单位章）

法定代表人：_____（签字）

身份证号码：_____

委托代理人：_____（签字）

身份证号码：_____

_____年_____月_____日

联合体协议书

_____（所有成员单位名称）自愿组成_____（联合体名称）联合体，共同参加_____（项目名称）_____标段施工投标。现就联合体投标事宜订立如下协议。

1. _____（某成员单位名称）为_____（联合体名称）牵头人。

2. 联合体牵头人合法代表联合体各成员负责本招标项目投标文件编制和合同谈判活动，并代表联合体提交和接收相关的资料、信息及指示，并处理与之有关的一切事务，负责合同实施阶段的主办、组织和协调工作。

3. 联合体将严格按照招标文件的各项要求，递交投标文件，履行合同，并对外承担连带责任。

4. 联合体各成员单位内部的职责分工如下：_____。

5. 本协议书自签署之日起生效，合同履行完毕后自动失效。

6. 本协议书一式____份，联合体成员和招标人各执一份。

注：本协议书由委托代理人签字的，应附法定代表人签字的授权委托书。

牵头人名称：_____（盖单位章）

法定代表人或其委托代理人：_____（签字）

成员一名称：_____（盖单位章）

法定代表人或其委托代理人：_____（签字）

成员二名称：_____（盖单位章）

法定代表人或其委托代理人：_____（签字）

……

_____年_____月_____日

申请人基本情况表　　　　　　　　　　表 2-8

申请人名称					
注册地址			邮政编码		
联系方式	联系人		电　话		
	传　真		网　址		
组织结构					
法定代表人	姓名		技术职称		电话
技术负责人	姓名		技术职称		电话
成立时间			员工总人数		
企业资质等级		其中	项目经理		
营业执照号			高级职称人员		
注册资本金			中级职称人员		
开户银行			初级职称人员		
账号			技　工		
经营范围					
体系认证 情　况	说明:通过的认证体系、通过时间及运行状况				
备　注					

近年完成的类似项目情况表　　　　　　　　　　表 2-9

项目名称	
项目所在地	
发包人名称	
发包人地址	
发包人电话	
合同价格	
开工日期	
竣工日期	
承包范围	
工程质量	
项目经理	
技术负责人	
总监理工程师及电话	
项目描述	
备　注	

注：类似项目业绩须附合同协议书和竣工验收备案登记表复印件。

正在施工的和新承接的项目情况表　　　　　　　　表 2-10

项目名称	
项目所在地	
发包人名称	
发包人地址	
发包人电话	
签约合同价	
开工日期	
计划竣工日期	
承包范围	
工程质量	
项目经理	
技术负责人	
总监理工程师及电话	
项目描述	
备　注	

注：正在施工和新承接项目须附合同协议书或者中标通知书复印件。

近年发生的诉讼和仲裁情况　　　　　　　　表 2-11

类别	序号	发生时间	情　况　简　介	证明材料索引
诉讼情况				
仲裁情况				

注：近年发生的诉讼和仲裁情况仅限于申请人败诉的，且与履行施工承包合同有关的案件，不包括调解结案以及未裁决的仲裁或未终审判决的诉讼。

3. 招标文件

根据《标准施工招标文件》规定，招标文件一般包括下列内容：

第一章招标公告（或投标邀请书）

第二章投标人须知（其中的前附表见表 2-12）

第三章评标办法

第四章合同条款及格式

第五章工程量清单

第六章图纸

第七章技术标准和要求

第八章投标文件格式

投标人须知前附表   表 2-12

条款号	条款名称	编列内容
1.1.2	招标人	名称： 地址： 联系人： 电话： 电子邮件：
1.1.3	招标代理机构	名称： 地址： 联系人： 电话： 电子邮件：
1.1.4	项目名称	
1.1.5	建设地点	
1.2.1	资金来源	
1.2.2	出资比例	
1.2.3	资金落实情况	
1.3.1	招标范围	_____ _____ 关于招标范围的详细说明见第七章"技术标准和要求"
1.3.2	计划工期	计划工期：_____日历天 计划开工日期：_____年_____月_____日 计划竣工日期：_____年_____月_____日 除上述总工期外，发包人还要求以下区段工期： _____ 有关工期的详细要求见第七章"技术标准和要求"

条款号	条款名称	编列内容
1.3.3	质量要求	质量标准： 关于质量要求的详细说明见第七章"技术标准和要求"
1.4.1	投标人资质条件、能力和信誉	资质条件： 财务要求： 业绩要求： 信誉要求： 项目经理资格：_____专业_____级（含以上级）注册建造师执业资格，具备有效的安全生产考核合格证书，且不得担任其他在施建设工程项目的项目经理。 其他要求：
1.4.2	是否接受联合体投标	□不接受 □接受，应满足下列要求： _____ 联合体资质按照联合体协议约定的分工认定
1.9.1	踏勘现场	□不组织 □组织，踏勘时间： 　　　　踏勘集中地点：
1.10.1	投标预备会	□不召开 □召开，召开时间： 　　　　召开地点：
1.10.2	投标人提出问题的截止时间	
1.10.3	招标人书面澄清的时间	
1.11	分包	□不允许 □允许，分包内容要求： 　　　　分包金额要求： 　　　　接受分包的第三人资质要求：
1.12	偏离	□不允许 □允许，可偏离的项目和范围见第七章 　　　　"技术标准和要求"； 　　　　允许偏离最高项数：_____ 　　　　偏差调整方法：_____
2.1	构成招标文件的其他材料	
2.2.1	投标人要求澄清招标文件的截止时间	
2.2.2	投标截止时间	___年___月___日___时___分
2.2.3	投标人确认收到招标文件澄清的时间	在收到相应澄清文件后____小时内
2.3.2	投标人确认收到招标文件修改的时间	在收到相应修改文件后____小时内
3.1.1	构成投标文件的其他材料	
3.3.1	投标有效期	_____天

续表

条款号	条款名称	编列内容
3.4.1	投标保证金	投标保证金的形式: 投标保证金的金额: 递交方式:
3.5.2	近年财务状况的年份要求	____年,指____年____月____日起至____年____月____日止
3.5.3	近年完成的类似项目的年份要求	____年,指____年____月____日起至____年____月____日止
3.5.5	近年发生的诉讼及仲裁情况的年份要求	____年,指____年____月____日起至____年____月____日止
3.6	是否允许递交备选投标方案	□不允许 □允许,备选投标方案的编制要求见附表七"备选投标方案编制要求",评审和比较方法见第三章"评标办法"
3.7.3	签字和(或)盖章要求	
3.7.4	投标文件副本份数	_____份
3.7.5	装订要求	按照投标人须知第3.1.1项规定的投标文件组成内容,投标文件应按以下要求装订:
		□不分册装订 □分册装订,共分____册,分别为: 　投标函,包括____至____的内容 　商务标,包括____至____的内容 　技术标,包括____至____的内容 　_____标,包括____至____的内容 每册采用_____方式装订,装订应牢固、不易拆散和换页,不得采用活页装订
4.1.2	封套上写明	招标人地址: 招标人名称: _____(项目名称)_____标段投标文件在____年____月____日____时____分前不得开启
4.2.2	递交投标文件地点	_____ (有形建筑市场/交易中心名称及地址)
4.2.3	是否退还投标文件	□否 □是,退还安排:
5.1	开标时间和地点	开标时间:同投标截止时间 开标地点:
5.2	开标程序	(4)密封情况检查: (5)开标顺序:
6.1.1	评标委员会的组建	评标委员会构成:_____人,其中招标人代表_____人(限招标人在职人员,且应当具备评标专家相应的或者类似的条件),专家_____人; 评标专家确定方式:_____
7.1	是否授权评标委员会确定中标人	□是 □否,推荐的中标候选人数:_____

续表

条款号	条款名称	编列内容
7.3.1	履约担保	履约担保的形式： 履约担保的金额：
10. 需要补充的其他内容		
10.1 词语定义		
10.1.1	类似项目	类似项目是指：
10.1.2	不良行为记录	不良行为记录是指：
……	……	
10.2 招标控制价		
	招标控制价	□不设招标控制价 □设招标控制价，招标控制价为：____元 详见本招标文件附件：_____
10.3 "暗标"评审		
	施工组织设计是否采用"暗标"评审方式	□不采用 □采用，投标人应严格按照第八章"投标文件格式"中"施工组织设计（技术暗标）编制及装订要求"编制和装订施工组织设计
10.4 投标文件电子版		
	是否要求投标人在递交投标文件时，同时递交投标文件电子版	□不要求 □要求，投标文件电子版内容： _____ 投标文件电子版份数： _____ 投标文件电子版形式： _____ 投标文件电子版密封方式：单独放入一个密封袋中，加贴封条，并在封套封口处加盖投标人单位章，在封套上标记"投标文件电子版"字样
10.5 计算机辅助评标		
	是否实行计算机辅助评标	□否
		□是，投标人需递交纸质投标文件一份，同时按本须知附表八"电子投标文件编制及报送要求"编制及报送电子投标文件。计算机辅助评标方法见第三章"评标办法"
10.6 投标人代表出席开标会		
		按照本须知第 5.1 款的规定，招标人邀请所有投标人的法定代表人或其委托代理人参加开标会。投标人的法定代表人或其委托代理人应当按时参加开标会，并在招标人按开标程序进行点名时，向招标人提交法定代表人身份证明文件或法定代表人授权委托书，出示本人身份证，以证明其出席，否则，其投标文件按废标处理

条款号	条款名称	编列内容
10.7	中标公示	
		在中标通知书发出前,招标人将中标候选人的情况在本招标项目招标公告发布的同一媒介和有形建筑市场/交易中心予以公示,公示期不少于 3 个工作日
10.8	知识产权	
		构成本招标文件各个组成部分的文件,未经招标人书面同意,投标人不得擅自复印和用于非本招标项目所需的其他目的。招标人全部或者部分使用未中标人投标文件中的技术成果或技术方案时,需征得其书面同意,并不得擅自复印或提供给第三人
10.9	重新招标的其他情形	
		除投标人须知正文第 8 条规定的情形外,除非已经产生中标候选人,在投标有效期内同意延长投标有效期的投标人少于三个的,招标人应当依法重新招标
10.10	同义词语	
		构成招标文件组成部分的"通用合同条款""专用合同条款""技术标准和要求"和"工程量清单"等章节中出现的措辞"发包人"和"承包人",在招标投标阶段应当分别按"招标人"和"投标人"进行理解
10.11	监督	
		本项目的招标投标活动及其相关当事人应当接受有管辖权的建设工程招标投标行政监督部门依法实施的监督
10.12	解释权	
		构成本招标文件的各个组成文件应互为解释,互为说明;如有不明确或不一致,构成合同文件组成内容,以合同文件约定内容为准,且以专用合同条款约定的合同文件优先顺序解释;除招标文件中有特别规定外,仅适用于招标投标阶段的规定,按招标公告(投标邀请书)、投标人须知、评标办法、投标文件格式的先后顺序解释;同一组成文件中就同一事项的规定或约定不一致的,以编排顺序在后者为准;同一组成文件不同版本之间有不一致的,以形成时间在后者为准。按本款前述规定仍不能形成结论的,由招标人负责解释
10.13	招标人补充的其他内容	
		……

035

投标人须知的正文包括以下内容:

(1) 项目概况;

(2) 资金来源和落实情况;

(3) 招标范围、计划工期和质量要求;

(4) 投标人资格要求(适用于未进行资格预审的):包括投标人应具备承担本标段施工的资质条件、能力和信誉,如:资质条件、财务要求、业绩要求(见投标人须知前附表)、信誉要求、项目经理资格及其他要求。

投标人须知前附表规定接受联合体投标的,除应符合上述要求外,还应满足以下要求:

① 联合体各方应按招标文件提供的格式签订联合体协议书,明确联合体牵头人和各方权利义务;

② 由同一专业的单位组成的联合体,按照资质等级较低的单位确定资质等级;联合体各方不得再以自己名义单独或参加其他联合体在同一标段中投标。

投标人不得存在下列情形之一:

a. 为招标人不具有独立法人资格的附属机构（单位）；

b. 为本标段前期准备提供设计或咨询服务的，但设计施工总承包的除外；

c. 为本标段的监理人；

d. 为本标段的代建人；

e. 为本标段提供招标代理服务的；

f. 与本标段的监理人或代建人或招标代理机构同为一个法定代表人的；

g. 与本标段的监理人或代建人或招标代理机构相互控股或参股的；

h. 与本标段的监理人或代建人或招标代理机构相互任职或工作的；

i. 被责令停业的；

j. 被暂停或取消投标资格的；

k. 财产被接管或冻结的；

l. 在最近三年内有骗取中标，或严重违约，或重大工程质量问题的。

（5）投标人准备和参加投标活动发生的费用承担规定；

（6）保密要求；

（7）语言文字规定；

（8）计量单位规定；

（9）踏勘现场安排；

（10）投标预备会安排；

（11）工程分包限制；

（12）允许投标文件偏离招标文件某些要求的范围和幅度。

4. 标底和招标控制价

（1）标底

标底是建筑安装工程造价的一种表现形式。它是由招标人或其委托的造价咨询机构根据招标项目的具体情况编制的关于工程造价的预期心理价格，往往作为评标的参考依据。

招标人可以自行决定是否编制标底，如果编制，一个招标项目只能有一个标底。标底应在招标文件发出前编制完成，在开标前保密。

接受委托编制标底的中介机构不得参加受托编制标底项目的投标，也不得为该项目的投标人编制投标文件或者提供咨询。

（2）招标控制价

招标控制价是招标人根据国家或省级、行业建设主管部门颁发的有关计价依据和办法，以及拟定的招标文件和招标工程量清单，结合工程具体情况编制的招标工程的最高投标限价。招标人不得规定最低投标限价。

国有资金投资的建设工程招标，招标人必须编制招标控制价。投标人的报价不得超过控制价。控制价应公开。

招标控制价应由招标人负责编制，当招标人不具备相应能力时，可委托造价咨询机构进行编制。

2.3.5 发布资格预审公告或招标公告

采用公开招标方式的，招标人要在报刊、广播、电视、电脑网络等大众传媒，或工程交易中心公告栏上发布资格预审公告或招标公告。信息发布所采用的媒体，应与潜在投标人的分布范围相适应，不相适应的是一种违背公正原则的违规行为。如国际招标的应在国际性媒体上发布信息，全国性招标的就应在全国性媒体上发布信息，否则即被认为是排斥潜在投标人。必须强调的是，依法必须进行招标的项目的资格预审公告和招标公告，应当在国务院发展改革部门依法指定的媒介发布，如"中国招标投标公共服务平台"，或项目所在地省级电子招标投标公共服务平台。

案例 2.1
招标公告
的发布

在不同媒介发布的同一招标项目的资格预审公告或者招标公告的内容应当一致。指定媒介发布依法必须进行招标的项目的境内资格预审公告、招标公告，不得收取费用。

发布招标公告有两种做法：一是实行资格预审（即在投标前进行资格审查）的，用资格预审公告代替招标公告，即只发布资格预审公告。通过发布资格预审公告，邀请投标人。二是实行资格后审（即在开标后进行资格审查）的，不发资格审查公告，而只发招标公告。通过发布招标公告，招请投标人。各地的做法，习惯上都是在投标前对投标人进行资格审查，这应属于资格预审，但常常不太注意对资格预审公告和招标公告在使用上的区分。

根据《招标公告和公示信息发布管理办法》（国家发展改革委第 10 号令）的规定，招标人或其委托的招标代理机构有下列行为之一的，由国家发展计划委员会和有关行政监督部门责令改正，并视情节依照《招投标法》和有关规定处罚：

（1）依法必须公开招标的项目不按照规定在指定媒介发布招标公告和公示信息；

（2）在不同媒介发布的同一招标项目的资格预审公告或者招标公告的内容不一致，影响潜在投标人申请资格预审或者投标；

（3）资格预审公告或者招标公告中有关获取资格预审文件或者招标文件的时限不符合招标投标法律法规规定；

（4）资格预审公告或者招标公告中以不合理的条件限制或者排斥潜在投标人。

采用邀请招标方式的，招标人要向 3 个以上具备承担招标项目的能力、资信良好的特定的承包商发出投标邀请书。

【案例 2-1】 资格预审公告发布案例

某市用地方财政投资修建一市政道路。由于投资额较大，依法必须以招标的方式选择施工单位。招标人在国家及地方指定媒体上发布了资格预审公告。在购买资格预审文件后的 3 日内，资格预审申请人 A 向招标人提出了质疑，认为资格预审文件中关于"中央、军队在本省的施工单位和外省市进本省的施工单位还应持有本省建设厅注册登记或审批手续的证明文件"的规定，属于歧视性条款，严重违背了招标的公平、公正的原则。对于申请人 A 提出的质疑，招标人在收到其质疑函后做出了答复："外省市投标人进入本省参与投标应该遵守本省的相关规定。"申

微课 2.1 招标人以不合理条件限制、排斥投标人的行为

请人Ａ经查阅，发现该省建设厅颁发的文件中明确规定：中央、军队在本省的施工单位和外省市进本省的施工单位还应持有本省建设厅注册登记或审批手续的证明文件。

分析：

本案中，该省建设厅文件以及资格预审文件中明确规定中央、军队在本省的施工单位和外省市进本省的施工单位还应持有本省建设厅注册登记或审批手续的证明文件，直接违反了《招投标法》第六条关于依法必须进行招标的项目，其招标投标活动不受地区或者部门的限制，任何单位和个人不得违法限制或者排斥本地区、本系统以外的法人或者其他组织参加投标的规定。按《中华人民共和国立法法》，上述条款违反了其上位法《招投标法》规定，属于无效条款。

2.3.6　资格预审

1. 资格预审的概念和目的

资格预审就是招标人通过对投标人按照资格预审通告或招标公告的要求提交或填报的有关资格预审文件和资料的审查，确定合格投标人的活动。

通过资格预审，招标人对申请参加投标的潜在投标人进行资质条件、业绩、信誉、技术、资金等多方面情况进行资格审查，只有在资格预审中被认定为合格的潜在投标人（或合格申请人），才可以参加投标。

资格预审的目的是为了排除那些不合格的投标人，进而降低招标人的采购成本，提高招标工作效率。

了解投标单位的技术和财务实力及管理经验，限制不符合要求条件的单位盲目参加投标，对业主来说，可以通过资格预审淘汰不合格或资质不符的投标人，减少评审阶段的工作时间，减少评审费用；对施工企业来说，不够资质的企业不必浪费时间与精力，可以节约投标费用。

2. 资格预审的内容

在获得招标信息后，有意参加投标的单位应根据资格预审公告的要求，携带有关证明材料到指定地点报名并接受资格预审。资格预审主要审查潜在投标人是否符合下列条件：

（1）具有独立订立合同的权利；

（2）具有履行合同的能力，包括专业、技术资格和能力，资金、设备和其他物质设施状况，管理能力，经验、信誉和相应的从业人员；

（3）没有处于被责令停业、投标资格被取消、财产被接管和冻结、破产状态；

（4）在最近三年内没有骗取中标和严重违约及重大工程质量问题；

（5）法律、行政法规规定的其他资格条件。

3. 资格预审的程序

（1）编制资格预审文件；

（2）发布资格预审公告；

（3）发放资格预审文件；

资格预审文件的发放时间不得少于 5 日。

（4）澄清资格预审文件

招标人可以对已发出的资格预审文件进行必要的澄清或者修改。澄清或者修改的内容可能影响资格预审申请文件的，招标人应当在提交资格预审申请文件截止时间至少 3 日前，以书面形式通知所有获取资格预审文件的潜在投标人；不足 3 日的，招标人应当顺延提交资格预审申请文件的截止时间。

当资格预审文件、资格预审文件的澄清或修改等在同一内容的表述上不一致时，以最后发出的书面文件为准。申请人如有疑问，应在规定的时间前以书面形式，要求招标人对文件进行澄清。招标人则应在规定的时间前，以书面形式将澄清内容发给所有购买资格预审文件的申请人，但不指明澄清问题的来源。申请人收到澄清通知后，应在规定的时间内以书面形式通知招标人，确认已收到该通知。

（5）申请人提交资格预审文件

从停止发放资格预审文件之日到提交文件的截止日，不得少于 5 日。

（6）评审资格预审文件

招标人应当组建资格审查委员会，负责审查资格预审申请文件。资格审查委员会及其成员应当遵守《招投标法》和《招投标法实施条例》中有关评标委员会及其成员的规定。

招标人应当在资格预审文件中载明资格预审的资格条件、评审标准和方法。招标人不得改变载明的资格条件，或者以没有载明的资格条件对潜在投标人进行资格审查。

资格预审有合格制与有限数量制两种办法，适用于不同的条件。

合格制。合格制是指凡符合资格预审文件规定的资格条件的投标申请人，即取得相应投标资格。其优点是：投标竞争性强，有利于获得更多、更好的投标人和投标方案；对满足资格条件的所有投标申请人公平、公正。缺点是：投标人可能较多，从而加大招标和评标工作量，浪费社会资源。

有限数量制。当潜在投标人过多时，可采用有限数量制。招标人在资格预审文件中既要规定投标资格条件、评审标准和评审方法，又应明确通过资格预审的投标申请人数量。一般采用综合评估法对投标申请人的资格条件进行量化打分，然后根据分值高低排序，并按规定的限制数量由高到低确定合格申请人。目前除各行业部门规定外，尚未统一规定合格申请人的最少数量，原则上满足 3 家以上。采用有限数量制有利于降低招投标活动的社会综合成本，但在一定程度上可能限制了潜在投标人的范围，降低投标竞争性。

【案例 2-2】　工程施工招标项目资格审查

某地政府投资工程采用委托招标方式组织施工招标。依据相关规定，资格预审文件采用《中华人民共和国标准施工招标资格预审文件》（2007 年版）编制。招标人共收到了 16 份资格预审申请文件，其中 2 份资格申请文件系在资格预审申请截止时间后 2 分钟收到。招标人按照以下程序组织了资格审查：

1. 组建资格审查委员会，由审查委员会对资格预审申请文件进行评审和比较。审查委员会由5人组成，其中招标人代表1人，招标代理机构代表1人，政府相关部门组建的专家库中抽取技术、经济专家3人。

2. 对资格预审申请文件外封装进行检查，发现2份申请文件的封装、1份申请文件封套盖章不符合资格预审文件的要求，这3份资格预审申请文件为无效申请文件。审查委员会认为只要在资格审查会议开始前送达的申请文件均为有效。这样，2份在资格预审申请截止时间后送达的申请文件，由于其外封装和标识符合资格预审文件要求，为有效资格预审申请文件。

3. 对资格预审申请文件进行初步审查。发现有1家申请人使用的施工资质为其子公司资质，还有1家申请人为联合体申请人，其中1个成员又单独提交了1份资格预审申请文件。审查委员会认为这3家申请人不符合相关规定，不能通过初步审查。

4. 对通过初步审查的资格预审申请文件进行详细审查。审查委员会依照资格预审文件中确定的初步审查事项，发现有一家申请人的营业执照副本（复印件）已经超出了有效期，于是要求这家申请人提交营业执照的原件进行核查。在规定的时间内，该申请人将其重新申办的营业执照原件交给了审查委员会核查，确认合格。

5. 审查委员会经过上述审查程序，确认了10份资格预审申请文件通过了审查，并向招标人提交了资格预审书面审查报告，确定了通过资格审查的申请人名单。

问题：

1. 招标人组织的上述资格审查程序是否正确？为什么？如果不正确，给出一个正确的资格审查程序。

2. 审查过程中，审查委员会的做法是否正确？为什么？

3. 如果资格预审文件中规定确定7名资格审查合格的申请人参加投标，招标人是否可以在上述通过资格预审的10人中直接确定，或者采用抽签方式确定7人参加投标？为什么？正确的做法应该怎样做？

解析：

1. 本案中，招标人组织资格审查的程序不正确。

一般而言，对资格预审申请文件的封装和标识进行检查，不属于资格审查委员会的职责，而是招标人的职责。

正确的资格审查程序为：

（1）招标人组建资格审查委员会；

（2）对资格预审申请文件进行初步审查；

（3）对资格预审申请文件进行详细审查；

（4）确定通过资格预审的申请人名单；

（5）完成书面资格审查报告。

2. 审查过程中，审查委员会第1、2和4步的做法不正确。

第1步资格审查委员会的构成比例不符合招标人代表不能超过三分之一、政府相关部门组建的专家库专家不能少于三分之二的规定，因为招标代理机构的代表参加评审，视同招标人代表。

第 2 步中对 2 份在资格预审申请截止时间后送达的申请文件评审为有效申请文件的结论不正确，不符合市场交易中的诚信原则，也不符合《中华人民共和国标准施工招标资格预审文件》（2007 年版）的精神。

第 4 步中查对原件的目的仅在于审查委员会进一步判定原申请文件中营业执照副本（复印件）的有效与否，而不是判断营业执照副本原件是否有效。

3. 招标人不可以在上述通过资格预审的 10 人中直接确定，或者采用抽签方式确定 7 人参加投标，因为这些做法不符合评审活动中的择优原则，限制了申请人之间平等竞争，违反了公平竞争的招标原则。

（7）资格预审文件的修改

在资格预审文件的评审过程中，招标人发现资格预审文件中存在偏差、错误或遗漏的问题，可以在申请人须知前附表（表 2-3）规定的时间前，以书面形式通知申请人修改资格预审文件。申请人收到修改的通知后，应在规定的时间内以书面形式向招标人确认。

（8）通知和确认

经资格预审后，招标人应在申请人须知前附表规定的时间内，向资格预审合格的申请人发出资格预审合格通知书，告知获取招标文件的时间、地点和方法，同时向资格预审不合格的申请人告知资格预审结果。资格预审不合格的申请人不得参加投标。申请人收到通知后，应进行书面确认。合格投标人名单一般要报当地招投标管理机构复查。

《招投标法实施条例》第三十二条规定，招标人不得以不合理的条件限制、排斥潜在投标人或者投标人。招标人有下列行为之一的，属于以不合理条件限制、排斥潜在投标人或者投标人：

① 就同一招标项目向潜在投标人或者投标人提供有差别的项目信息；

② 设定的资格、技术、商务条件与招标项目的具体特点和实际需要不相适应或者与合同履行无关；

③ 依法必须进行招标的项目以特定行政区域或者特定行业的业绩、奖项作为加分条件或者中标条件；

④ 对潜在投标人或者投标人采取不同的资格审查或者评标标准；

⑤ 限定或者指定特定的专利、商标、品牌、原产地或者供应商；

⑥ 依法必须进行招标的项目非法限定潜在投标人或者投标人的所有制形式或者组织形式；

⑦ 以其他不合理条件限制、排斥潜在投标人或者投标人。

有上述行为的要根据《招投标法》的第五十一条的规定进行处罚。

4. 联合体的资格预审

两个以上法人或者其他组织可以组成一个联合体，以一个投标人的身份共同投标。

投标人可以单独参加资格预审，也可以作为联合体的成员参加资格预审，但不允许投标人参加同一个项目的一个以上的投标，任何违反这一规定的资格预审申请书将被拒绝。

联合体各方应当具备承担招标项目的相应能力，国家有关规定或者招标文件对投标人资格条件有规定的，联合体各方均应当具备规定的相应资格条件。由同一专业的单位组成的联合体，按照资质等级较低的单位确定资质等级。

联合体各方应当签订共同投标协议，明确约定各方拟承担的工作和责任，并将共同投标协议连同投标文件一并提交招标人。联合体中标的，联合体各方应当共同与招标人签订合同，就中标项目向招标人承担连带责任。

联合体参加资格预审的，应符合下列要求：

（1）联合体的每一个成员均须提交与单独参加资格预审的单位要求一样的全套文件。

（2）在资格预审文件中必须规定，资格预审合格后，作为投标人将参加投标并递交合格的投标文件。该投标文件连同后来的合同应共同签署，以便对所有联合体成员作为整体和独立体均具有法律约束力。在提交资格审查有关资料时，应附上联合体协议，该协议中应规定所有联合体成员在合同中共同的和各自的责任。

（3）预审文件须包括一份联合体各方计划承担的合同额和责任的说明。联合体的每一成员须具备执行它所承担的工程的充足经验和能力。

（4）预审文件中应指定一个联合体成员作为主办人（或牵头人），主办人应被授权代表所有联合体成员接授指令，并且由主办人负责整个合同的全面实施。

联合体如果达不到上述要求，其提交的资格预审申请将被拒绝。资格预审后，任何联合体的组成和其他的任何变化，须在投标截止日之前征得招标人或招标代理人的书面同意。经审查合格的联合体，不得再分开或加入其他联合体。

5. 资格后审

对于投标人的资格审查，除了资格预审以外，还可以采用资格后审。资格后审是指在开标后对投标人进行的资格审查。招标人可以根据招标项目特点自主选择采用资格预审或者资格后审办法。

资格后审通常放在开标后的初步评审阶段。评标委员会根据招标文件规定的投标资格条件对投标人资格进行评审，投标资格评审合格的投标文件进入详细评审。

采用资格后审的优点是可以避免资格预审的工作环节，缩短招标时间，有利于节约招标费用。缺点是在投标人过多时会增加评标工作量。

资格后审主要适用于邀请招标，以及潜在投标人数量不多的公开招标。

2.3.7　发放招标文件

案例 2.2
招标文件的澄清

经资格审查合格后，由招标人或招标代理人通知合格者到指定网站下载招标文件，参加投标。招标人向经审查合格的投标人分发招标文件及有关资料。公开招标实行资格后审的，直接向投标报名者分发招标文件和有关资料。

招标文件发出后，招标人不得擅自变更其内容。对于依法必须招标的项目，若确需进行必要的澄清、修改或补充的，招标人应当在招标文件要求的提交投标文件的截止时间至少15天前，书面通知所有获得招标文件的投标人。该澄清或修改的内容应作为招标文件的组成部分。

有些项目会要求投标人在获取招标文件前，向招标人提交投标保证金。

投标保证金是招标人为了防止发生投标人不递交投标文件，或递交毫无意义或未经充分、慎重考虑的投标文件，或投标人中途撤回投标文件，或中标后不签署合同等情况的发生而设定的一种担保形式。其目的是约束投标人的投标行为，保护招标人的利益，维护招投标活动的正常秩序，这也是国际上的一种习惯做法。

投标保证金的收取和缴纳办法，应在招标文件中说明。投标保证金可采用现金、支票、银行汇票，也可以是银行出具的银行保函。投标保证金的额度，根据工程投资大小由建设单位在招标文件中确定。《工程建设项目施工招标投标办法》（七部委令第 30 号）规定：投标保证金一般不得超过招标项目估算价的 2%。投标保证金的有效期与投标有效期一致。

投标保证金的直接目的虽是保证投标人对投标活动负责，但其一旦缴纳和接受，对双方都有约束力。如果投标人未按规定的时间要求递交投标文件，在投标有效期内撤回投标文件，经开标、评标获得中标后不与招标人订立合同的，投标保证金都会被没收。而且，投标保证金被没收并不能免除投标人因此而应承担的赔偿和其他责任，招标人有权就此向投标人或投标保函出具者索赔，或要求其承担其他相应的责任。对于中标的投标人，在依中标通知书签订合同时，招标人原额退还其投标保证金。对于未中标的投标人，在签订合同后，招标人原额退还其投标保证金。

招标人收取投标保证金后，如果不按规定的时间要求接受投标文件，在投标有效期内拒绝投标文件，中标人确定后不与中标人订立合同的，则要双倍返还投标保证金。而且，双倍返还投标保证金并不能免除招标人因此而应承担的赔偿和其他责任，投标人有权就此向招标人索赔或要求其承担其他相应的责任。

2.3.8 现场踏勘

招标人组织投标人踏勘现场的目的在于了解工程场地和周围环境情况，以获取投标人认为有必要的信息。投标人在踏勘现场中如有疑问，应在投标预备会前以书面形式向招标人提出，给招标人留有解答时间。

踏勘现场主要应了解以下内容：

（1）施工现场是否达到招标文件规定的条件；

（2）施工现场的地理位置、地形和地貌；

（3）施工现场的地质、土质、地下水位、水文等情况；

（4）施工现场气候条件，如：气温、湿度、风力、年雨雪量等；

（5）现场环境，如交通、饮水、污水排放、生活用电、通信等；

（6）工程在施工现场的位置与布置；

（7）临时用地、临时设施搭建等。

【案例 2-3】 现场踏勘

某项目招标人规定于某日上午 9：30 在某地点集合后，组织现场踏勘，采用了以下组织程序：

1. 潜在投标人在规定的地点集合。在上午 9：30，招标人逐一点名潜在投标人是否派人到达集合地点，结果发现有两个潜在投标人还没有到达集合地点。与这两个潜在投标人电话联系后确认他们在 10 分钟后可以到达集合地点，于是征求已经到场的潜在投标人，将出发时间延长 15 分钟。

2. 组织潜在投标人前往项目现场。

3. 组织现场踏勘，按照准备好的介绍内容，带着潜在投标人边走边介绍。有一个潜在投标人在踏勘中发现有两个污水井，询问该污水井及相应管道是否要保护。招标人明确告诉该投标人需要保护，因其为市政污水干线管路。

其他潜在投标人就各自的疑问分别进行询问，招标人逐一进行了澄清或说明。随后结束了现场踏勘。

4. 招标人针对潜在投标人提出的问题进行了书面澄清，在投标截止时间 15 日前发给了所有招标文件的收受人。

5. 现场踏勘结束后 3 日，有两个潜在投标人提出上次现场踏勘有些内容没看仔细，希望允许其再次进入项目现场踏勘，同时也希望招标人就其关心的一些问题进行介绍。招标人对此表示同意，在规定的时间，这两个潜在投标人在招标人的组织下再次进行了现场踏勘。

问题：

1. 招标人的组织程序是否存在问题？说明理由。

2. 招标人组织过程中是否存在不足？说明理由。

解析：

1. 本案中，招标人在组织过程中，第 1、5 两步存在问题。

第 1 步中，招标人逐一点名确认潜在投标人是否派人到场参与现场踏勘活动的做法，违反了《招投标法》规定的招标人不得向他人透露已获取招标文件的潜在投标人的名称、数量等需要保密的信息的规定。

第 5 步中，招标人组织投标人中的两个潜在投标人踏勘项目现场的做法，违反了《工程建设项目施工招标投标办法》中，招标人不得单独或者分别组织任何一个投标人进行现场踏勘的规定。

2. 本案中，招标人的组织过程存在不足。如第 3 步中，招标人的准备不充分，没有安排好一个统一的路线，没有将本次招标涉及的现场条件进行一个完整的介绍，比如案例中潜在投标人询问的污水井、污水管道问题等，就属于该类问题。同时为了保证参与现场踏勘活动的潜在投标人了解招标人介绍的信息，招标人的介绍应针对参加了现场踏勘的所有潜在投标人进行介绍，以保证招标投标活动的公平性原则。

2.3.9　投标预备会

投标预备会又称为答疑会议，其目的在于澄清招标文件中的疑问，解答投标人对招标文件和现场踏勘中提出的问题。

在投标预备会上，招标人除解答投标人的问题外，必要时还应对图纸进行交底和解释。会议应形成会议纪要，一般会议纪要应报招投标管理机构核准。若允许会后提问的，提问应采用书面形式，解答也应采用书面形式，招标人应保证所有书面解答都在同一时刻发给所有投标人。如需要修改或补充招标文件内容的，招标单位可根据情况延长投标截止时间。

投标预备会主要议程如下：

（1）介绍参加会议单位和主要人员；

（2）介绍问题解答人；

（3）解答投标单位提出的问题；

（4）通知有关事项。

2.3.10　接收投标文件

投标文件是投标单位在充分领会招标文件要求，进行现场踏勘和调查的基础上所编制的投标文书，是对招标文件提出的要求的响应和承诺。

招标人应确定投标人编制投标文件需要的合理时间。依法必须招标的项目，自招标文件开始发出之日起至投标人递交投标文件的截止之日止，最短不得少于 20 日。

《招投标法》第二十八条规定，投标人应当在招标文件要求提交投标文件的截止时间前，将投标文件送达投标地点。在招标文件要求提交投标文件的截止时间后送达的投标文件，招标人应当拒收。

《招投标法》还规定，招标人收到投标文件后，应当签收保存，不得开启。《工程建设项目施工招标投标办法》（七部委第 30 号令）进一步在第三十八条中规定，招标人收到投标文件后，应当向投标人出具标明签收人和签收时间的凭证，在开标前任何单位和个人不得开启投标文件。

2.3.11　开标

1. 开标会议

开标应当在招标文件规定的时间、地点公开进行。开标会议由招标人主持，并在招投标管理机构的监督下进行，还可以邀请公证机关对开标全过程进行公证。

参加开标会议的人员，包括招标人或招标人代表、投标人的法定代表人或其委托的代理人、招投标管理机构的监管人员，可能还有公证人员。许多地方规定投标书中指定的项目负责人（如项目经理等）应参加会议。招标文件中规定应出席会议的投标方人员未按时出席开标会议的，其投标文件有可能被视为无效标。评标组织成员不得参加开标会议。

微课 2.2
电子开标

2. 开标会议议程

开标会议的议程如下：

（1）参加开标会议的人员签到。

（2）招标人主持开标会议。会议主持人宣布开标会议开始，同时宣布开标纪律，开标人、唱标人、记录人和监标人名单，评标定标办法。如果设有标底的，在开标时公布标底。

（3）由招标人代表、招标投标管理机构的人员和公证员核查投标人提交的与标书评分有关的证明文件原件，确认后加以记录。

（4）检验投标文件的密封性。由投标人或其委托的代表核查投标文件，检视其密封、标志、签署等情况，经确认无误后，宣布核查检视结果，并当众启封投标文件。凡未按招标文件和有关规定进行密封、标志、签署的投标书将被拒绝。

（5）由唱标人进行唱标。唱标是指当众宣读投标人名称、投标报价、工期、质量、投标保证金、优惠条件等投标书的主要内容。

（6）由投标人的法定代表人或其委托代理人核对开标会议记录，并签字确认开标结果。

开标会议的记录人员应现场起草开标会议记录，将开标会议的全过程和主要情况，特别是投标人参加会议的情况、对投标文件的核查检视结果、开启并宣读的投标文件和标底的主要内容等，当场记录在案，并请投标人的法定代表人或其委托的代理人核对无误后签字确认。开标会议记录应存档备查。投标人在开标会议记录上签字后，即退出会场。至此，开标会议结束，转入评标阶段。

3. 开标过程中应确认的无效投标文件

在开标过程中，遇到投标文件有下列情形之一的，应当确认为无效：

（1）逾期送达的；

（2）未按招标文件的要求密封的。

至于涉及投标文件实质性未响应招标文件的，应当留待评标时由评标组织评审、确认投标文件是否有效。开标过程中被确认无效的投标文件，一般不再启封或宣读，并且无效标的确认工作，应在开标会议上当众进行，由参加会议的人员监督，经招投标管理机构认可后宣布。

由于在开标过程中部分投标书被确认为无效标，有效投标不足三个使得投标明显缺乏竞争的，应当重新招标。

2.3.12 评标

1. 评标组织

评标由依法组建的评标委员会在招投标管理机构和公证机构监督下进行。评标委员会向招标人推荐中标候选人或者根据招标人的授权直接确定中标人。

评标委员会由招标人负责组建。评标委员会成员名单一般应于开标前确定，在中标结果确定前应当保密。

评标委员会由招标人或其委托的招标代理机构熟悉相关业务的代表，以及有关技术、经济等方面的专家组成，成员人数为五人以上的单数，其中技术、经济等方面的专家不得少于成员总数的三分之二。

评标委员会设有负责人的，负责人由评标委员会成员推举产生或者由招标人确定。

评标委员会负责人与评标委员会的其他成员有同等的表决权。

《招投标法实施条例》规定，除《招投标法》第三十七条第三款规定的特殊招标项目外，依法必须进行招标的项目，其评标委员会的专家成员应当从评标专家库内相关专业的专家名单中以随机抽取的方式确定。任何单位和个人不得以明示、暗示等方式指定或者变相指定参加评标委员会的专家成员。

依法必须招标的项目的招标人，非因《招投标法》和《招投标法实施条例》规定的事由，不得更换依法确定的评标委员会成员。更换评标委员会的专家成员也应当依照上述规定进行。

评标过程中，评标委员会成员有回避事由、擅离职守，或者因健康等原因不能继续评标的，应当及时更换。被更换的评标委员会成员作出的评审结论无效，由更换后的评标委员会成员重新进行评审。

评标专家应符合下列条件：

（1）从事相关专业领域工作满八年并具有高级职称或者同等专业水平；

（2）熟悉有关招投标的法律法规，并具有与招标项目相关的实践经验；

（3）能够认真、公正、诚实、廉洁地履行职责。

有下列情形之一的，不得担任评标委员会成员：

（1）投标人或者投标人主要负责人的近亲属；

（2）项目主管部门或者行政监督部门的人员；

（3）与投标人有经济利益关系，可能影响对投标公正评审的；

（4）曾因在招标、评标以及其他与招投标有关的活动中从事违法行为而受过行政处罚或刑事处罚的。

评标委员会成员有上述情形之一的，应当主动提出回避。

有关的法律法规规定，招标人应当向评标委员会提供评标所必需的信息，但不得明示或者暗示其倾向或者排斥特定投标人。

评标委员会成员应当依照《招投标法》和《招投标法实施条例》的规定，按照招标文件规定的评标标准和方法，客观、公正地对投标文件提出评审意见。招标文件没有规定的评标标准和方法不得作为评标的依据。

评标委员会成员不得私下接触投标人，不得收受投标人给予的财物或者其他好处，不得向招标人征询确定中标人的意向，不得接受任何单位或者个人明示或者暗示提出的倾向或者排斥特定投标人的要求，不得有其他不客观、不公正履行职务的行为。

评标委员会成员和与评标活动有关的工作人员，不得透露对投标文件的评审和比较、中标候选人的推荐情况以及与评标有关的其他情况。上述与评标活动有关的工作人员，是指评标委员会成员以外的，因参与评标监督工作或者事务性工作而知悉有关评标情况的所有人员。

2. 评标工作内容

评标委员会对投标文件审查、评议的主要内容包括：

（1）投标人资格审查（适用于资格后审项目）

投标人资格审查是按照招标文件约定的合格投标人的资格条件。审查投标人递交的投标文件中关于投标人资格和合格条件部分的相关资料，对投标人的资格进行定性的判断，即合格或不合格。对于投标人资格审查不合格的投标，应当否决，不再进行任何后续评审。

（2）清标

住房和城乡建设部标准文件规定，在不改变投标文件实质性内容的前提下，评标委员会应当对投标文件进行基础性数据分析和整理（简称为清标），从而发现并提取其中可能存在的对招标范围理解的偏差、投标报价的算术性错误、错漏项、投标报价构成不合理、不平衡报价等存在明显异常的问题，并就这些问题整理形成清标成果。评标委员会对清标成果审议后，决定需要投标人进行书面澄清、说明或补正的问题，形成质疑问卷，向投标人发出问题澄清通知（包括质疑问卷）。

在不影响评标委员会成员的法定权利的前提下，评标委员会可委托由招标人专门成立的清标工作小组完成清标工作。在这种情况下，清标工作可以在评标工作开始之前完成，也可以与评标工作平行进行。清标工作小组成员应为具备相应执业资格的专业人员，且符合有关法律法规对评标专家的回避规定和要求，不得与任何投标人有利益、上下级等关系，不得代行依法应当由评标委员会及其成员行使的权利。清标成果应当经过评标委员会的审核确认，经过评标委员会审核确认的清标成果视同是评标委员会的工作成果，并由评标委员会以书面方式追加对清标工作小组的授权，书面授权委托书必须由评标委员会全体成员签名。

清标的主要工作内容一般包括：

1）偏差审查，对照招标文件，查看投标人的投标文件是否完全响应招标文件；

2）符合性审查，对投标文件中是否存在更改招标文件中工程量清单内容进行审查；

3）计算错误审查，对投标文件的报价是否存在算术性错误进行审查；

4）合理价分析，对工程量大的单价和单价过高或过低的项目进行重点审查；

5）对措施费用合价包干的项目单价，要对照施工方案的可行性进行审查；

6）对工程总价、各项目单价及要素价格的合理性进行分析、测算；

7）对投标人所采用的报价技巧，要辩证地分析判断其合理性；

8）对在清标过程中发现清单不严谨的情况，进行妥善处理。

（3）初步评审（适用于未设定清标环节的项目）

初步评审即"符合性及完整性评审"。在详细评审前，评标委员会应根据招标文件的要求，审查每一投标文件是否对招标文件提出的所有实质性要求和条件作出响应。响应招标文件的实质性要求和条件的投标文件，应该与招标文件中包括的全部条款、条件和规范相符，无重大偏离或保留。

1）根据招标文件，审查并逐项列出投标文件的全部投标偏差。

2）将投标偏差区分为重大偏差和细微偏差。重大偏差是指对工程的承包范围、工期、质量、实施产生重大影响，或者对招标文件中规定的招标人的权利及投标人的义务等方面造成重大的削弱或限制，而且纠正这种偏差或保留将会对其他投标人的竞争地位产生不公正的影响。

3）将存在重大偏差的投标文件视为未能对招标文件作出实质性响应，而作无效标处理。不允许相关投标人通过修正或撤销其不符合要求的差异，或保留而使其成为响应性的投标，且不再参与后续的任何评审。

4）书面要求存在细微偏差的投标人在评标结束前予以补正。拒不补正的，在详细评审时可以对细微偏差作不利于该投标人的量化处理。

5）审查报价的合理性

设置"招标控制价"或"拦标价"的项目，初步评审时，超过"招标控制价"或"拦标价"的投标报价将被招标人拒绝，或者由评标委员会判定为无效标，该投标人的投标文件将不予进行后续评审。

（4）详细评审

因为工程项目的不同，详细评审的内容也不同。

通过详细评审，除根据招标人授权直接确定中标人外，评标委员会按照经评审的价格由低到高或量化打分由高到低的顺序向招标人推荐中标候选人。

投标文件中有含义不明确的内容、明显文字或者计算错误，评标委员会认为需要投标人作出必要澄清、说明的，应当书面通知该投标人。投标人的澄清、说明应当采用书面形式，并不得超出投标文件的范围或者改变投标文件的实质性内容。评标委员会不得暗示或者诱导投标人作出澄清、说明，不得接受投标人主动提出的澄清、说明。澄清和确认的问题须经法定代表人或授权代理人签字，澄清问题的答复作为投标文件的组成部分，但不允许更改投标报价或投标文件的其他实质性内容。

评标和定标应当在投标有效期内完成。不能在投标有效期内完成评标和定标的，招标人应当通知所有投标人延长投标有效期。拒绝延长投标有效期的投标人有权收回投标保证金。同意延长投标有效期的投标人应当相应延长其投标担保的有效期，但不得修改投标文件的实质性内容。因延长投标有效期造成投标人损失的，招标人应当给予适当补偿，但因不可抗力需延长投标有效期的除外。

招标文件应当载明投标有效期。投标有效期从提交投标文件截止日起计算。

3. 评标办法

《房屋建筑和市政基础设施工程施工招标投标管理办法》规定，评标可以采用综合评估法、经评审的最低投标价法或者法律法规允许的其他评标办法。

综合评估法适用于大型建设工程或是技术非常复杂、施工难度很大的工程；而经评审的最低投标价法一般适用于具有通用技术、性能标准，或对其技术、性能无特殊要求的施工招标和设备材料采购类招标项目。

《标准施工招标文件》第三章"评标办法"分别规定了经评审的最低投标价法和综合评估法两种评标方法，供招标人根据招标项目具体特点和实际需要选择适用。招标人选择适用综合评估法的，各评审因素的评审标准、分值和权重等由招标人自主确定。国务院有关部门对各评审因素的评审标准、分值和权重等有规定的，从其规定。

"评标办法"前附表应列明全部评审因素和评审标准，并在前附表及正文标明投标人不满足其要求即导致标书无效的全部条款。

（1）经评审的最低投标价法

经评审的最低投标价法是指对符合招标文件规定的技术标准，满足招标文件实质性要求的投标，按招标文件规定的评标价格调整方法，将投标报价以及相关商务部分的偏差作必要的价格调整和评审，即价格以外的有关因素折成货币或给予相应的加权计算，以确定最低评标价或最佳的投标。经评审的最低投标价的投标应当推荐为中标候选人，但是投标价格低于成本的除外。

如何确定投标报价是否低于成本呢？目前常见的方法如下：

其一，要对总价合理性进行评审。

开标后，计算机辅助系统对各投标人的投标报价是否存在漏项或擅自修改招标人发出的工程量清单等进行检查，对不可竞争费用及税金进行核实。经检查和核实，发现投标人的投标报价存在漏项或擅自修改招标人发出的工程量清单，未按规定的费率、税率标准计取不可竞争费用和税金的，该投标人的投标将被拒绝，其投标报价不参与合理投标报价下限的计算。

计算机辅助系统完成检查核实工作后，计算合理投标报价的下限，确定具有评标资格的投标人。合理投标报价下限的计算方法为：对所有已接受的投标人的投标报价，去掉一个最低投标报价后，计算算术平均值，再对其中低于或等于该算术平均值的投标人的投标报价（不含已去掉的最低投标报价），计算第二次算术平均值，并以第二次算术平均值作为合理投标报价的下限。投标报价在第一次算术平均值以上和第二次算术平均值以下的投标人取消评标资格，不再参与后续评审（但仍计入有效标总数）。

其二，需要对分部分项工程量清单综合单价进行评审。

将投标报价的总价在第一次算术平均值以下和第二次算术平均值以上的投标人的分部分项工程量清单综合单价，进行算术平均所得出的算术平均值，作为评审分部分项工程量清单项目综合单价是否低于成本的参照依据。

根据招标控制价中的分部分项工程量清单综合单价、合价，取价值高的评审子项，对投标文件相对应的分部分项工程量清单综合单价进行评审。当投标人的某项经评审的分部分项工程量清单综合单价，低于各投标人相对应的分部分项工程量清单综合单价的算术平均值的一定百分比（不含）时，即判定该评审子项低于成本价。

纳入评审的分部分项工程量清单综合单价、合价的价值总和，应当占所有分部分项工程量清单总价的70%。对投标人纳入评审的分部分项工程量清单综合单价，低于各投标人相对应的综合单价算术平均值一定百分比的综合单价项数，占一定比例以上的，应当按投标报价低于成本处理。

其三，采用上述类似方法对措施项目清单报价和主要材料单价进行评审，不符要求的作投标报价低于成本处理。

评标委员会判定投标人的投标报价低于成本的，其投标人不得推荐为中标候选人；评标委员会成员在判定投标报价是否低于成本发生分歧时，以超过三分之二的多数评标专家的意见作为判断依据。

　　对于经评审的最低投标价法的含义理解，我们必须抓住对两个关键词"经评审"与"最低"的理解。招标人招标的目的，是在完成该合同任务的条件下，获得一个最经济的投标，经评审的投标价格最低才是最经济的投标。

　　"投标价格"最低不一定是最经济的投标，所以采用"评标价"最低投标是科学的。评标价是一个以货币形式表现的衡量投标竞争力的定量指标。它除了考虑投标价格因素外，还综合考虑质量、工期、施工组织设计、企业信誉、业绩等因素，并将这些因素应尽可能加以量化折算为一定的货币额，加权计算得到。所以就"经过评审的投标价格"在实际操作中可以理解为：指评审过程中以该标书的报价为基数，将报价之外需要评定的要素按预先规定的折算方法换算为货币价值，按照招标书对招标人有利或不利的原则，在其报价上增加或减少一定金额，最终构成评标价格。

　　《评标委员会和评标方法暂行规定》规定，根据经评审的最低投标价法完成详细评审后，评标委员会应当拟定一份"标价比较表"，连同书面评标报告提交招标人。"标价比较表"应当载明投标人的投标报价、对商务偏差的价格调整和说明，以及经评审的最终投标价。评审价格最低的投标书为最优的标书。

　　经评审的投标价格是评标时使用的，不是给承包人的实际支付价，在与中标人签订合同时，还是以中标人的投标报价作为合同价，实际支付价也仍为承包人的投标报价。

【案例 2-4】　经评审的最低投标价法

　　某建设工程项目合同的专用条款约定计划工期 500 日，预付款为签约合同价的 20%，月工程进度款为月应付款的 85%，保修期为 18 个月。招标文件许可的偏离项目和偏离范围见表 2-13，评标价的折算标准见表 2-14。

许可偏离项目及范围一览表　　　　　　　　　　　　表 2-13

序号	许可偏离项目	许可偏离范围
1	工期	450 日≤投标工期≤540 日
2	预付款额度	15%≤投标额度≤25%
3	工程进度款	75%≤投标额度≤90%
4	综合单价遗漏	单价遗漏项数不多于 3 项
5	综合单价	在有效投标人该子目综合单价平均值的 10%内
6	保修期	18 个月≤投标保修期≤24 个月

评标价折算标准　　　　　　　　　　　　表 2-14

序号	折算因素	折算标准
1	工期	在计划工期 500 天基础上，每提前或推后 10 日调增或调减投标报价 6 万元
2	预付款额度	在预付款 20%额度基础上，每少 1%调减投标报价 5 万元，每多 1%调增 10 万元
3	工程进度款	在进度付款 85%基础上，每少 1%调减投标报价 2 万元，每多 1%调增 4 万元
4	综合单价遗漏	调增其他投标人该遗漏项最高报价
5	综合单价	每偏离有效投标人该子目综合单价平均值的 1%，调增该子目价格的 0.2%
6	保修期	在 18 个月的基础上每延长一个月调减 3 万元

如某投标人投标报价为 5800 万元，不存在算术性错误，其工期为 450 日历天，预付款额度为投标价的 24%，进度款为 80%，其综合单价均在该子目其他投标人综合单价 10% 内，无单价遗漏项，且保修期为 24 个月，则该投标人的评标价为：

5800 万元－6 万元/10 日×（500－450）日＋10 万元/1%×（24%－20%）－2×（85%－80%）－3 万元/月×6 月＝5782 万元。

（2）综合评估法

不宜采用经评审的最低投标价法的招标项目，一般应当采取综合评估法进行评审。根据综合评估法，推荐最大限度地满足招标文件中规定的各项综合评价标准的投标人为中标候选人。

衡量投标文件是否最大限度地满足招标文件中规定的各项评价标准，一般采取量化打分的方法。需量化的因素及其权重在招标文件中明确规定。对技术部分和商务部分进行量化后，评标委员会对这两部分的量化结果进行加权，计算出每一投标的综合评估分。然后按照总分的高低进行排序，推荐出中标候选人。

如何确定商务标量化打分的评标基准价呢？常见的做法如下：

评标基准价的计算方式：以各有效投标中去掉一个最高报价和一个最低报价以后的各投标人的投标报价的算术平均值，乘以一定百分比为评标基准价。但最高报价和最低报价仍为有效报价。

【案例 2-5】 综合评估法（百分法）

某工程建设项目采用公开招标方式招标，有 A、B、C、D、E、F 共 6 家企业参加投标，经资格预审 6 家企业都满足招标人要求。该工程的评标委员会由 1 名招标人代表和 6 名从专家库中抽取的评标专家共 7 名委员组成。招标文件中规定的评标方法如下：

技术标共计 40 分，其中施工方案 15 分、总工期 8 分、工程质量 6 分、项目班子 6 分、企业信誉 5 分。技术标各项内容的得分为：在各评委打分的基础上去掉一个最高分和一个最低分后的算术平均值。技术标合计得分不满 28 分者，不再评其商务标。

商务标共计 60 分。以控制价的 50% 加上企业报价的算术平均数的 50% 作为基准价，但是最高（最低）报价高于（低于）次高（次低）报价的 15% 者，在计算企业报价的算术平均数时不给予考虑，且商务标得分为 15 分。以基准价为满分（60 分），报价比基准价每下降 1% 的，扣 1 分，最多扣 10 分；报价比基准价每增加 1% 的，扣 2 分，且扣分不保底。

评分的最小单位为 0.5，计算结果保留两位小数。

6 家企业的报价和控制价汇总见表 2-15。

6 家企业的报价和控制价汇总表（单位：万元）　　　　　表 2-15

投标企业	A	B	C	D	E	F	控制价
报价	13656	11108	14303	13098	13241	14125	13790

评标过程如下：

1. 技术标的评审

6 家企业技术标中的施工方案部分得分见表 2-16。

6 家企业施工方案得分及平均分 表 2-16

评委 投标企业	一	二	三	四	五	六	七	平均得分
A	13.0	11.5	12.0	11.0	11.0	12.5	12.5	11.9
B	14.5	13.5	14.5	13.0	13.5	14.5	14.5	14.1
C	12.0	10.0	11.5	11.0	10.5	11.5	11.5	11.2
D	14.0	13.5	13.5	13.0	13.5	14.5	14.5	13.7
E	12.5	11.5	12.0	11.0	11.5	12.5	12.5	12.0
F	10.5	10.5	10.5	10.0	9.5	11.0	10.5	10.4

A 企业分别去掉一个最高分 13.0 和一个最低分 11.0，其余五个得分的算术平均值为 (11.5+12.0+11.0+12.5+12.5)/5＝11.9 分，以此类推，可得其余企业的施工方案平均分（表 2-16）

根据表 2-16 的计算方法，可得技术标中的总工期、工程质量、项目班子和企业信誉四项的得分见表 2-17。

6 家企业技术标其他项得分及合计 表 2-17

投标单位	施工方案	总工期	工程质量	项目班子	企业信誉	合计
A	11.9	6.5	5.5	4.5	4.5	32.9
B	14.1	6.0	5.0	5.0	4.5	34.6
C	11.2	5.0	4.5	3.5	3.0	27.2
D	13.7	7.0	5.5	5.0	4.5	35.7
E	12.0	7.5	5.0	4.0	4.0	32.5
F	10.4	8.0	4.5	4.0	3.5	30.4

由于 C 企业的技术标仅得 27.2 分，小于 28 分的最低限，按规定不再继续评审其商务标，实际上投标已被否决。

2. 商务标的评审

计算最高报价与次高报价的比例：(14303−14125)/14125＝1.3%＜15%

计算最低报价与次低报价的比例：(13098−11108)/13098＝15.2%＞15%

故而最低报价 B 企业的报价 11108 万元在计算基准价时不给予考虑。则基准价为：

13790×50%＋(13656+13098+13241+14125)/4×50%＝13660 万元

5 家企业的商务标评分见表 2-18。

5 家企业商务标得分　　　　　　　　　　　　　　　　　表 2-18

投标企业	报价(万元)	报价与基准价的比例(%)	扣分	得分
A	13656	$(13656/13660)\times100=99.97$	$(100-99.97)\times1=0.03$	59.97
B	11108			15
D	13098	$(13098/13660)\times100=95.89$	$(100-95.89)\times1=4.11$	55.89
E	13241	$(13241/13660)\times100=96.93$	$(100-96.93)\times1=3.07$	56.93
F	14125	$(14125/13660)\times100=103.40$	$(103.40-100)\times2=6.80$	53.20

3. 5 家企业的综合得分见表 2-19。

5 家企业的综合得分　　　　　　　　　　　　　　　　　表 2-19

投标企业	技术标得分	商务标得分	综合得分
A	32.9	59.97	92.87
B	34.6	15.00	49.60
D	35.7	55.89	91.59
E	32.5	56.93	89.43
F	30.4	53.20	83.60

根据综合评估法的定标原则，综合得分最高的中标，故应推荐 A 企业为第一中标候选人。

根据综合评估法完成评标后，评标委员会应当拟定一份"综合评估比较表"，连同书面评标报告提交招标人。"综合评估比较表"应当载明投标人的投标报价、所作的任何修正、对商务偏差的调整、对技术偏差的调整、对各评审因素的评估以及对每一投标的最终评审结果。

根据招标文件的规定，允许投标人投备选标的，评标委员会可以对排名中标人所投的备选标进行评审，以决定是否采纳备选标。不符合中标条件的投标人的备选标不予考虑。

对于划分有多个单项合同的招标项目，招标文件允许投标人为获得整个项目合同而提出优惠的，评标委员会可以对投标人提出的优惠进行审查，以决定是否将招标项目作为一个整体合同授予中标人。将招标项目作为一个整体合同授予的，整体合同中标人的投标应当最有利于招标人。

作为评标的结果，评标委员会应最终确定一至三位中标候选人。但当招标人有要求时评标委员会也可直接确定最终中标人。

4. 评标报告

评标委员会在评标过程中发现的问题，应当及时作出处理或者向招标人提出处理建议，并作书面记录。

评标委员会完成评标后，应当向招标人提出书面评标报告，并抄送有关行政监督部门。评标报告应当如实记载以下内容：

(1) 基本情况和数据表；

(2) 评标委员会成员名单；

(3) 开标记录；

(4) 符合要求的投标一览表；

(5) 无效标情况说明；

(6) 评标标准、评标方法或者评标因素一览表；

(7) 经评审的价格或者评分比较一览表；

(8) 经评审的投标人排序；

(9) 推荐的中标候选人名单与签订合同前要处理的事宜；

(10) 澄清、说明、补正事项纪要。

评标报告由评标委员会全体成员签字。对评标结论持有异议的评标委员可以书面方式阐述其不同意见和理由。评标委员会成员拒绝在评标报告上签字且不陈述其不同意见和理由的，视为同意评标结论。评标委员会应当对此作出书面说明并记录在案。

向招标人提交书面评标报告后，评标委员会即告解散。评标过程中使用的文件、表格以及其他资料应当及时归还招标人。

2.3.13 定标

定标即确定中标人。中标人的投标应当符合下列条件之一：

(1) 采用综合评估法评标的，投标文件能够最大限度满足招标文件中规定的各项综合评价标准；

(2) 采用经评审的最低投标价法评标的，投标文件能够满足招标文件的实质性要求，并且经评审的投标价格最低，但是投标价格低于成本的除外。

在确定中标人之前，招标人不得与投标人就投标价格、投标方案等实质性内容进行谈判。

招标人根据评标委会提出的书面评标报告和推荐的中标候选人来确定中标人。招标人也可以授权评标委员会直接确定中标人。

《招投标法实施条例》的第五十四条规定，依法必须进行招标的项目，招标人应当自收到评标报告之日起 3 日内公示中标候选人，公示期不得少于 3 日。投标人或者其他利害关系人对依法必须进行招标的项目的评标结果有异议的，应当在中标候选人公示期间提出。招标人应当自收到异议之日起 3 日内作出答复；作出答复前，应当暂停招投标活动。

《招投标法实施条例》第六十条规定，投标人或者其他利害关系人认为招投标活动不符合法律、行政法规规定的，可以自知道或者应当知道之日起 10 日内向有关行政监督部门投诉。投诉应当有明确的请求和必要的证明材料。

2.3.14　中标通知与合同签订

案例 2.3
评标与签
订合同

中标人确定后，招标人应当向中标人发出中标通知书（表 2-20），同时通知未中标人，并与中标人在发出中标通知后的 30 日之内签订合同。

中标通知书对招标人和中标人具有法律约束力。中标通知书发出后，招标人改变中标结果，或者中标人放弃中标的，应当承担法律责任。中标人不在规定时间内及时与招标人签订合同的，招标人有权没收其投标保证金。当招标文件规定有履约保证金或履约保函（表 2-21）时，中标人应在规定期限内及时提交，否则也将被视为放弃中标而被没收投标保证金。

招标人应当与中标人按照招标文件和中标人的投标文件订立书面合同。招标人不得向中标人提出压低报价、增加工作量、缩短工期，或其他违背中标人意愿的要求，以此作为发出中标通知书和签订合同的条件。招标人与中标人不得再行订立背离合同实质性内容的其他协议。

招标人与中标人签订合同后 5 日内，应当向中标人和未中标的投标人退还投标保证金。

中标通知书　　　　　　　　　　　　　　　　表 2-20

中标通知书
_____(中标人名称)：
你方于_____(投标日期)所递交的_____(项目名称)_____标段施工投标文件已被我方接受,被确定为中标人。
中标价:_____元。
工期:_____日历天。
工程质量:符合_____标准。
项目经理:_____(姓名)。
请你方在接到本通知书后的____日内到_____(指定地点)与我方_____签订施工承包合同,在此之前按招标文件第二章"投标人须知"第 7.3 款规定向我方提交履约担保。
特此通知。
招标人:_____(盖单位章)
法定代表人:_____(签字)
_____年_____月_____日

履约保函　　　　　　　　　　　　表 2-21

履约担保

_____（发包人名称）：

　　鉴于_____（发包人名称，以下简称"发包人"）接受_____（承包人名称，以下简称"承包人"）于___年___月___日参加_____（项目名称）_____标段施工的投标。我方愿意无条件地、不可撤销地就承包人履行与你方订立的合同，向你方提供担保。

　　1. 担保金额人民币（大写）_____元（￥_____）。

　　2. 担保有效期自发包人与承包人签订的合同生效之日起至发包人签发工程接收证书之日止。

　　3. 在本担保有效期内，因承包人违反合同约定的义务给你方造成经济损失时，我方在收到你方以书面形式提出的在担保金额内的赔偿要求后，在 7 天内无条件支付。

　　4. 发包人和承包人按《通用合同条款》第 15 条变更合同时，我方承担本担保规定的义务不变。

　　　　　　　　　　　　　　担　保　人：_____（盖单位章）

　　　　　　　　　　　　　　法定代表人或其委托代理人：_____（签字）

　　　　　　　　　　　　　　地　　　址：_____

　　　　　　　　　　　　　　邮政编码：_____

　　　　　　　　　　　　　　电　　　话：_____

　　　　　　　　　　　　　　传　　　真：_____

　　　　　　　　　　　　　　　　____年____月____日

单 元 练 习

一、不定项选择题

1. 在招标活动的基本原则中，招标人不得以任何方式限制或者排斥法人或者其他组织参加投标，体现了（　　）。

A. 公开原则　　　　B. 公平原则　　　　C. 公正原则　　　　D. 诚实信用原则

2. 工程建设项目招标范围包括（　　）。

A. 大型基础设施、公用事业等关系社会公共利益、公众安全的项目

B. 一切工程项目

C. 全部或者部分使用国有资金投资，或者国家融资的项目

D. 一切大中型工程项目

E. 使用国际组织或者外国政府贷款、援助资金的项目

3. 下列关于招标代理的叙述中，错误的是（　　）。

A. 招标人有权自行选择招标代理机构，委托其办理招标事宜

B. 招标人具有编制招标文件和组织评标能力的，可以自行办理招标事宜

C. 任何单位和个人不得以任何方式为招标人指定招标代理机构

D. 建设行政主管部门可以为招标人指定招标代理机构

4. 下列排序符合《招投标法》和《工程建设项目施工招标投标办法》规定的招标程序的是（　　）。

①发布招标公告　　②资质审查

③接受投标书　　　④开标、评标

A. ①②③④　　　　B. ②①③④　　　　C. ①③④②　　　　D. ①③②④

5. 根据《招投标法》的有关规定，评标委员会由（　　）依法组建。

A. 县级以上人民政府　　　　　　　B. 市级以上人民政府

C. 招标人　　　　　　　　　　　　D. 建设行政主管部门

6. 在工程项目招标中，可采取的主要招标方式有（　　）。

A. 公开招标　　　　B. 邀请招标　　　　C. 议标　　　　D. 两阶段招标

7. 下列（　　）投标将会被否决。

A. 在所有投标者中投标报价最高

B. 开标时发现投标文件没有密封

C. 投标文件附有招标人不能接受的条件

D. 投标文件没有投标人授权代表签字和加盖公章

8. 根据《招投标法》的有关规定，评标委员会由招标人的代表和有关技术、经济等方面的专家组成，成员人数为（　　）以上单数，其中技术、经济等方面的专家不得少于成员总数的三分之二。

A. 3 人　　　　　　B. 5 人　　　　　　C. 7 人　　　　　　D. 9 人

二、案例分析题

1. 某办公楼的招标人于 2002 年 3 月 20 日向具备承担该项目能力的甲、乙、丙 3 家企业发出投标邀请书，其中说明，3 月 25 日在该招标人总工程师室领取招标文件，4 月 5 日 14 时为投标截止时间。3 家企业均接受邀请，并按规定时间提交了投标文件。

开标时，由招标人检查投标文件的密封情况，确认无误后，由工作人员当众拆封，并宣读了 3 家企业的名称、投标价格、工期和其他主要内容。

评标委员会委员由招标人直接确定，共有 4 人组成，其中招标人代表 2 人，经济专家 1 人，技术专家 1 人。

招标人预先与咨询单位和被邀请的这 3 家企业共同研究确定了施工方案。经招标工作小组确定的评标指标及评分方法如下：

报价不超过标底（35500 万元）的 ±5％ 者为有效标，超过者为废标。报价为标底的 98％ 者得满分，在此基础上，报价比标底每下降 1％，扣 1 分，每上升 1％，扣 2 分（计分按四舍五入取整）。

定额工期为 500 天。评分方法是：工期提前 10％ 为 100 分，在此基础上每拖后 5 天扣 2 分。

企业信誉和施工经验得分在资格审查时评定。

上述四项评标指标的总权重分别为：投标报价 45％；投标工期 25％；企业信誉和施工经验均为 15％。

各投标企业的有关情况如下：

投标企业	报价（万元）	总工期（d）	企业信誉得分	施工经验得分
甲	35642	460	95	100
乙	34364	450	95	100
丙	33867	460	100	95

问题：

（1）从所介绍的背景资料来看，该项目的招投标过程中有哪些方面不符合《招投标法》的规定？

（2）请按综合得分最高者中标的原则确定中标企业。

2. 某国家大型水利工程，由于工艺先进，技术难度大，对施工企业的施工设备和同类工程施工经验要求高，而且对工期的要求也比较紧迫。基于本工程的实际情况，招标人决定仅邀请3家国有一级施工企业参加投标。

招标工作内容确定为：成立招标工作小组；发出投标邀请书；编制招标文件；编制标底；发放招标文件；招标答疑；组织现场踏勘；接收投标文件；开标；确定中标单位；评标；签订承发包合同；发出中标通知书。

问题：

（1）如果将上述招标工作内容的顺序作为招标工作先后顺序是否妥当？如果不妥，请确定合理的顺序。

（2）工程建设项目施工招标文件一般包括哪些内容？

单元 2 在线自测题

教学单元 3

施工项目投标

【单元学习导图】

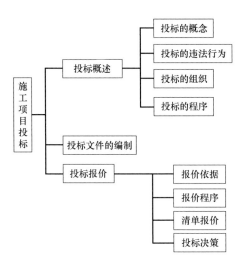

3.1　施工项目投标概述

3.1.1　投标的概念

投标就是投标人根据招标文件的要求，提出完成发包业务的方法、措施和报价，竞争取得业务承包权的活动。

招标与投标是一个有机整体，招标是建设单位在招标投标活动中的工作内容；投标则是承包商在招标投标活动中的工作内容。

《招投标法实施条例》的三十四条规定，与招标人存在利害关系可能影响招标公正性的法人、其他组织或者个人，不得参加投标。单位负责人为同一人或者存在控股、管理关系的不同单位，不得参加同一标段投标或者未划分标段的同一招标项目投标。违反规定的，投标无效。

《招投标法实施条例》的三十九至四十二条还对投标人的各类违法行为进行了定义。

首先，《招投标法实施条例》对投标人相互串通投标的行为进行了具体化的明确。有下列情形之一的，将被认定为投标人相互串通投标：

（1）投标人之间协商投标报价等投标文件的实质性内容；

（2）投标人之间约定中标人；

（3）投标人之间约定部分投标人放弃投标或者中标；

（4）属于同一集团、协会、商会等组织成员的投标人按照该组织要求协同投标；

（5）投标人之间为谋取中标或者排斥特定投标人而采取的其他联合行动。

有下列情形之一的，也将被视为投标人相互串通投标：

（1）不同投标人的投标文件由同一单位或者个人编制；

（2）不同投标人委托同一单位或者个人办理投标事宜；

（3）不同投标人的投标文件载明的项目管理成员为同一人；

（4）不同投标人的投标文件异常一致或者投标报价呈规律性差异；

（5）不同投标人的投标文件相互混装；

（6）不同投标人的投标保证金从同一单位或者个人的账户转出。

《招投标法实施条例》对招标人与投标人串通投标的行为也进行了定义。有下列情形之一的，属于招标人与投标人串通投标：

（1）招标人在开标前开启投标文件并将有关信息泄露给其他投标人；

（2）招标人直接或者间接向投标人泄露标底、评标委员会成员等信息；

（3）招标人明示或者暗示投标人压低或者抬高投标报价；

（4）招标人授意投标人撤换、修改投标文件；

（5）招标人明示或者暗示投标人为特定投标人中标提供方便；

（6）招标人与投标人为谋求特定投标人中标而采取的其他串通行为。

《招投标法实施条例》指出，使用通过受让或者租借等方式获取的资格、资质证书投标的，属于招标投标法第三十三条规定的以他人名义投标。

投标人有下列情形之一的，属于招标投标法第三十三条规定的以其他方式弄虚作假的行为：

（1）使用伪造、变造的许可证件；

（2）提供虚假的财务状况或者业绩；

（3）提供虚假的项目负责人或者主要技术人员简历、劳动关系证明；

（4）提供虚假的信用状况；

（5）其他弄虚作假的行为。

上述行为都是违法行为，是法律和法规明令禁止的。违反规定将被行政处罚甚至被追究法律责任。

● 思政讨论区 ●

在投标竞争激励的情况下，有些承包人会采用几家实力雄厚的公司联合起来控制报价的措施。一种常见做法是保举一家中标，再由中标人将工程中的部分任务分包、甚至转包给其他承包人；另一种做法是轮流相互保标，也称为轮流坐庄，控制某一地的承包市场。其实质就是投标人串通投标，是违法行为。

问题：1. 请同学们讨论串通投标的违法性和危害性。

2. 请同学们讨论如何控制串标的违法行为。

3.1.2 投标的组织

投标过程竞争十分激烈，需要有专门的机构和人员对投标全过程加以组织与管理，以提高工作效率和中标的可能性。建立一个强有力的、内行的投标班子是投标获得成功的根本保证。

不同的工程项目，由于其规模、性质等不同，建设单位在择优时可能各有侧重，但一般来说建设单位主要考虑如下方面：较低的价格、优良的质量和较短的工期，因而在确定投标班子人选及制订投标方案时必须充分考虑。

投标班子应由三类人才组成：

（1）经营管理类人才，指专门从事工程业务承揽工作的公司经营部门管理人员和拟定的项目经理。经营部人员应具备一定的法律知识，掌握大量的调查和统计资料，具备分析和预测等科学手段，有较强的社会活动与公共关系能力，而项目经理应熟悉项目运行的内在规律，具有丰富的实践经验和大量的市场信息。这类人才在投标班子中起核心作用，制定和贯彻经营方针与规划，负责工作的全面筹划和安排。

（2）专业技术人才，主要指工程施工中的各类技术人才，诸如土木工程师、水暖电工程师、专业设备工程师等各类专业技术人员。他们具有较高的学历和技术职称，掌握本学科最新的专业知识，具备较强的实际操作能力，在投标时能从本公司的实际技术水平出发，确定各项专业实施方案。

（3）商务金融类人才，指从事预算、财务和商务等方面人才。他们具有概（预）算、材料设备采购、财务会计、金融、保险和税务等方面的专业知识。投标报价主要由这类人才进行具体编制。

另外，在参加涉外工程投标时，还应配备懂得专业和合同管理的翻译人员。

3.1.3　投标的程序

投标活动的一般程序如下：

（1）成立投标组织；

（2）投标初步决策；

（3）参加资格预审，获取标书；

（4）参加现场踏勘和招标预备会；

（5）进行技术环境和市场环境调查；

（6）编制施工组织设计；

（7）编制并审核施工图预算；

（8）投标最终决策；

（9）标书成稿；

（10）标书装订和封包；

（11）递交标书参加开标会议；

（12）接到中标通知书后，与建设单位签订合同。

3.2　投标文件的编制

3.2.1　投标文件的组成

建设工程投标文件，是建设工程投标人单方面阐述自己响应招标文件要求，旨在向招标人提出愿意订立合同的意思表示，是投标人确定和解释有关投标事项的各种书面表达形式的统称。从合同订立过程来分析，建设工程投标文件在性质上属于一种要约，其目的在于向招标人提出订立合同的意愿。

建设工程投标文件是由一系列有关投标方面的书面资料组成的。一般来说，投标文件由以下几个部分组成：

（1）投标函及投标函附录。其内容与格式见表3-1、表3-2a、表3-2b。

（2）法定代表人身份证明或附有法定代表人身份证明的授权委托书。其格式见表3-3、表3-4。

（3）联合体协议书。其格式见表3-5。

（4）投标保证金。其格式见表3-6。

（5）已标价工程量清单。

（6）施工组织设计。

（7）项目管理机构。其格式见表3-7a、表3-7b。

（8）拟分包项目情况表。其格式见表3-8。

（9）资格审查资料。

（10）投标人须知前附表规定的其他材料。

投标函   表 3-1

投标函

_____（招标人名称）：

1. 我方已仔细研究了_____（项目名称）_____标段施工招标文件的全部内容，愿意以人民币（大写）_____元（¥_____）的投标总报价，工期_____日历天，按合同约定实施和完成承包工程，修补工程中的任何缺陷，工程质量达到_____。

2. 我方承诺在投标有效期内不修改、撤销投标文件。

3. 随同本投标函提交投标保证金一份，金额为人民币（大写）_____元（¥_____）。

4. 如我方中标：

(1)我方承诺在收到中标通知书后，在中标通知书规定的期限内与你方签订合同；

(2)随同本投标函递交的投标函附录属于合同文件的组成部分；

(3)我方承诺按照招标文件规定向你方递交履约担保；

(4)我方承诺在合同约定的期限内完成并移交全部合同工程。

5. 我方在此声明，所递交的投标文件及有关资料内容完整、真实和准确，且不存在第二章"投标人须知"第1.4.3项规定的任何一种情形。

6. _____（其他补充说明）

投 标 人：_____（盖单位章）

法定代表人或其委托代理人：_____（签字）

地址：_____

网址：_____

电话：_____

传真：_____

邮政编码：_____

_____年_____月_____日

投标函附录 表 3-2a

序号	条款名称	合同条款号	约定内容	备注
1	项目经理	1.1.2.4	姓名：	
2	工期	1.1.4.3	天数：_____日历天	
3	缺陷责任期	1.1.4.5		
4	分包	4.3.4		
5	价格调整的差额计算	16.1.1	见价格指数权重表(表 3-2b)	

价格指数权重表 表 3-2b

名称		基本价格指数		权重			价格指数来源
		代号	指数值	代号	允许范围	投标人建议值	
定值部分				A			
变值部分	人工费	F_{01}		B_1	___至___		
	钢材	F_{02}		B_2	___至___		
	水泥	F_{03}		B_3	___至___		
合计						1.00	

法定代表人身份证明 表 3-3

法定代表人身份证明

投 标 人：_____

单位性质：_____

地　　址：_____

成立时间：_____年_____月_____日

经营期限：_____

姓　　名：_____ 性　　别：_____

年　　龄：_____ 职　　务：_____

系_____(投标人名称)的法定代表人。

特此证明。

投标人：_____(盖单位章)

_____年_____月_____日

授权委托书 表 3-4

授权委托书

　　本人_____（姓名）系_____（投标人名称）的法定代表人，现委托_____（姓名）为我方代理人。代理人根据授权，以我方名义签署、澄清、说明、补正、递交、撤回、修改_____（项目名称）_____标段施工投标文件、签订合同和处理有关事宜，其法律后果由我方承担。

　　委托期限：_____

_____。

　　代理人无转委托权。

　　附：法定代表人身份证明

投 标 人：_____（盖单位章）

法定代表人：_____（签字）

身份证号码：_____

委托代理人：_____（签字）

身份证号码：_____

_____年_____月_____日

联合体协议书 表 3-5

联合体协议书

牵头人名称：_____

法定代表人：_____

法定住所：_____

成员二名称：_____

法定代表人：_____

法定住所：_____

......

　　鉴于上述各成员单位经过友好协商，自愿组成_____（联合体名称）联合体，共同参加_____（招标人名称）（以下简称招标人）_____（项目名称）_____标段（以下简称本工程）的施工投标并争取赢得本工程施工承包合同（以下简称合同）。现就联合体投标事宜订立如下协议：

　　1._____（某成员单位名称）为_____（联合体名称）牵头人。

　　2.在本工程投标阶段，联合体牵头人合法代表联合体各成员负责本工程投标文件编制活动，代表联合体提交和接收相关的资料、信息及指示，并处理与投标和中标有关的一切事务；联合体中标后，联合体牵头人负责合同订立和合同实施阶段的主办、组织和协调工作。

　　3.联合体将严格按照招标文件的各项要求，递交投标文件，履行投标义务和中标后的合同，共同承担合同规定的一切义务和责任，联合体各成员单位按照内部职责的部分，承担各自所负的责任和风险，并向招标人承担连带责任。

　　4.联合体各成员单位内部的职责分工如下：_____。按照本条上述分工，联合体成员单位各自所承担的合同工作量比例如下：_____。

　　5.投标工作和联合体在中标后工程实施过程中的有关费用按各自承担的工作量分摊。

　　6.联合体中标后，本联合体协议是合同的附件，对联合体各成员单位有合同约束力。

　　7.本协议书自签署之日起生效，联合体未中标或者中标时合同履行完毕后自动失效。

　　8.本协议书一式_____份，联合体成员和招标人各执一份。

牵头人名称：_____（盖单位章）

法定代表人或其委托代理人：_____（签字）

成员二名称：_____（盖单位章）

法定代表人或其委托代理人：_____（签字）

......

_____年_____月_____日

备注：本协议书由委托代理人签字的，应附法定代表人签字的授权委托书。

投标保证金　　　　　　　　　　　　　　　　　　　　　　　表 3-6

投标保证金

_____(招标人名称)：

　　鉴于_____(投标人名称,以下称"投标人")于___年___月___日参加_____(项目名称)_____

__标段施工的投标,_____(担保人名称,以下简称"我方")无条件地、不可撤销地保证：投标人在规定的投标文件有效期内撤销或修改其投标文件的,或者投标人在收到中标通知书后无正当理由拒签合同或拒交规定履约担保的,我方承担保证责任。收到你方书面通知后,在 7 日内无条件向你方支付人民币(大写)_____元。

　　本保函在投标有效期内保持有效。要求我方承担保证责任的通知应在投标有效期内送达我方。

　　　　　　　　　　　　　　担保人名称：_____(盖单位章)

　　　　　　　　　　　　　　法定代表人或其委托代理人：_____(签字)

　　　　　　　　　　　　　　地　　　址：_____

　　　　　　　　　　　　　　邮政编码：_____

　　　　　　　　　　　　　　电　　　话：_____

　　　　　　　　　　　　　　传　　　真：_____

　　　　　　　　　　　　　　　　　　_____年_____月_____日

项目管理机构组成表　　　　　　　　　　　　　　　　　表 3-7a

职务	姓名	职称	执业或职业资格证明					备注
			证书名称	级别	证号	专业	养老保险	

主要人员简历表　　　　　　　　表 3-7b

姓名		年龄		学　历	
职称		职务		拟在本合同任职	
毕业学校		年毕业于		学校　　专业	
主要工作经历					
时间	参加过的类似项目		担任职务	发包人及联系电话	

　　"主要人员简历表"中的项目经理应附项目经理证、身份证、职称证、学历证、养老保险复印件，管理过的项目业绩须附合同协议书复印件；技术负责人应附身份证、职称证、学历证、养老保险复印件，管理过的项目业绩须附证明其所任技术职务的企业文件或用户证明；其他主要人员应附职称证(执业证或上岗证书)、养老保险复印件。

拟分包项目情况表　　　　　　　表 3-8

分包人名称		地址		
法定代表人		电话		
营业执照号码		资质等级		
拟分包的工程项目	主 要 内 容	预计造价(万元)	已经做过的类似工程	

3.2.2　投标文件的编制要求

1. 投标文件编制的一般要求

（1）投标人编制投标文件时必须使用招标文件提供的投标文件表格格式，但表格可以按同样格式扩展。投标保证金、履约保证金的方式，按招标文件有关条款的规定可以选择。投标人根据招标文件的要求和条件填写投标文件的空格时，凡要求填写的空格都必须填写，不得空着不填，否则即被视为放弃意见。实质性的项目或数字，如工期、质量等级、价格等未填写的，将被作为无效的投标文件处理。将投标文件按规定的日期送交招标人，等待开标、决标。

（2）应当编制的投标文件"正本"仅一份，"副本"则按招标文件前附表所述的份数提供，同时要在标书封面标明"投标文件正本"和"投标文件副本"字样。投标文件正本和副本如有不一致之处，以正本为准。

（3）投标文件正本和副本均应使用不能擦去的墨水书写或打印，各种投标文件的填写都要字迹清晰、端正，补充设计图纸要整洁、美观。

（4）所有投标文件均由投标人的法定代表人签署、加盖印鉴，并加盖法人单位公章。

（5）填报投标文件应反复校核，保证分项和汇总计算均无错误。全套投标文件均应无涂改和行间插字，除非这些删改是根据招标人的要求进行的，或者是投标人造成的必须修改的错误。修改处应由投标文件签字人签字证明并加盖印鉴。

（6）如招标文件规定投标保证金为合同总价的某百分比时，开投标保函不要太早，以防泄漏己方报价。但有的投标人提前开出并故意加大保函金额，以麻痹竞争对手的情况也是存在的。

（7）投标人应将投标文件的技术标和商务标分别密封在内层包封，再密封在一个外层包封中，并在内封上标明"技术标"和"商务标"。标书包封的封口处都必须加贴封条，封条贴缝应全部加盖密封章或法人章。内层和外层包封都应由投标人的法定代表人签署、加盖印鉴，并加盖法人单位公章。内层和外层包封都应写明投标人名称和地址、工程名称、招标编号，并注明开标时间以前不得开封。在内层和外层包封上还应写明投标人的名称与地址、邮政编码，以便投标出现逾期送达时能原封退回。如果内外层包封没有按上述规定密封并加写标志，投标文件将被拒绝，并退还给投标人。投标文件应按时递交至招标文件前附表所述的单位和地址。

（8）投标文件的打印应力求整洁、悦目，避免评标专家产生反感。投标文件的装订也要力求精美，使评标专家从侧面产生对投标人企业实力的认可。

2. 技术标编制的要求

技术标与施工组织设计虽然在内容上是一致的，但在编制要求上却有一定差别。施工组织设计的编制一般注重管理人员和操作人员对规定和要求的理解和掌握。而技术标则要求能让评标委员会的专家们在较短的时间内，发现标书的价值和独到之处，从而给予较高的评价。因此，技术标编制应注意以下问题：

（1）针对性。在评标过程中，我们常常发现为了使标书比较"上规模"，以体现投标人的水平，投标人往往把技术标做得很厚。而其中的内容往往都是对规范标准的成篇引用，或对其他项目标书的成篇抄袭，因而使标书毫无针对性。该有的内容没有，无需有的内容却充斥标书。这样的标书常常引起评标专家的反感，因而导致技术标严重失分。

（2）全面性。如前面评标办法介绍的，对技术标的评分标准一般都分为许多项目，这些项目都分别被赋予一定的评分分值。这就意味着，这些项目不能发生缺项，一旦发生缺项，该项目就可能被评为零分，这样中标概率将会大大降低。

另外，对一般项目而言，评标的时间往往有限，评标专家没有时间对技术标进行深入的分析。因此，只要有关内容齐全，且无明显的低级错误或理论上的错误，技术标一般不会扣很多分。所以，对一般工程来说，技术标内容的全面比内容的深入细致更重要。

（3）先进性。技术标得分要高，一般来说也不容易。没有技术亮点，没有特别吸引招标人的技术方案，是不大可能得高分的。因此，标书编制时，投标人应仔细分析招标人的热衷点，在这些点上采用先进的技术、设备、材料或工艺，使标书对招标人和评标专家产生更强的吸引力。

（4）可行性。技术标的内容最终都要付诸实施的，因此，技术标应有较强的可行性。为了凸现技术标的先进性，盲目提出不切实际的施工方案、设备计划，都会给今后的具体实施带来困难，甚至导致建设单位或监理工程师提出违约指控。

（5）经济性。投标人参加投标承揽业务的最终目的都是为了获取最大的经济利益，而施工方案的经济性，直接关系到投标人的效益，因此必须十分慎重。另外，施工方案也是投标报价的一个重要影响因素，经济合理的施工方案，能降低投标报价，使报价更具竞争力。

3.2.3　投标文件的递交

投标人应在招标文件前附表规定的日期内将投标文件递交给招标人。当招标人按招标文件中投标须知规定，延长递交投标文件的截止日期时，投标人仔细记住新的截止时间，避免因标书的逾期送达而导致废标。

投标人可以在递交投标文件以后，在规定的投标截止时间之前，采用书面形式向招标人递交补充、修改或撤回其投标文件的通知。在投标截止日期以后，不能更改投标文件。投标人的补充、修改或撤回通知，应按招标文件中投标须知的规定编制、密封、签章、标识和递交，并在包封上标明"补充""修改"或"撤回"字样。补充、修改的内容为投标文件的组成部分。投标截止日期之后，投标人不能再撤回投标文件，否则其投标保证金将不予退还。《招投标法实施条例》第三十五条规定：投标人撤回已提交的投标文件，应当在投标截止时间前书面通知招标人。招标人已收取投标保证金的，应当自收到投标人书面撤回通知之日起 5 日内退还。投标截止后投标人撤销投标文件的，招标人可以不退还投标保证金。

投标人递交投标文件不宜太早，一般在招标文件规定的截止日期前一两天内密封送交指定地点或上传至指定平台比较好。

3.3 投 标 报 价

3.3.1 投标报价及其依据

投标报价前，投标人首先应根据有关法规、取费标准、市场价格、施工方案等，并考虑到上级企业管理费、风险费用、预计利润和税金等所确定的承揽该项工程的企业水平的价格，进行投标估价。投标估价是承包商生产力水平的真实体现，是确定最终报价的基础。

投标估价的主要依据有：

（1）招标文件，包括招标答疑文件；

（2）建设工程工程量清单计价规范、预算定额、费用定额以及地方的有关工程造价的文件，有条件的企业应尽量采用企业施工定额；

（3）劳动力、材料价格信息，包括由地方造价管理部门编制的造价信息；

（4）地质报告、施工图，包括施工图指明的标准图；

（5）施工规范、标准；

（6）施工方案和施工进度计划；

（7）现场踏勘和环境调查所获得的信息；

（8）当采用工程量清单招标时应包括工程量清单。

3.3.2 投标报价的程序

承包工程有总价合同、单价合同、成本加酬金合同等合同形式，不同的合同形式的计算报价是有差别的。报价计算主要步骤如下：

1. 研究招标文件

招标文件是投标的主要依据，承包商在计算标价之前和整个投标报价期间，均应组织参加投标报价的人员认真细致地阅读招标文件，仔细分析研究，弄清招标文件的要求和报价内容。一般主要应弄清报价范围，取费标准，采用定额、工料机定价方法和技术要求，特殊材料和设备，有效报价区间等。同时，在招标文件研究过程中要注意发现互相矛盾和表述不清的问题等。对这些问题，应及时通过招标预备会或采用书面提问形式，请招标人给予解答。

在投标实践中，报价发生较大偏差甚至造成无效标的原因，常见的有两个：其一是造价估算误差太大；其二是没弄清招标文件中有关报价的规定。因此，标书编制以前，与投标报价有关的人员都必须反复认真研读招标文件。

2. 现场调查

现场条件是投标人投标报价的重要依据之一。现场调查不全面不细致，很容易造成与现场条件有关的工作内容遗漏或者工程量计算错误。由这种错误所导致的损失，一般是无法在合同的履行中得到补偿的。现场调查一般主要包括以下方面：

（1）自然地理条件，包括：施工现场的地理位置；地形、地貌；用地范围；气象、水文情况；地质情况；地震及设防烈度；洪水、台风及其他自然灾害情况等。

这些条件有的直接涉及风险费用的估算，有的则涉及施工方案的选择，从而涉及工程直接费的估算。

（2）市场情况，包括：建筑材料和设备；施工机械设备、燃料、动力和生活用品的供应状况；价格水平与变动趋势；劳务市场状况；银行利率和外汇汇率等情况。

对于不同建设地点，由于地理环境和交通条件的差异，价格变化会很大。因此，要准确估算工程造价就必须对这些情况进行详细调查。

（3）施工条件，包括：临时设施、生活用地位置和大小；供排水、供电、进场道路、通信设施现状；引接供排水线路、电源、通信线路和道路的条件和距离；附近现有建(构)筑物、地下和空中管线情况；环境对施工的限制等。

这些条件，有的直接关系到临时设施费的支出的多少，有的则或因与施工工期有关，或因与施工方案有关，或因涉及技术措施费，从而直接或间接影响工程造价。

（4）其他条件，包括：交通运输条件；工地现场附近的治安情况等。

交通条件直接关系到材料和设备的到场价格，对工程造价影响十分显著。治安状况则关系到材料的非生产性损耗，因而也会影响工程成本。

3. 编制施工组织设计

施工组织设计包括进度计划和施工方案等内容，是技术标的主要组成部分。施工组织设计的水平反映了承包人的技术实力，不但是决定承包人能否中标的主要因素，而且施工进度安排是否合理，施工方案选择是否恰当，对工程成本与报价有密切关系。一个好的施工组织设计可大大降低标价。因此，在估算工程造价之前，工程技术人员应认真编制好施工组织设计，为准确估算工程造价提供依据。

4. 计算或复核工程量

要确定工程造价，首先要根据施工图和施工组织设计计算工程量，并列出工程量表。而当采用工程量清单招标时，也要复核清单工程量是否准确。

工程量的大小是投标报价的最直接依据。为确保复核工程量准确，在计算中应注意以下方面：

（1）正确划分分项工程，做到与当地定额或单位估价表项目一致；

（2）按一定顺序进行，避免漏算或重算；

（3）以施工图为依据；

（4）结合已定的施工方案或施工方法；

（5）进行认真复核与检查。

5. 根据招标文件要求的价格构成进行报价计算

报价是投标的核心环节。投标人应根据价格构成进行合理估价，确定合理的利润，形成投标总价。

6. 审核工程报价

在确定最终的投标报价前，还需进行报价的宏观审核。宏观审核的目的在于通过变换角度的方式对报价进行审查，以提高报价的准确性，提高竞争能力。

宏观审核通常所采取的观察角度主要有以下方面：

（1）单位工程造价。将投标报价折合成单位工程造价，例如房屋工程按平方米造价，铁路、公里按公里造价，铁路桥梁、隧道按每延米造价，公路桥梁按桥面平方米造价等，并将该项目的单位工程造价与类似工程的单位工程造价进行比较，以判定报价水平的高低。

（2）全员劳动生产率。所谓全员劳动生产率是指全体人员每工日的生产价值。一定时期内，企业的生产力水平变化不大，具有相对稳定的全员劳动生产率水平。因而企业在承揽同类工程或机械化水平相近的项目时应具有相近的全员劳动生产率水平。因此，可以此为尺度，将投标工程造价与类似工程造价进行比较，从而判断造价的正确性。

（3）单位工程消耗指标。各类建筑工程每平方米建筑面积所需的劳动力和各种材料的数量均有一个合理的指标。因而将投标项目的单位工程用工、用料水平与经验指标相比，也能判断其造价是否处于合理的水平。

（4）分项工程造价比例。一个单位工程是由基础、墙体、楼板、屋面、装饰、水电、各种附属设备等分项工程构成的，它们在工程造价中都有一个合理的大体比例，承包商可通过投标项目的各分项工程造价的比例与同类工程的统计数据相比较，从而判断造价估算的准确性。

（5）各类费用的比例。任何一个工程的费用都是由人工费、材料设备费、施工机械费、间接费等各类费用组成的，它们之间都应有一个合理的比例。将投标工程造价中的各类费用比例与同类工程的统计数据进行比较，也能判断估算造价的正确性和合理性。

（6）预测成本比较。若承包商曾对企业在同一地区的同类工程报价进行积累和统计，则还可以采用线性规划、概率统计等预测方法进行计算，计算出投标项目造价的预测值。将造价估算值与预测值进行比较，也是衡量造价估算正确性和合理性的一种有效方法。

（7）扩大系数估算法。根据企业以往的施工实际成本统计资料，采用扩大系数估算工程的投标工程的造价，是在掌握工程实施经验和资料的基础上的一种估价方法。其结果比较接近实际，尤其是在采用其他宏观指标对工程报价难以校准的情况下，本方法更具优势。扩大系数估算法，属宏观审核工程报价的一种手段，不能以此代替详细的报价资料，报价时仍应按招标文件的要求详细计算。

（8）企业内部定额估价法。根据企业的施工经验，确定企业在不同类型的工程项目施工中的人工、材料、机械等的消耗水平，形成企业内部定额，并以此为基础计算工程估价。此方法不但是核查报价准确性的重要手段，也是企业内部承包管理、提高经营管理水平的重要方法。

综合运用上述方法与指标，就可以减少报价中的失误，不断提高报价水平。

7. 确定报价策略和投标技巧

报价策略和投标技巧需根据投标目标、项目特点、竞争形势等，在采用前述的报价决策的基础上，具体实施。

8. 最终确定投标报价

根据已确定的报价策略和投标技巧对估算造价进行调整，最终确定投标报价。

3.3.3 工程量清单报价规定

如前所述，目前建设工程投标报价已普遍采用工程量清单计价，因此投标人应在报价中严格遵守《建设工程工程量清单计价规范》GB 50500 的有关规定。

投标价应由投标人或受其委托具有相应资质的工程造价咨询人编制。

投标价应由投标人自主确定，但不得低于成本。

投标人应按招标人提供的工程量清单填报价格。填写的项目编码、项目名称、项目特征、计量单位、工程量必须与招标人提供的一致。

投标报价编制依据：

(1)《建设工程工程量清单计价规范》GB 50500；

(2) 国家或省级、行业建设主管部门颁发的计价办法；

(3) 企业定额，国家或省级、行业建设主管部门颁发的计价定额；

(4) 招标文件、工程量清单及其补充通知、答疑纪要；

(5) 建设工程设计文件及相关资料；

(6) 施工现场情况、工程特点及拟定的投标施工组织设计或施工方案；

(7) 与建设项目相关的标准、规范等技术资料；

(8) 市场价格信息或工程造价管理机构发布的工程造价信息；

(9) 其他的相关资料。

应高度重视对招标文件中分部分项工程量清单项目的特征描述的研究，严格按特征描述计算综合单价。

我国的工程量清单综合单价中只包括人工费、材料费、施工机具管理费、企业管理费、利润，不含规费和税金。但是应考虑招标文件中要求投标人承担的风险费用。

采用工程量清单报价时，建安工程费的组成包括分部分项工程费、措施项目费、其他项目费、规费和税金。

措施项目清单计价应根据拟建工程的施工组织设计，可以计算工程量的措施项目，应按分部分项工程量清单的方式采用综合单价计价；其余的措施项目可以"项"为单位的方式计价，应包括除规费、税金外的全部费用。措施项目费应根据招标文件中的措施项目清单及投标时拟定的施工组织设计或施工方案按规定自主确定。投标人可根据工程实际情况结合施工组织设计，对招标人所列的措施项目进行增补。

措施项目清单中的安全文明施工费应按照国家或省级、行业建设主管部门的规定计价，不得作为竞争性费用。

暂列金额应按招标人在其他项目清单中列出的金额填写；材料暂估价应按招标人在其他项目清单中列出的单价计入综合单价；专业工程暂估价应按招标人在其他项目清单中列出的金额填写；计日工按招标人在其他项目清单中列出的项目和数量，自主确定综合单价并计算计日工费用；总承包服务费根据招标文件中列出的内容和提出的要求自主确定。

规费和税金应按国家或省级、行业建设主管部门的规定计算，不得作为竞争性费用。

投标总价应当与分部分项工程费、措施项目费、其他项目费和规费、税金的合计金额一致。

工程量清单与计价应采用《建设工程工程量清单计价规范》GB 50500 规定的统一格式。封面应按规定的内容填写、签字、盖章。总说明应按下列内容填写：

（1）工程概况：建设规模、工程特征、投标工期、施工现场及变化情况、施工组织设计的特点、自然地理条件、环境保护要求等。

（2）编制依据

投标人应按照招标文件的要求，附工程量清单综合单价分析表。

工程量清单与计价表中列明的所有需要填写的单价和合价，投标人均应填写，未填写单价和合价，视为此项费用已包含在工程量清单的其他单价和合价中。

（3）其他说明

3.4　投标决策

3.4.1　投标决策的原则

投标决策十分复杂，为保证投标决策的科学性，必须遵守一定的原则。

（1）目标性。投标的目的是实现投标人的某种目标，因此投标前投标人应首先明确投标目标，如：获取盈利、占领市场、创造信誉等，只有这样投标才能有的放矢。

（2）系统化。决策中应从系统的角度出发，采用系统分析的方法，以实现整体目标最优化。

招标人所追求的投资目标，不光是质量、进度和费用之中的某一方面的最优化，而是由这三者的组合而成的整体目标的最优化。因此，决策时，投标人应根据招标人的具体情况，采用系统分析的方法，综合平衡三者关系，以便实现整体目标的最优化。

投标人所追求的目标往往也不是单一的，在追求利润最大化的同时，他们往往还有追求信誉、抢占市场等目的。对于这些目标也要采用系统的方法进行分析、平衡，以便实现企业的整体目标最优化。

（3）信息化。决策应在充分占有信息基础上进行，只有最大限度地掌握了诸如项目特点、材料价格、人工费水平、招标人信誉、可能参与竞争的对手情况等信息，才能保证决策的科学性。

（4）预见性。预测是从历史和现状出发，运用科学的方法，通过对已占有的信息的分析，推断事物发展趋向的活动。投标决策的正确性取决于对投标竞争环境和未来的市场环境预测的正确性。因此预测是决策的基础和前提，没有科学的预测就没有科学的决策。在投标决策中，必须首先对未来的市场状况及各影响要素的可能变化作出推测，这是进行科学的投标决策所必需的。

（5）针对性。要取得投标胜利，投标人不但要保证报价符合建设单位目标，而且还要保证竞争的策略有较强的针对性。一味拼命压价，并不能保证一定中标，往往会因为没有扬长避短而被对手击败。同时，技术标的针对性也是取得投标胜利所必需的。

3.4.2　投标决策的影响因素

影响投标决策的因素很多，但归纳起来主要来源于两个方面，即投标人的企业内部与企业外部。

1. 影响投标决策的企业内部因素

（1）技术实力。它包括：是否有精通本行业的估价师、工程师、会计师和管理专家组成的组织机构；是否有工程项目施工专业特长，能解决技术难度大的问题和各类工程施工中的技术难题的能力；是否具有同类工程的施工经验；是否有一定技术实力的合作伙伴，如实力强大的分包人、合营伙伴和代理人等。

技术实力不但决定了承包人承揽工程的技术难度和规模，而且是实现较低的价格、较短的工期、优良的工程质量的保证，直接关系到承包人在投标中的竞争能力。

（2）经济实力。它包括：是否具有较为充裕的流动资金；是否具有一定数量的固定资产和机具设备；是否具有一定的办公、仓储、加工场所；承揽涉外工程时，须筹集承包工程所需的外汇；是否具有支付各种保证金的能力；是否有承担不可抗力带来风险的财力。经济实力决定了承包人承揽工程规模的大小，因此对投标决策时应充分考虑这一因素。

（3）管理实力。它是指具有高素质的项目管理人员，特别是懂技术、会经营、善管理的项目经理人选。管理实力决定着承包人承揽的项目的复杂性，也决定着承包人是否能够根据合同的要求，高效率地完成项目管理的各项目标，通过项目管理活动为企业创造较好的经济效益和社会效益。因此在投标决策时不能疏忽这一因素。

（4）信誉实力。承包人的信誉是其无形的资产，这是企业竞争力的一项重要内容。企业的履约情况、获奖情况、资信情况和经营作风都是招标人选择承包人的条件。因此投标决策时应正确评价自身的信誉实力。

2. 影响投标决策的企业外部因素

（1）招标人情况。它主要包括招标人的合法地位、支付能力和履约信誉等。招标人的支付能力差、履约信誉不好都将损害承包人的利益，因此是投标决策时应予以充分重视的因素。

（2）竞争对手情况。它包括：竞争对手的数量、实力、优势等情况。因为这些情况直接决定了竞争的激烈程度。竞争越激烈，中标概率越小，投标的费用风险越大；竞争越激烈，一般来说中标价越低，对承包人的经济效益影响越大。因此，竞争对手情况是对投标决策影响最大的因素之一。

（3）监理人情况。监理人立场是否公正，直接关系到承包人是否能顺利实现索赔以及合同争议是否能顺利得到解决，从而关系到承包人的利益是否能得到合理的维护。因此，监理人的情况对投标决策也是有很大影响的。

（4）法制环境情况。对于国内工程承包，自然适用本国的法律、法规。我国的法律、法规具有统一或基本统一的特点，但投标所涉及的地方性法规在具体内容上仍有所不同。因而对外地项目的投标决策，除研究国家颁布的相关法律、法规外，还应研究地方性法规。进行国际工程承包时，则必须考虑法律适用的原则，包括：强制适用工程所在地法的原则；意思自制原则；最密切联系原则；适用国际惯例原则；国际法效力优于国内法效力的原则。

（5）地理环境情况。它包括项目所在地的交通环境。地质、地貌、水文、气象情况部分决定了项目实施的难度，从而会影响项目建设成本。交通环境不但对项目实施方案有影响，而且对项目的建设成本也有一定影响。因此地理环境也是投标决策的影响因素。

（6）市场环境情况。在工程造价中劳动力、建筑材料、设备以及施工机械等直接成本要占 70% 以上，因此项目所在地的人工、材料、机械的市场价格对承包商的效益影响很大，从而对投标决策的影响也必定较大。

（7）项目自身情况。项目自身特征决定了项目的建设难度，也部分决定了项目获利的丰厚程度，因此是投标决策的影响因素。

3.4.3　投标决策的内容

投标决策是指承包人为实现其一定利益目标，针对招标项目的实际情况，对投标可行性和具体策略进行论证和抉择的活动。

建设工程投标决策的内容主要包括三个层次：一是投标项目选择的决策；二是造价估算的决策；三是投标报价的决策。

1. 投标项目选择的决策

建设工程投标决策的首要任务，是在获取招标信息后，对是否参加投标竞争进行分析、论证，并作出抉择。

若项目对投标人来说基本上不存在什么技术、设备、资金和其他方面问题，或虽有技术、设备、资金和其他方面问题但可预见并已有了解决办法，就属于低风险标。低风险标实际上就是不存在什么未解决或解决不了的重大问题，没有什么大风险的标。如果企业经济实力不强，经不起折腾，投低风险标是比较恰当的选择。

若项目对投标人来说存在技术、设备、资金或其他方面未解决的问题，承包难度比较大，就属于高风险标。投高风险标，关键是要能想出办法解决好工程中存在的问题。如果问题解决好了，可获得丰厚的利润，开拓出新的技术领域，锻炼出一支好的队伍，使企业素质和实力上一个台阶；如果问题解决得不好，企业的效益、声誉等都会受损，严重的可能会使企业出现亏损甚至破产。因此，投标人对投标进行决策时，应充分估计项目的风险度。

承包人决定是否参加投标，通常要综合考虑各方面的情况，如承包人当前的经营状况和长远目标，参加投标的目的，影响中标机会的内部、外部因素等。一般说来，有下列情形之一的招标项目，承包人不宜选择投标：

（1）工程规模超过企业资质等级的项目；

（2）超越企业业务范围和经营能力之外的项目；

（3）企业当前任务比较饱满，而招标工程是风险较大或盈利水平较低的项目；

（4）企业劳动力、机械设备和周转材料等资源不能保证的项目；

（5）竞争对手在技术、经济、信誉和社会关系等方面具有明显优势的项目。

2. 造价估算的决策

投标项目的造价估算有两大特点：一是，在投标项目的造价估算中应包括一定的风险费用；二是，投标项目的造价估算应针对特定投标人的特定施工方案和施工进度计划。

因此，在投标项目的造价估算编制时，有一个风险费用确定和施工方案选择的决策工作。

（1）风险费用估算。在工程项目造价估算编制中要特别注意风险费用的决策。风险费用是指工程施工中难以事先预见的费用，当风险费用在实际施工中发生时，则构成工程成本的组成部分，但如果在施工中没有发生，这部分风险费用就转化为企业的利润。因此，在实际工程施工中应尽量减少风险费用的支出，力争转化为企业的利润。

由于风险费用是事先无法具体确定的费用，如果估计太大就会降低中标概率；估计太小，一旦风险发生就会减少企业利润，甚至亏损。因此，确定风险费用多少是一个复杂的决策，是工程项目造价估算决策的重要内容。

从大量的工程实践中统计获得的数据表明，工程施工风险主要来自于以下因素：

1）工程量计算的准确程度。工程量计算准确程度低，施工成本的风险就大。

2）单价估计的精确程度。直接成本是分项分部工程量与单价乘积的总和，单价估计不精确，风险就相应加大。

3）施工中自然环境的不可预测因素。如气候、地震和其他自然灾害，以及地质情况往往是不能完全在事前准确预见的，因此施工就存在着一定风险。

4）市场人工、材料、机械价格的波动因素。这些因素在不同的合同价格中风险虽不一样，但都存在用风险费用来补偿的问题。

5）国家宏观经济政策的调整。国家宏观经济政策的调整不是一个企业能完全估价得到的，而且这种调整一旦发生企业往往是不能抗拒的，因此投标项目的造价估算中也应考虑这部分风险。

6）其他社会风险，虽然发生概率很低，但有时也应作一定防范。

要精确估计风险费用，要做大量工作。首先要识别风险，即找出对于某个特定的项目可能产生的风险有哪些，进而对这些风险发生的概率进行评估，然后制定出规避这些风险的具体措施(风险规避措施详见教学单元6)。这些措施有的是只要加强管理就能实现的，有的则必须在事前或事后发生一定的费用。因此，要预先确定风险费用的数额必须经过详细地分析和计算。同时，风险发生的概率和规避风险的具体措施选择都必须进行认真地决策。

(2) 施工方案决策。施工方案的选择不但关系到质量好坏、进度快慢，而且都会直接或间接地影响到工程造价。因此，施工方案的决策，不是纯粹的技术问题，而且也是造价决策的重要内容。

有的施工方案能提高工程质量，虽然成本要增加，但返工率能降低，减少返工损失。反之，在满足招标文件要求的前提下，选择适当的施工方案，控制质量标准不要过高，虽然有可能降低成本，但返工率也可能因此而提高，从而费用也可能增加。增加的成本多还是减少的返工损失多，这需要进行详细的分析和决策。

有的施工方案能加快工程进度，虽然需要增加抢工费，但进度加快，施工的固定成本能节约，增加的支出多还是节约的成本多？反之，在满足招标文件要求的前提下，适当放慢进度，工人的劳动效率会提高，抢工费用也不会发生，直接费会节约，但工期延长，固定成本增加，总成本又会增加。因此也要进行详细地分析和决策。

3. 投标报价的决策

投标报价的决策分为宏观决策和微观决策，先应进行宏观决策，后要进行微观决策。

(1) 投标报价的宏观决策。所谓投标报价的宏观决策，就是根据竞争环境宏观上是采取报高价还是报低价的决策。

一般来说，项目有下列情形之一的，投标人可以考虑投标以追求效益为主，可报高价：

1）招投人对投标人特别满意，希望发包给本投标人的；

2）竞争对手较弱，而投标人与之相比有明显的技术、管理优势的；

3）投标人在建任务虽饱满，但招标项目利润丰厚，值得且能实际承受超负荷运转的。

一般来说，有下列情形之一的，投标人可以考虑投标以保本为主，可报保本价：

1）招标工程竞争对手较多，投标人无明显优势的，而投标人又有一定的市场或信誉上的目的；

2）投标人在建任务少，无后继工程，可能出现或已经出现部分窝工的。

一般来说，有下列情形之一的，投标人可以决定承担一定额度的亏损，报亏损价：

1）招标项目的强劲竞争对手众多，但投标人出于发展的目的志在必得的；

2）投标人企业已出现大量窝工，严重亏损，急需寻求支撑的；

3）招标项目属于投标人的新市场领域，本投标人渴望打入的；

4）招标工程属于投标人垄断的领域，而其他竞争对手强烈希望插足的。

但必须注意，我国的有关建设法规都对低于成本价的恶意竞争进行了限制，因此对于国内工程来说，目前阶段是不能报亏损价的。

（2）投标报价的微观决策。所谓投标报价的微观决策，是根据报价的技巧具体确定每个分项工程是报高价还是报低价，以及报价的高低幅度。

1）不平衡报价法，是指一个工程项目的投标报价，在总价基本确定后，如何调整内部各个项目的报价，以期既不提高总价，不影响中标，又能在结算时得到更理想的经济效益。其核心思想是"多收钱、早收钱"。具体做法如下：

① 能先获得付款的项目（例如早期完工的土方、基础工程等），单价可以报高一些，反之，后期付款的项目，单价报低一些；

② 估计将来工程量会增加的项目，单价报高一些；反之，则低一些；

③ 对做法说明明确的工程，单价报高一些，反之，图纸不明确或有错误的，单价报低一些；

④ 对于没有工程量，只填报单价的项目（例如计日工单价），单价要报高一些。

不平衡报价要建立在对工程量清单仔细分析核对的基础上，特别是降低报价的项目。因为如果这类项目在实施过程中工程量没有减少反而增加，会给承包人造成重大损失。另外，单价调整的痕迹太明显可能在评标阶段引起评标专家的怀疑，导致投标被否决。在合同履行中会引起发包人的反感，导致后期合同履行不顺利。因此采用该方法应该注意：

① 报价前要对工程量表中的工程量仔细分析核对；

② 价格浮动要在合理的幅度范围内（一般为10％左右）。

2）多方案报价法。对一些招标文件，如果发现工程范围不是很明确，条款不清楚或不公正，或技术规范要求过于苛刻时，只要在充分估计投标风险的基础上，按多方案报价法处理。即是按原招标文件报一个价，然后再提出："如某条款（如某规范规定）作某些变动，报价可降低多少……"，报一个较低的价。这样可以降低总价，吸引发包人；或是对局部工程提出按成本补偿合同方式处理，其余部分报一个总价。

采用该策略必须注意两点：

① 招标文件中允许有备选方案，投标人才可以做出不同的方案和不同报价，否则会导致投标被否决。

② 原方案必须响应招标文件的号召，在原方案通过评标后，再按照备选方案的建议报价。

3）突然袭击法，又称"突然降价法"，是指报价时先按一般情况报价，到投标快截止时再突然降价的手段，确定最终投标报价。这是一种迷惑竞争对手、争取中标的方法。采用这种方法时，一定要在准备投标报价的过程中考虑好降价的幅度，在临近投标截止日期前，根据情报信息与分析判断，再作最后决策。

应用突然降价法，一般是采取降价函。内容包括：降价系数、降价后的最终报价和降价理由。

例如：鲁布革引水系统工程，大成公司在临近开标前把总价突然降低 8.04%，从而击败竞争对手前田公司以最低价中标。

其他报价方法还有先亏后盈法、暂定工程量法等。投标人使用报价方法的目的是为了中标后获得更好的经济效益。但是切不可盲目使用，否则可能适得其反，违背初衷，影响中标。

【案例】　报价策略和技巧

某高层办公楼建筑面积 3.5 万平方米，地上 28 层，地下 3 层，主体结构类型为框架-剪力墙结构，基础采用箱形基础，建设单位已委托某专业设计单位做了基坑支护方案，采用钢筋混凝土桩悬臂支护。建设单位进行该工程施工招标时，在招标文件中规定：预付款数额为合同价的 10%，在合同签订并生效后 10 日内支付，上部结构工程完成一半时一次性全额扣回，工程款按季度支付。

某承包人通过资格预审后，购买了招标文件。根据图纸测算和对招标文件的分析，确定该项目总估价为 9000 万元，总工期为 24 个月，其中：基础工程估价为 1200 万元，工期为 6 个月；上部结构工程估价为 4800 万元，工期为 12 个月；装饰和安装工程估价为 3000 万元，工期为 6 个月。

投标时，该承包人为发挥自己在深基坑施工的经验，建议建设单位将钢筋混凝土桩悬臂加锚杆支护，并对这两种施工方案进行了技术经济分析和比较，证明钢筋混凝土桩悬臂加锚杆支护不仅能保证施工安全性，减小施工对周边影响，而且可以降低基础工程造价 10%。

此外，该承包人为了既不影响中标，又能在中标后取得较好的收益，决定采用不平衡报价法对原估价作适当调整，基础工程调整为 1300 万元，上部结构工程调整为 5000 万元，装饰和安装工程调整为 2700 万元。

该承包人还考虑到，该工程虽然有预付款，但平时工程款按季度支付不利于资金周转，决定除按上述调整后的数额报价外，还建议建设单位将支付条件改为：预付款为合同价的 5%，工程款按月支付，其余条款不变。

问题：

1. 该承包人所运用的不平衡报价法是否恰当？为什么？

2. 除了不平衡报价法以外，该承包人还运用了什么报价技巧？运用是否得当？

解析：

1. 不平衡报价法的运用要点是：总价保持不变；多收钱、早收钱；价格浮动在合理范围内（10%以内）。

	基础工程	上部结构工程	装修和安装工程	合价
调整前（万元）	1200	4800	3000	9000
调整后（万元）	1300	5000	2700	9000
调整幅度	8.3%	4.2%	10%	

所以，本案中的不平衡报价法运用恰当。因为该承包人是将属于前期工程的基础工程和主体结构工程的报价调高，而将属于后期工程的装饰和安装工程的报价调低，可以在施工的早期阶段收到较多的工程款，从而可以提高承包人所得工程款的现值。而且，这三类工程单价的调整幅度均在±10%以内，属于合理范围。

2. 案例中："建议建设单位将钢筋混凝土桩悬臂加锚杆支护，并对这两种施工方案进行了技术经济分析和比较，证明钢筋混凝土桩悬臂加锚杆支护不仅能保证施工安全性，减小施工对周边影响，而且可以降低基础工程造价10%。""还建议建设单位将支付条件改为：预付款为合同价的5%，工程款按月支付，其余条款不变。"

以上说明在使用增加备选方案法，并且备选方案优势明显，所以运用恰当。

需要注意的是增加备选方案的报价技巧，在使用时有一个前提条件，即招标文件中允许提交备选方案，否则擅自使用只会导致投标书被否决。

微课 3.1　其他报价技巧　　　案例 3.1　投标报价技巧

单 元 练 习

一、填空题

1. 投标班子应由_____、_____、_____人才组成。

2. 投标文件中的技术标书的编制应注意具有 _____、_____、_____、_____、_____。

3. 投标前的信息调查一般包括_____、_____、_____等几个方面。

4. 影响投标决策的内部因素有_____、_____、_____、_____。

5. 投标决策的内容包括_____、_____、_____三个层次。

二、判断题

（1）投标决策只发生在资格预审之前。（　　）

（2）投标人编制投标文件时只能使用招标文件提供的投标文件格式。（　　）

（3）投标人拿到招标工程量清单后，直接填报价格就可以，不需要再核算清单工程量。（　　）

（4）投标文件的外包封上不能出现任何关于投标人信息的标识。（　　）

三、案例

背景：某国家重点工程投资约 1 亿元人民币，项目审批部门核准的招标方式为公开招标。由于工程复杂，技术难度高，业主认为一般施工队伍难以胜任，自行决定采取邀请招标方式，于 9 月 18 日向 A、B、C、D、E 五家具有相应施工资质的施工承包企业发出了投标邀请书。五家企业均接受了邀请，并于规定时间 9 月 19—20 日获取招标文件。规定的投标文件递交截止时间为 10 月 18 日下午 4 时。在投标截止时间之前，A、B、D、E 四家企业提交了投标文件，但 C 企业于 10 月 18 日下午 5 时才送达，原因是路途堵车。10 月 20 日下午由当地招标投标管理办公室的工作人员主持进行了公开开标。评标委员会成员由 7 人组成，其中当地招标投标管理办公室 1 人，公证处 1 人，招标人代表 1 人，技术经济方面专家 4 人。评标时发现 E 企业的投标文件缺少招标文件要求的法定代表人签字和委托人授权书，但投标文件均已由项目经理签字并由该企业驻当地分公司加盖的投标专用章。11 月 10 日招标人向 A 企业发出了中标通知书，并于 12 月 18 日签订了书面承包合同。

问题：

（1）C 企业和 E 企业的投标文件是否有效？说明理由。

（2）以上程序中存在哪些不妥之处？说明理由。

单元 3 　在线自测题

083

教学单元 4

合同基础

【单元学习导图】

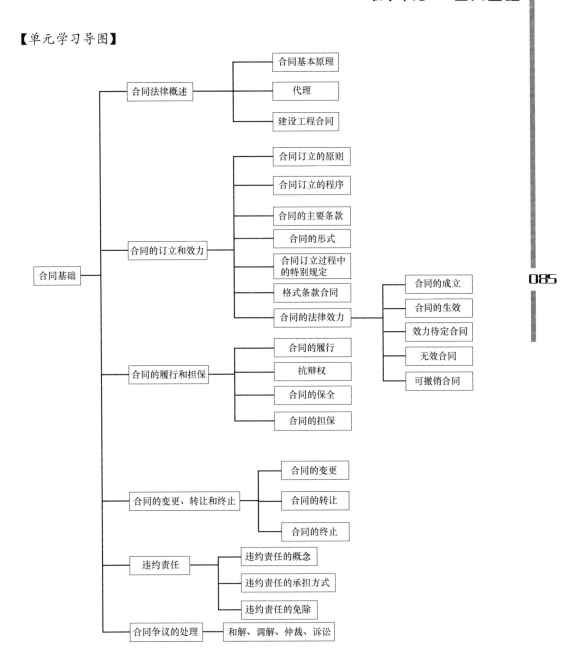

4.1　合同法律概述

4.1.1　合同基本原理

为了保护合同当事人的合法权益，维护社会经济秩序，促进社会主义现代化建设，我国于 2021 年 1 月 1 日起正式实施《中华人民共和国民法典》（以下简称《民法典》），原有的《中华人民共和国合同法》废止。《民法典》中详细地介绍了合同相关法律在经济生活中的运用。《民法典》第三编合同编不是独立存在的法律，它与《民法典》中其他法律规定共同构成合同法律体系。

微课 4.1　合同的分类

1. 合同

合同是民事主体之间设立、变更、终止民事法律关系的协议。它调整的是因合同产生的民事关系。这一概念包括以下三层含义：

（1）《民法典》合同编只是调整平等关系主体之间的权利义务关系；

（2）《民法典》合同编调整的关系限于平等主体之间的民事权利义务的合同关系；

（3）《民法典》合同编所调整的民事权利义务合同关系为财产性的合同关系，不包括人身性质的关系。

2. 合同法律关系

法律关系是一定的社会关系在相应的法律规范的调整下形成的权利义务关系。法律关系的实质是法律关系主体之间存在的特定的权利义务关系。合同法律关系是一种重要的法律关系。

合同法律关系是指合同法律所调整的、在民事流转过程所产生的权利义务关系。合同法律关系包括主体、客体、内容三个要素。

（1）合同法律关系的主体

1）自然人。自然人是指基于出生而成为民事法律关系的有生命的人。自然人要成为民事法律关系的主体，需具备相应的民事权利能力和民事行为能力。自然人的民事权利能力始于出生，终于死亡。

根据自然人的年龄和精神健康状况，可以将自然人分为完全民事行为能力人、限制民事行为能力人和无民事行为能力人。《民法典》第一编第二章中规定：18 周岁以上的自然人（即成年人），以及 16 周岁以上的未成年人，以自己的劳动收入为主要生活来源的，视为完全民事行为能力人；8 周岁以上的未成年人，以及不能完全辨认自己行为的成年人为限制民事行为能力人；不满 8 周岁的未成年人，以及 8 周岁以上且不能辨认自己行为的自然人为无民事行为能力人。

2）法人。法人是具有民事权利能力和民事行为能力，依法独立享有民事权利和承担民事义务的组织。法人的民事权利能力和民事行为能力，从法人成立时产生，到法人终止时消灭。

法人包括营利法人、非营利法人、特别法人。

3）非法人组织。非法人组织是不具有法人资格，但是能够依法以自己的名义从事民事活动的组织。非法人组织包括个人独资企业、合伙企业、不具有法人资格的专业服务机构等。

（2）合同法律关系的客体

合同法律关系的客体是合同法律关系主体的权利和义务所指向的对象，包括物、行为和智力成果。

1）物。物是指经济法律关系的主体能够控制和支配，有一定经济价值并以物质形态表现出来的生产资料和消费资料。它包括自然资源和人工制造的产品，如建筑材料中的砂，房屋。

2）行为。行为是指经济法律关系的主体为达到一定经济目的所进行的行为，包括经济管理行为、完成一定工作的行为和提供一定劳务的行为，如勘察设计、施工安装等。

3）智力成果。智力成果是指人们创造的能够具有一定经济价值的创造性脑力劳动成果，如专利成果、发明等。

（3）合同法律关系的内容

合同法律关系的内容是指合同主体依法享有的权利和承担的义务。

1）合同权利

合同权利是指合同权利人在法定范围内，按照合同的约定有权按照自己的意志做出某种行为。权利人也可以要求义务人做出一定的行为或不做出一定的行为，以实现自己的有关权利。当权利受到侵害时，有权得到法律的保护。

2）合同义务

合同义务是指合同义务人应当依照合同权利人的要求做出一定的行为或不做出一定的行为，以满足权利人利益的法律手段。

合同权利与合同义务相依而存，具有相对性、对等性。在合同法律关系中，一个合同主体享有一定权利，必定以其他合同主体负有一定义务为前提。没有对应义务主体时，权利主体的权利便没有保障，是不可能实现的。同时，合同权利与合同义务具有对等性。

4.1.2 代理

代理是一种法律关系。在代理关系中，代替他人进行一定法律行为的人称为代理人；由代理人代为行使法律行为的人称为被代理人；与代理人进行法律行为的人称为相对人。代理是代理人在代理权限内，以被代理人的名义实施的民事法律行为。

代理关系中的三方当事人之间构成三种法律关系：代理人与被代理人之间的委托关系；代理人与相对人之间的关系；被代理人与相对人之间的权利义务关系。

1. 代理的特征

（1）代理行为必须是有法律意义的行为。代理进行的活动本身必须是法律行为，是能够产生某种法律后果的行为，如履行债务、租赁、借贷、法人登记等。如代为整理资料、校译文稿，则不属于法律上的代理，因为这些行为不是通过别人实现权利义务的范围。

（2）代理行为是代理人以被代理人的名义实施的法律行为。代理人的任务仅仅是代替被代理人进行法律行为，维护被代理人的合法权益。代理人在与相对人实施法律行为时，应始终以被代理人的名义进行活动。

（3）代理人在授权范围内可以根据自己的意志独立地进行活动。代理人与传达人和中间人有所区别。代理要独立表达自己的意思，所以代理人必须有行为能力。

（4）代理人的行为所产生的法律后果直接由被代理人承担。代理行为的法律后果，既包括代理人行为所产生的经济权利义务，也包括经济民事责任的承担。只要代理没有无权代理行为或违法行为，代理行为引起的法律后果，不论对被代理人是否有利，都要由被代理人承担。但是，代理人与相对人恶意串通损害被代理人合法权益的，所产生的经济责任不能由被代理人承担。

2. 代理的种类

根据代理权发生的依据不同，代理的种类有：

（1）委托代理。委托代理是指委托代理人按照被代理人的委托行使代理权，与相对人实施法律行为而产生的代理关系。授权委托是委托代理关系产生的前提。

在委托代理关系中，代理人以被代理人的单方委托范围和权限作为实施代理法律行为的依据。因此，委托代理是一种单方的法律行为，仅凭被代理人的授权意思表示，即可产生代理授权的法律行为。委托代理授权采用书面形式的，授权委托书应当载明代理人的姓名或者名称、代理事项、权限和期限，并由被代理人签名或者盖章。

代理人知道或者应当知道代理事项违法仍然实施代理行为，或者被代理人知道或者应当知道代理人的代理行为违法未作反对表示的，被代理人和代理人应当承担连带责任。

（2）法定代理。法定代理是指代理人依照法律的直接规定实施法律行为而产生的代理关系。法定代理与被代理人的主观意愿没有关系，不需要被代理人的委托，是以一定的社会关系的存在作为根据而产生的，如婚姻关系、血缘关系、组织关系等。

3. 代理权的终止

（1）委托代理权终止的情况

1）代理期限届满或者代理事务完成；

2）被代理人取消委托或者代理人辞去委托；

3）代理人丧失民事行为能力；

4）代理人或者被代理人死亡；

5）作为代理人或者被代理人的法人、非法人组织终止。

（2）法定代理关系终止的情况

1）被代理人取得或者恢复完全民事行为能力；

2）代理人丧失民事行为能力；

3）代理人或者被代理人死亡；

4）法律规定的其他情形。

4. 代理权的滥用和无权代理及其法律后果

（1）代理权的滥用及法律后果

代理权的滥用是指代理人以被代理人的名义从事对被代理人有重大不利的经济活

动，致使被代理人的利益受到损害的一种无效代理行为，有以下几种：

1）自己代理。这种是指代理人借被代理人授予的代理权同自己进行的有害于被代理人的经济行为，这种行为违反了代理人应该履行的职责，是法律禁止的行为。

2）双方代理。这种是指代理人同时代理双方当事人进行同一项经济行为。双方代理也属于法律禁止的行为。

3）恶意代理。这种是指代理人出于恶意与相对人串通损害被代理人利益的经济行为，由此产生的法律责任由代理人和相对承担。

（2）无权代理及法律后果

无权代理是指代理人没有代理权，超越代理权或在代理权终止后，仍然以被代理人的名义实施代理行为。

无权代理有两种处理方式：一是由被代理人追认，变为有权代理，这时被代理人即要承担经济民事责任；二是被代理人拒绝追认，代理属于无效代理，由无权代理人承担经济责任。被代理人指定他人以自己名义实施经济行为不作否认表示的，视为同意，应承担所产生的法律责任。

【案例 4-1】　某公司派业务员李某赴外地收购芒果干。李某发现当地的香蕉特别便宜，质量上乘，就与对方签订了购买香蕉和芒果干合同。货物运到公司后，公司不承认合同，称李某自作主张。香蕉已造成一定的损失，公司拒付货款。

分析：

李某购买香蕉超越了代理权限，对公司不产生效力，责任应由李某承担，购买芒果干的部分没有超越代理权限，对公司产生效力，责任由公司承担。公司对芒果干拒收的行为是违反法律规定的，需承担这部分的违约责任。

4.1.3　建设工程合同

建设工程合同是承包人进行工程建设，发包人支付价款的合同。建设工程合同包括工程勘察、设计、施工合同。双方当事人应当在合同中明确各自的权利义务。

建设工程实行监理的，发包人也应当与监理人采用书面形式订立委托监理合同。发包人与监理人的权利义务以及法律责任，应当依照《民法典》合同编中的"委托合同"以及其他有关法律、行政法规的规定。

建设工程合同是一种诺成合同，合同生效后双方应当严格履行。建设工程合同也是一种双务、有偿合同，当事人双方在合同中都有各自的权利和义务，在享有权利的同时必须履行义务。

1. 建设工程合同特征

（1）合同主体的严格性

《建筑法》第十三、十四条的规定，从事建筑活动的建筑施工企业、勘察单位、设计单位和工程监理单位，应取得相应等级的资质证书后，方可在其资质等级许可的范围内从事建筑活动。从事建筑活动的专业技术人员，也应当依法取得相应的执业资格证书，并在执业资格证书许可的范围内从事建筑活动。

（2）合同标的的特殊性

建设工程合同的标的是各类建筑产品，建筑产品是不动产，其基础部分与大地相连，不能移动。这就决定了每个建设工程合同的标的都是特殊的，相互间具有不可替代性；决定了承包人工作的流动性。建筑物所在地就是勘察、设计、施工生产的场地，施工队伍、施工机械必须围绕建筑产品不断移动。由于建筑产品的类别庞杂，其外观、结构、使用目的、使用人都各不相同，这就要求每一个建筑产品都需要单独设计和施工，即建筑产品是单体性生产，这也决定了建设工程合同标的的特殊性。

（3）合同履行期限的长期性

建设工程由于结构复杂、体积庞大、建筑材料类型多、工作量大，使得合同履行期限都较长。而且，建设工程合同的订立和履行一般都需要较长的准备期，在合同的履行过程中，还可能因为不可抗力、工程变更、材料供应不及时等原因而导致合同期限顺延。所有这些情况，决定了建设工程合同的履行期限具有长期性。

（4）计划和程序的严格性

由于工程建设对国家的经济发展、公民的工作和生活都有重大的影响，因此，国家对建设工程的计划和程序都有严格的管理制度。订立建设工程合同必须以国家批准的投资计划为前提，即使是国家投资以外的，以其他方式筹集的投资也要受到当年的贷款规模和批准限额的限制，纳入当年投资规模的平衡，并经过严格的审批程序。建设工程合同的订立和履行还必须符合国家关于建设程序的规定，国家相关法律法规都有相应条款。

（5）合同形式的特殊要求

《民法典》第七百八十九条规定，建设工程合同应当采用书面形式。这也反映了国家对建设工程合同的重视。

2. 建设工程合同的种类

（1）按照承发包的工程范围进行划分

按照承发包的不同范围和数量进行划分，可以将建设工程合同分为建设工程总承包合同、建设工程承包合同、分包合同。发包人将工程建设的全过程发包给一个承包人的合同即为建设工程总承包合同。发包人如果将建设工程的勘察、设计、施工等的每一项分别发包给一个承包人的合同即为建设工程承包合同。经合同约定和发包人认可，从工程承包人承包的工程中承包部分工程而订立的合同即为建设工程分包合同。

（2）按照完成承包的内容进行划分

按照完成承包的内容进行划分，建设工程合同可以分为建设工程勘察合同、设计合同和施工合同三类。

（3）按照计价方式进行划分

以计价方式不同进行划分，建设工程合同可分为总价合同、单价合同和成本加酬金合同。

1）总价合同是指在合同中确定一个完成建设工程的总价，承包人据此完成项目全部内容的合同。这类合同能够使发包人在评标时易于确定报价最低的承包人，易于进行支付计算，适用于工程量不太大且能精确计算、工期较短、技术不太复杂、风险不大的项目。因而采用这类合同要求发包人必须准备详细而全面的技术图纸和各项说明，使承包人能准确计算工程量。

2）单价合同是承包人在投标时，按招标文件就分部分项工程所列出的工程量表确定各分部分项工程费用的合同类型。这类合同的适用范围比较宽，其风险可以得到合理的分摊，并且能鼓励承包人通过提高工效等手段从成本节约中提高利润。这类合同能够成立的关键在于双方对单价和工程量计算方法的确认。在合同履行中需要注意的问题则是双方对实际工程量计量的确认。现在推行的工程量清单报价就需要采用这种合同付款方式。

3）成本加酬金合同是由发包人向承包人支付建设工程的实际成本，并按事先约定的某一种方式支付酬金的合同类型。在这类合同中，发包人需承担项目实际发生的一切费用，因此也就承担了项目的全部风险。而承包人由于无风险，其报酬往往也较低。这类合同的缺点是发包人对工程总造价不易控制，承包人也往往不注意降低项目成本。这类合同主要适用于以下项目：

① 需要立即开展工作的项目；

② 新型的工程项目，或对项目工程内容及技术经济指标未确定；

③ 项目风险很大。

4.2 合同的订立和效力

4.2.1 合同订立的原则

合同订立的基本原则是合同当事人在合同的签订、执行、解释和争执的解决过程中应当遵守的基本准则，也是人民法院、仲裁机构在审理、仲裁合同时应当遵循的原则。合同中关于合同订立、效力、履行、违约责任等内容，都是根据这些基本原则规定的。

1. 平等原则

《民法典》总则中规定：民法调整平等主体的自然人、法人和非法人组织之间的人身关系和财产关系。民事主体在民事活动中的法律地位一律平等。这是平等原则的体现，平等是自愿的前提。

2. 自愿原则

自愿原则是合同订立的重要原则，是市场经济的基本原则之一。自愿原则体现了签订合同作为民事活动的基本特征。

自愿原则贯穿于合同全过程，在不违反法律、行政法规、社会公德的情况下：

（1）当事人依法享有自愿签订合同的权力。合同签订前，当事人通过充分协商，自由表达意见，自愿决定和调整相互权利义务关系，取得一致而达成协议。

（2）在订立合同时当事人有权选择对方当事人。

（3）合同构成自由。包括合同的内容、形式、范围在不违法的情况下由双方自愿商定。

（4）在合同履行过程中，当事人可以通过协商修改、变更、补充合同内容，也可以协商解除合同。

（5）双方可以约定违约责任。在发生争议时，当事人可以自愿选择解决争议的方式。

3. 公平原则

合同主体订立合同时，应当遵循公平原则，合理确定各方的权利义务。合同调节双方民事关系，应不偏不倚，公平地维持合同双方的关系。将公平作为合同当事人的行为准则，有利于防止当事人滥用权力，保护和平衡合同当事人的合法权益，使之更好地履行合同义务，实现合同目的。

4. 诚实信用原则

合同是在双方诚实信用的基础上签订的，合同目标的实现必须依靠合同双方真诚地合作。如果双方缺乏诚实信用，则合同不可能顺利实施。诚实信用原则具体体现在合同签订、履行以及终止的全过程，是合同订立过程中最重要的原则。

思政讨论区

诚实守信是合同中的"帝王条款"，贯穿合同的订立、履行和变更、终止。中华民族十分重视诚实守信这一伦理标准，做人要以诚为本。秦末有个叫季布的人，一向说话算数，信誉十分高，许多人都同他建立起了深厚的友情。当时甚至流传着这样的谚语：得黄金百斤，不如得季布一诺，这也是"一诺千金"的由来。之后，他得罪了汉高祖刘邦，被悬赏捉拿。但他旧日的朋友们不仅不被重金所惑，而且冒着灭九族的危险来保护他，使他免遭祸殃。

问题：请同学们至少列举一个诚实守信的事件或人物，再列举一个不讲诚信的事件或人物，对比讨论诚信的重要性。

5. 守法原则

合同的签订、执行绝不仅仅是当事人之间的事情，它可能会涉及社会公共利益和社会经济秩序。因此，订立合同应遵守法律、行政法规，不得损害社会公共利益，不得违背公序良俗。

6. 绿色原则

当事人双方约定的合同内容应该有利于保护生态环境、节约资源。绿色原则打通了保护环境的民法通道，从此，绿色生产、绿色生活已经从倡导变成法律要求。

4.2.2 合同订立的程序

《民法典》第四百七十一条规定，当事人订立合同，可以采取要约、承诺方式或者其他方式。要约与承诺是当事人订立合同必经的程序，也是当事人双方就合同的一般条款经过协商一致并签署书面协议的过程。

1. 要约

（1）要约的概念

要约是希望和他人订立合同的意思表示，该意思表示应当符合下列规定：

1）内容具体确定；

2）表明经受要约人承诺，要约人即受该意思表示约束。

发出要约的人称为要约人，接受要约的人称为受要约人，受要约人作出承诺时称为承诺人。

通俗来讲，要约就是一方当事人以缔结合同为目的，向对方当事人提出合同条件，希望对方接受的意思表示。要约也叫发价、出盘等。要约的内容具体确定，是指包含足以使合同成立的主要条款，并且表述不能含糊不清。

要约是一种法律行为。在规定的有效期限内，要约人要受到要约的约束。受要约人若按时和完全接受要约条款时，要约人负有与受要约人签订合同的义务。否则，要约人对此造成受要约人的损失应承担法律责任。

（2）要约邀请

要约邀请是希望他人向自己发出要约的表示。拍卖公告、招标公告、招股说明书、债券募集办法、基金招募说明书、商业广告和宣传、寄送的价目表等为要约邀请。但是商业广告和宣传的内容符合要约条件的，构成要约。

微课 4.2
要约邀请

（3）要约生效

要约到达受要约人时生效。采用数据电文形式订立合同，收件人指定特定系统接收数据电文的，该数据电文进入该特定系统的时间，视为到达时间；未指定特定系统的，该数据电文进入收件人的任何系统的首次时间，视为到达时间。

（4）要约的撤回与撤销

要约可以撤回。撤回要约的通知应当在要约到达受要约人之前或于要约同时到达受要约人。

要约可以撤销，但是有下列情形之一的，邀约不可以撤销：

1）要约人以确定承诺期限或者其他形式明示要约不可撤销；

2）受要约人有理由认为要约是不可撤销的，并已经为履行合同做了合理准备工作。

撤销要约的意思表示以对话方式作出的，该意思表示的内容应当在受要约人作出承诺之前为受要约人所知道；撤销要约的意思表示以非对话方式作出的，应当在受要约人作出承诺之前到达受要约人。

（5）要约的失效

要约有下列情形之一的要约失效：

1）拒绝要约的通知到达要约人；

2）要约人依法撤销要约；

3）承诺期限届满，受要约人未作出承诺；

4）受要约人对要约的内容作出实质性变更。

2. 承诺

承诺是受要约人同意要约的意思表示。这里的"同意"是指完全同意要约的要求。如果受要约人对要约中的某些条款提出修改、补充、部分同意，附有条件或者另行提出新的条件，以及迟到送达的承诺，都不被视为有效的承诺，而被称为新要约。

（1）承诺具有法律约束力的条件

1）承诺须由受要约人向要约人作出。非受要约人向要约人作出的意思表示不属于承诺，而是一种要约。

2）承诺的内容应当与要约的内容完全一致。承诺人必须在要约有效期限内作出承诺。原则上，承诺应在要约规定的有效期内到达要约人。

（2）承诺的方式、期限和生效

承诺的方式：承诺应当以通知的方式作出，但根据交易习惯或者要约表明可以通过行为作出承诺的除外。

承诺的期限：承诺应当在要约确定的期限内到达要约人。要约没有确定承诺期限的，承诺应当依照下列规定到达：①要约以对话方式作出的，应当及时作出承诺，当事人另有约定的除外；②要约以非对话方式作出的，承诺应当在合理期限到达。

承诺的生效：承诺到达要约人时生效。根据《民法典》的规定，承诺以对话方式作出的，要约人知道其内容时生效；承诺以非对话方式作出的，到达要约人时生效；承诺以非对话方式作出，并且采用数据电文形式的，要约人指定特定系统接收数据电文的，该数据电文进入该特定系统时生效；未指定特定系统的，要约人知道或者应当知道该数据电文进入其系统时生效。当事人对采用数据电文形式的承诺的生效时间另有约定的，按照其约定。

（3）承诺的撤回、超期和延误

承诺可以撤回。撤回承诺的通知应当在承诺通知到达要约人之前或与承诺通知同时到达要约人。需要注意的是，不能因承诺的撤回而损害要约人的利益。

受要约人超过承诺期限发出承诺，或者在承诺期限内发出承诺，按照通常情形不能及时到达要约人的，为新要约；但是，要约人及时通知受要约人该承诺有效的除外。

受要约人在承诺期限内发出承诺，按照通常情形能够及时到达要约人，但是因其他原因致使承诺到达要约人时超过承诺期限的，除要约人及时通知受要约人因承诺超过期限不接受该承诺外，该承诺有效。

（4）受要约人对要约内容的实质性变更和承诺对要约内容的非实质性变更

承诺的内容应当与要约内容一致。受要约人对要约的内容作出实质性变更的，为新要约。有关合同标的、数量、质量、价款或者报酬、履行期限、履行地点和方式、违约责任和解决争议方法等的变更，是对要约内容的实质性变更。承诺对要约中非上述内容的某些补充、限制和修改为非实质性变更。

4.2.3　合同的主要条款

《民法典》第四百七十条对合同内容进行了规定。合同的内容是指当事人享有的权利和承担的义务，主要以各项条款确定。合同内容由当事人约定，一般包括以下条款：

1. 当事人的名称或姓名和住所

这是每个合同必须具备的条款，当事人是合同的主体，要把名称或姓名、住所规定准确、清楚。

2. 标的

标的是当事人权利义务共同所指向的对象。没有标的或标的不明确，权利义务就没有客体，合同关系就不能成立，合同就无法履行。不同的合同其标的也有所不同。标的可以是物、行为、智力成果、项目或某种权利。

3. 数量

数量是对标的的计量，是以数字和计量单位来衡量标的的尺度。表明标的多少，决定当事人权利义务的大小范围。没有数量条款的规定，就无法确定双方权利义务的大小，双方的权利义务就处于不确定的状态。因此，合同中必须明确标的的数量。

4. 质量

质量指标准、技术要求，表明标的的内在素质和外观形态的综合。它包括产品的性能、效用、工艺等。一般以品种、型号、规格、等级等体现出来。当事人约定质量条款时，必须符合国家有关规定和要求。

5. 价款或报酬

一方当事人向对方当事人所付代价的货币支付，凡是有偿合同都有价款或报酬条款。当事人在约定价款或报酬时，应遵守国家有关价格方面的法律和规定，并接受工商行政管理机关和物价管理部门的监督。

6. 履行期限、地点和方式

履行期限是合同中规定当事人履行自己的义务的时间界限，是确定当事人是否按时履行或延期履行的客观标准，也是当事人主张合同权利的时间依据。履行地点是指当事人履行合同义务和对方当事人接受履行的地点。履行方式是当事人履行合同义务的具体做法。合同标的不同，履行方式也有所不同，即使合同标的相同，也有不同的履行方式，当事人只有在合同中明确约定合同的履行方式，才便于合同的履行。履行方式应视所签订合同的类别而定。

7. 违约责任

违约责任指当事人一方或双方不履行合同义务或履行合同义务不符合约定的，依照法律的规定或按照当事人的约定应当承担的法律责任。合同依法成立后，可能由于某种原因使得当事人不能按照合同履行义务。合同中约定违约责任条款，不仅可以维护合同的严肃性，督促当事人切实履行合同，而且一旦出现当事人违反合同的情况，便于当事人及时按照合同承担责任，减少纠纷。

8. 解决争议的方法

解决争议的方法指合同争议的解决途径，对合同条款发生争议时的解释以及法律适用等。合同发生争议时，及时解决争议可有效维护当事人的合法权益。根据我国现有法律规定，争议解决的方法有和解、调解、仲裁和诉讼，其中仲裁和诉讼是最终解决争议的两种不同的方法，当事人只能在这两种方法中选择其一。因此，当事人订立合同时，在合同中约定争议解决的方法，有利于当事人在发生争议后，及时解决争议。

4.2.4　合同的形式

当事人订立合同，可以采用书面形式、口头形式或者其他形式。书面形式是合同书、信件、电报、电传、传真等可以有形地表现所载内容的形式。以电子数据交换、电子邮件等方式能够有形地表现所载内容，并可以随时调取查用的数据电文，视为书面形式。口头形式指当事人以对话的方式达成的协议，一般用于数额较小或现款交易。其他形式指推定形式和默示形式。

法律、行政法规规定采用书面形式的，当事人约定采用书面形式的，应当采用书面形式，如建设工程施工合同必须采用书面形式。

4.2.5　合同订立过程中的特别规定

1. 国家订货任务、指令性任务的强制缔约义务

国家根据抢险救灾、疫情防控或者其他需要下达国家订货任务、指令性任务的，有关民事主体之间应当依照有关法律、行政法规规定的权利和义务订立合同。依照法律、行政法规的规定负有发出要约义务的当事人，应当及时发出合理的要约。依照法律、行政法规的规定负有作出承诺义务的当事人，不得拒绝对方合理的订立合同要求。

这条是民法中关于按照国家订货任务、指令性任务订立合同的规定。根据民法上的自愿原则，民事主体可以自己决定要不要订立合同、与谁订立合同，可以自主决定合同内容。但民法上的自愿原则并不是无限制的，为了维护国家利益、社会公共利益或者照顾弱势一方利益等考量，会在特定情形下对民法自愿原则予以适当限制。国家根据抢险救灾、疫情防控或者保证国防军工、重点建设以及国家战略储备等需要，下达国家订货任务、指令性任务的，必须予以充分保障，有关民事主体不得以合同自愿为借口而不落实国家下达的订货任务、指令性任务。

2. 预约合同

当事人约定在将来一定期限内订立合同的认购书、订购书、预订书等，构成预约合同。当事人一方不履行预约合同约定的订立合同义务的，对方可以请求其承担预约合同的违约责任。

预约合同只是一种订立合同的意向，当事人双方并未正式订立合同。但是预约成立

后，就产生了预约的法律效力。这是诚实信用原则又一体现。

3. 缔约过失责任

缔约过失责任是指在合同订立过程中，一方因违背诚实信用原则所产生的义务，致另一方的信赖利益遭受损失，而应承担的损害赔偿责任。

缔约过失责任产生于缔约过程中，但是合同尚未成立时。一方违背诚信义务，使善意一方的信赖利益受到损失，此时无法要求对方承担违约责任，但是仍然可以要求赔偿损失。诚信，是契约精神的精髓。

缔约过程责任的情形：

（1）假借订立合同，恶意进行磋商；

（2）故意隐瞒与订立合同有关的重要事实或者提供虚假情况；

（3）有其他违背诚信原则的行为。

如当事人在订立合同过程中知悉的商业秘密或者其他应当保密的信息，无论合同是否成立，不得泄露或者不正当地使用；泄露、不正当地使用该商业秘密或者信息，造成对方损失的，应当承担赔偿责任。

4.2.6　格式条款合同

格式条款合同，即采用格式条款订立的合同。格式条款是当事人为了重复使用而预先拟定，并在订立合同时未与对方协商的条款。格式条款在生活中随处可见，如干洗店出具的洗衣单中的顾客须知、银行贷款合同、使用水电气的合同等。

1. 格式条款合同的特征

（1）合同内容完整全面。只要相对人接受，合同即告成立。

（2）合同标的定性化。格式条款的合同标的只针对特定商品或服务，由特定人群接收。

（3）制定方在拟定格式条款时无需与相对人协商。

（4）合同可以重复使用，具有普适性。格式条款合同的制定是针对数量庞大的特定人群，不是某一具体的相对人，所以会重复使用。

2. 格式条款合同的解释原则

（1）对格式条款的理解发生争议的，应当按照通常理解予以解释。通常理解是指一般人的理解，不是某些特定人的理解。

（2）对格式条款有两种以上解释的，应当作出不利于提供格式条款一方的解释。因为格式条款的提供方已经在订约中处于优势地位，而相对人则处于劣势，所以条款产生歧义时，以相对人的意思为准。

（3）格式条款和非格式条款不一致的，应当采用非格式条款。非格式条款由当事人双方协商确定，最能体现双方的意志。

格式条款无效的情形详见 4.2.7 中"无效合同"。

4.2.7 合同的法律效力

案例 4.1
合同的成立

1. 合同的成立

（1）合同成立的时间

承诺生效时合同成立，但是法律另有规定或者当事人另有约定的除外。

当事人采用合同书形式订立合同的，自当事人均签名、盖章或者按指印时合同成立。在签名、盖章或者按指印之前，当事人一方已经履行主要义务，对方接受时，该合同成立。法律、行政法规规定或者当事人约定合同应当采用书面形式订立，当事人未采用书面形式，但是一方已经履行主要义务，对方接受时，该合同成立。

当事人采用信件、数据电文等形式订立合同要求签订确认书的，签订确认书时合同成立。当事人一方通过互联网等信息网络发布的商品或者服务信息符合要约条件的，对方选择该商品或者服务并提交订单成功时合同成立，但是当事人另有约定的除外。

（2）合同成立的地点

承诺生效的地点为合同成立的地点。采用数据电文形式订立合同的，收件人的主营业地为合同成立的地点；没有主营业地的，其住所地为合同成立的地点。当事人另有约定的，按照其约定。

当事人采用合同书形式订立合同的，最后签名、盖章或者按指印的地点为合同成立的地点，但是当事人另有约定的除外。

微课 4.3 附条件的合同和附期限的合同

2. 合同的生效

合同成立，不一定就生效。根据《民法典》第一百四十三条的规定，合同生效应具备以下要件：

（1）行为人具有相应的民事行为能力；

（2）意思表示真实；

（3）不违反法律、行政法规的强制性规定，不违背公序良俗。

依法成立的合同，自成立时生效，但是法律另有规定或者当事人另有约定的除外。

依照法律、行政法规的规定，合同应当办理批准等手续的，依照其规定。未办理批准等手续影响合同生效的，不影响合同中履行报批等义务条款以及相关条款的效力。应当办理申请批准等手续的当事人未履行义务的，对方可以请求其承担违反该义务的责任。

附生效条件的合同，自条件成就时生效。附解除条件的合同，自条件成就时失效。附条件的合同，当事人为自己的利益不正当地阻止条件成就的，视为条件已经成就；不正当地促成条件成就的，视为条件不成就。

附生效期限的合同，自期限届至时生效。附终止期限的合同，自期限届满时失效。

3. 效力待定合同

效力待定合同是指合同已经成立，但是否能产生预期的法律效力尚不能确定的合同。只有等待有权人的同意或拒绝来确认合同效力。

下列几种合同，属于效力待定合同：

（1）限制民事行为能力人订立的合同

与限制民事行为能力人订立的合同，合同效力经其法定代理人同意或者追认后有效，否则无效。但是，限制民事行为能力人纯获利益的合同，或者与其年龄、智力、精神健康状况相适应的合同有效。

（2）无权代理时订立的合同

根据《民法典》的规定，行为人没有代理权、超越代理权或者代理权终止后，仍然实施代理行为，未经被代理人追认的，对被代理人不发生效力。但是，被代理人已经开始履行合同义务或者接受相对人履行的，视为对合同的追认。

相对人可以催告法定代理人自收到催告通知之日起三十日内追认合同有效。法定代理人未作表示的，视为拒绝追认。合同效力被追认前，善意相对人有撤销合同的权利。撤销应当以通知的方式作出。

4. 无效合同

（1）《民法典》中合同无效的五种法定事由

1）无民事行为能力人实施的合同

根据《民法典》规定，无民事行为能力人实施的民事法律行为无效。无民事行为能力人不具备订立合同的主体资格。

案例 4.2
合同的效力

2）以虚假意思表示实施的合同

行为人与相对人以虚假意思表示实施的合同无效。例如表面上订立房屋买卖合同，并将房屋过户，但该转让行为的目的是为债务提供担保。这样的买卖合同就是虚假的意思表示，为无效合同。以虚假的意思表示隐藏的民事法律行为的效力，依照有关法律规定处理。

3）违法违规的合同

违反法律、行政法规的强制性规定的合同无效。但是，该强制性规定不导致该民事法律行为无效的除外。对于强制性规定，指影响合同效力的强制性规定，并非所有的强制性规定均导致合同无效。

4）违背公序良俗的合同

所谓公序良俗指指民事主体的行为应当遵守公共秩序，符合善良风俗，不得违反国家的公共秩序和社会的一般道德。比如近年来出现在高校里的"校园贷"，明知在校学生经济条件有限，通过高息借款购买昂贵商品明显超出了在校学生的经济能力，没有经过在校学生父母和有负担能力的担保人的同意，放任在校学生的不理智，并且利用在校学生的浅薄牟取利益，违规发放贷款，破坏了社会公德和善良风俗，这种双方签订的合同是无效。

5）恶意串通损害他人利益的合同

行为人与相对人恶意串通，损害他人合法权益的民事法律行为无效。比如招投标过程中，通过串标行为达到中标，签订的合同，应该被认定是无效合同。

（2）免责条款无效的情形

合同中的下列免责条款无效：

1）造成对方人身损害的；

2）因故意或者重大过失造成对方财产损失的。

生命权、健康权和财产权是非常重要的民事权利。

（3）格式条款无效的情形

有下列情形之一的，该格式条款无效：

1）具有《民法典》第一编第六章第三节和本法第五百零六条规定的无效情形。

即在格式条款中出现前述"合同无效的五种法定事由"之一和"无效的免责条款"之一的，该格式条款无效。

2）提供格式条款一方不合理地免除或者减轻其责任、加重对方责任、限制对方主要权利。

3）提供格式条款一方排除对方主要权利。

后两种格式条款违背了订立合同的公平原则。比如，某些会员卡在售卖时合同中载明："任何情况下所有预缴费及入会后会费均将不予退还"，或者"使用此卡须遵守某公司规定，本公司拥有此卡的最终解释权"，这些条款都是典型的免除或减轻自身责任，加重对方责任，限制对方权利的表现，所以这种格式条款无效。

（4）无效合同的处理

无效的或者被撤销的民事法律行为自始没有法律约束力；民事法律行为部分无效，不影响其他部分效力的，其他部分仍然有效。

民事法律行为无效、被撤销或者确定不发生效力后，行为人因该行为取得的财产，应当予以返还；不能返还或者没有必要返还的，应当折价补偿。有过错的一方应当赔偿对方由此所受到的损失；各方都有过错的，应当各自承担相应的责任。法律另有规定的，依照其规定。

5. 可撤销合同

《民法典》明确了合同可撤销的五种法定事由：

（1）基于重大误解实施的民事法律行为；

（2）一方以欺诈手段，使对方在违背真实意思的情况下实施的民事法律行为；

（3）第三人实施欺诈行为，使一方在违背真实意思的情况下实施的民事法律行为，对方知道或者应当知道该欺诈行为的；

（4）一方或者第三人以胁迫手段，使对方在违背真实意思的情况下实施的民事法律行为；

（5）一方利用对方处于危困状态、缺乏判断能力等情形，致使民事法律行为成立时显失公平的。

撤销权的行使方式：享有撤销权的当事人向法院或仲裁机构申请，请求撤销合同。

【案例 4-2】 甲企业（简称甲）向乙企业（简称乙）发出传真订货，该传真列明了货物的种类、数量、质量、供货时间、交货方式等，并要求乙在 10 日内报价。乙接受甲发出传真列明的条件并按期报价，也要求甲在 10 日内回复；甲按期复电同意其价格，并要求签订书面合同。乙在未签订书面合同的情况下按甲提出的条件发货，甲收货后未提出异议，亦未付货款。后因市场发生变化，该货物价格下降。甲遂向乙提出，由于双方未签订书面合同，买卖关系不能成立，故乙应尽快取回货物。乙不同意甲的意见，要求其偿付货款。随后，乙发现甲放弃其对关联企业的到期债权，并向其关联企业无偿转让财产，可能使自己的货款无法得到清偿，遂向人民法院提起诉讼。

根据上述情况，分析回答下列问题：

1. 买卖合同是否成立？并说明理由。

2. 对甲放弃到期债权、无偿转让财产的行为，乙可向人民法院提出何种权利请求，以保护其利益不受侵害？对乙行使该权利的期限，法律有何规定？

分析：

1. 买卖合同成立。根据《民法典》的规定，当事人约定采用书面形式订立合同，当事人未采用书面形式但一方已经履行主要义务，对方接受的，该合同成立。本题中，虽双方未按约定签订书面合同，但乙已实际履行合同义务，甲也接受，未及时提出异议，故合同成立。

2. 乙可向人民法院提出行使撤销权的请求，撤销甲的放弃到期债权、无偿转让财产的行为，以维护其权益。对撤销权的时效，《民法典》规定，撤销权应自债权人知道或者应当知道撤销事由之日起 1 年内行使，自债务人的行为发生之日起 5 年内未行使撤销权的，该权利消灭。

《民法典》第一百五十二条规定，有下列情形之一的，撤销权消灭：

（1）当事人自知道或者应当知道撤销事由之日起一年内、重大误解的当事人自知道或者应当知道撤销事由之日起九十日内没有行使撤销权。

（2）当事人受胁迫，自胁迫行为终止之日起一年内没有行使撤销权。

（3）当事人知道撤销事由后明确表示或者以自己的行为表明放弃撤销权。

当事人自民事法律行为发生之日起五年内没有行使撤销权的，撤销权消灭。

4.3 合同的履行和担保

4.3.1 合同履行的原则

当事人订立合同不是目的，只有顺利履行合同，才能实现当事人所追求的法律后果，使其预期目的得以实现。为此，在合同的履行过程中，应遵守以下原则：

1. 基本原则

（1）全面履行

全面履行原则要求当事人应当按照约定全面履行自己的义务。全面履行合同包括履行主体、标的数量和质量、履行的期限、地点和方式等都符合合同约定，不存在瑕疵。履行不符合约定的，应承担违约责任。

（2）协助履行

协助履行原则要求当事人遵循诚信原则，根据合同的性质、目的和交易习惯履行通知、协助、保密等义务。这是基于诚实信用原则产生的随附义务，要求当事人在合同的履行过程中互相合作，为对方提供必要的协助。

（3）绿色履行

绿色履行原则要求当事人在履行合同过程中，应当避免浪费资源、污染环境和破坏生态。合理使用资源、保护生态环境的绿色原则贯穿合同的订立和履行过程。

（4）情势变更

《民法典》第五百三十三条规定，合同成立后，合同的基础条件发生了当事人在订立合同时无法预见的、不属于商业风险的重大变化，继续履行合同对于当事人一方明显不公平的，受不利影响的当事人可以与对方重新协商；在合理期限内协商不成的，当事人可以请求人民法院或者仲裁机构变更或者解除合同。人民法院或者仲裁机构应当结合案件的实际情况，根据公平原则变更或者解除合同。

情势变更原则的目的在于消除在合同履行过程中因发生了情势变更而产生显失公平的后果。其效力是当事人可以变更或解除合同且不用承担违约责任。

2. 合同约定不明确的履行原则

合同生效后，当事人就质量、价款或者报酬、履行地点等内容没有约定或者约定不明确的，可以协议补充；不能达成补充协议的，按照合同相关条款或者交易习惯确定。如果仍不能确定的，适用下列规定：

（1）质量要求不明确的，按照强制性国家标准履行；没有强制性国家标准的，按照推荐性国家标准履行；没有推荐性国家标准的，按照行业标准履行；没有国家标准、行业标准的，按照通常标准或者符合合同目的的特定标准履行。

（2）价款或者报酬不明确的，按照订立合同时履行地的市场价格履行；依法应当执行政府定价或者政府指导价的，依照规定履行。

（3）履行地点不明确，给付货币的，在接受货币一方所在地履行；交付不动产的，在不动产所在地履行；其他标的，在履行义务一方所在地履行。

（4）履行期限不明确的，债务人可以随时履行，债权人也可以随时请求履行，但是应当给对方必要的准备时间。

（5）履行方式不明确的，按照有利于实现合同目的的方式履行。

（6）履行费用的负担不明确的，由履行义务一方负担；因债权人原因增加的履行费用，由债权人负担。

4.3.2　抗辩权

抗辩权是指在双务合同中，一方当事人有依法对抗对方要求或否认对方权力主张的权力。抗辩权实质上是一种保障债权的制度，免除抗辩权人在履行后得不到对方履行的风险。其表现方式通常是抗辩权人中止履行合同，但这种中止有一定期限，不是合同的解除。

1. 同时履行抗辩权

同时履行抗辩权是指当事人互负债务，没有先后履行顺序的，应当同时履行。一方在对方履行之前有权拒绝其履行请求。一方在对方履行债务不符合约定时，有权拒绝其相应的履行请求。如施工合同中期付款时，对于施工质量不合格的部分，发包人可以拒绝向承包人支付该部分工程款。

2. 后履行抗辩权

后履行抗辩权是指当事人互负债务，有先后履行顺序，应当先履行债务一方未履行的，后履行一方有权拒绝其履行请求。先履行一方履行债务不符合约定的，后履行一方有权拒绝其相应的履行请求。如材料供应合同按照约定由供货方先行交付订购的材料后，采购方再行付款结算，若合同履行过程中供货方交付的材料质量不符合约定的标准，采购方有权拒付货款。

后履行抗辩权是后履约一方主张的权利。

3. 不安抗辩权

不安抗辩权是指应当先履行债务的当事人，有确切证据证明对方有下列情形之一的，可以中止履行：

（1）经营状况严重恶化；

（2）转移财产、抽逃资金，以逃避债务；

（3）丧失商业信誉；

（4）有丧失或者可能丧失履行债务能力的其他情形。

当事人没有确切证据中止履行的，应当承担违约责任。

对于上述三类抗辩权，当事人依据前条规定中止履行的，应当及时通知对方。对方提供适当担保的，应当恢复履行。中止履行后，对方在合理期限内未恢复履行能力且未提供适当担保的，视为以自己的行为表明不履行主要债务，中止履行的一方可以解除合同并可以请求对方承担违约责任。

4.3.3　合同的保全

1. 代位权

《民法典》合同编规定，因债务人怠于行使其债权或者与该债权有关的从权利，影响债权人的到期债权实现的，债权人可以向人民法院请求以自己的名义代位行使债务人对相对人的权利，但是该权利专属于债务人自身的除外。专属于债务人自身的债权，是指基于扶养关系、抚养关系、赡养关系、继承关系产生的给付请求权和劳动报酬、退休金、养老金、抚恤金、安置费、人寿保险、人身伤害赔偿请求权等权利。

代位权的行使范围以债权人的到期债权为限。债权人行使代位权的必要费用，由债务人负担。相对人对债务人的抗辩，可以向债权人主张。

2. 撤销权

《民法典》合同编规定，债务人以放弃其债权、放弃债权担保、无偿转让财产等方式无偿处分财产权益，或者恶意延长其到期债权的履行期限，影响债权人的债权实现的；或者债务人以明显不合理的低价转让财产、以明显不合理的高价受让他人财产或者为他人的债务提供担保，影响债权人的债权实现，债务人的相对人知道或者应当知道该情形的，债权人可以请求人民法院撤销债务人的行为。

撤销权的行使范围以债权人的债权为限。债权人行使撤销权的必要费用，由债务人负担。

撤销权自债权人知道或者应当知道撤销事由之日起一年内行使。自债务人的行为发生之日起五年内没有行使撤销权的，该撤销权消灭。

债务人影响债权人的债权实现的行为被撤销的，自始没有法律约束力。

4.3.4 合同的担保

合同的担保是指法律规定或者由当事人双方协商约定的确保合同按约履行所采取的具有法律效力的一种保证措施。合同的担保方式有很多种。

1.《民法典》物权编中关于物权的担保方式

（1）抵押

抵押是指债务人或者第三人不转移财产的占有，将该财产抵押给债权人的，债务人不履行到期债务或者发生当事人约定的实现抵押权的情形，债权人有权就该财产优先受偿。其中债务人或者第三人为抵押人，债权人为抵押权人，提供担保的财产为抵押财产。

《民法典》三百九十五条规定，债务人或者第三人有权处分的下列财产可以抵押：

① 建筑物和其他土地附着物；

② 建设用地使用权；

③ 海域使用权；

④ 生产设备、原材料、半成品、产品；

⑤ 正在建造的建筑物、船舶、航空器；

⑥ 交通运输工具；

⑦ 法律、行政法规未禁止抵押的其他财产。

下列财产不得抵押：

① 土地所有权；

② 宅基地、自留地、自留山等集体所有土地的使用权，但是法律规定可以抵押的除外；

③ 学校、幼儿园、医疗机构等为公益目的成立的非营利法人的教育设施、医疗卫生设施和其他公益设施；

④ 所有权、使用权不明或者有争议的财产；

⑤ 依法被查封、扣押、监管的财产；

⑥ 法律、行政法规规定不得抵押的其他财产。

设立抵押权，当事人应当采用书面形式订立抵押合同。抵押合同一般包括下列条款：

① 被担保债权的种类和数额；

② 债务人履行债务的期限；

③ 抵押财产的名称、数量等情况；

④ 担保的范围。

抵押权人在债务履行期限届满前，与抵押人约定债务人不履行到期债务时抵押财产归债权人所有的，只能依法就抵押财产优先受偿。

抵押人的行为足以使抵押财产价值减少的，抵押权人有权请求抵押人停止其行为；抵押财产价值减少的，抵押权人有权请求恢复抵押财产的价值，或者提供与减少的价值相应的担保。抵押人不恢复抵押财产的价值，也不提供担保的，抵押权人有权请求债务人提前清偿债务。

（2）质押

质押是指债务人或者第三人将其动产或权利移交债权人占有，将该动产或权利作为债权的担保。当债务人不履行债务时，债权人有权依照法律规定，以其占有的财产优先受偿。质押分为动产质押和权利质押。

1）动产质押

《民法典》第四百二十五条规定，为担保债务的履行，债务人或者第三人将其动产出质给债权人占有的，债务人不履行到期债务或者发生当事人约定的实现质权的情形，债权人有权就该动产优先受偿。

债务人或者第三人为出质人，债权人为质权人，交付的动产为质押财产。

当事人应当采用书面形式订立质押合同。质押合同一般包括下列条款：

① 被担保债权的种类和数额；

② 债务人履行债务的期限；

③ 质押财产的名称、数量等情况；

④ 担保的范围；

⑤ 质押财产交付的时间、方式。

2）权利质押

《民法典》第四百四十条规定，债务人或者第三人有权处分的下列权利可以出质：

① 汇票、本票、支票；

② 债券、存款单；

③ 仓单、提单；

④ 可以转让的基金份额、股权；

⑤ 可以转让的注册商标专用权、专利权、著作权等知识产权中的财产权；

⑥ 现有的以及将有的应收账款；

⑦ 法律、行政法规规定可以出质的其他财产权利。

权利出质后，出质人不得转让或者许可他人使用，但经出质人与质权人协商同意的可以转让或者许可他人使用。出质人所得的转让费、许可费应当向质权人提前清偿所担保的债权或向与质权人约定的第三人提存。

（3）留置

留置是债权人按照合同约定占有债务人的动产，债务人不按合同约定的期限履行债务的，债权人有权依照法律规定留置该财产，以该财产折价或者以拍卖、变卖该财产的价款优先受偿。

《民法典》第四百四十七条规定，债务人不履行到期债务，债权人可以留置已经合法占有的债务人的动产，并有权就该动产优先受偿。其中，债权人为留置权人，占有的动产为留置财产。

留置财产折价或者变卖的，应当参照市场价格。债务人可以请求留置权人在债务履行期限届满后行使留置权；留置权人不行使的，债务人可以请求人民法院拍卖、变卖留置财产。留置财产折价或者拍卖、变卖后，其价款超过债权数额的部分归债务人所有，不足部分由债务人清偿。同一动产上已经设立抵押权或者质权，该动产又被留置的，留置权人优先受偿。留置权人对留置财产丧失占有或者留置权人接受债务人另行提供担保的，留置权消灭。

2.《民法典》合同编中的担保方式

（1）定金

定金是指当事人为了确保合同的履行，由一方预先付给另一方一定数额的金钱或者其他物品的行为。《民法典》合同编中认可定金对债权的担保作用。

根据《民法典》规定，当事人可以约定一方向对方给付定金作为债权的担保。定金合同自实际交付定金时成立。债务人履行债务的，定金应当抵作价款或者收回。

定金的数额由当事人约定，但是，不得超过主合同标的额的百分之二十，超过部分不产生定金的效力。实际交付的定金数额多于或者少于约定数额的，视为变更约定的定金数额。

（2）保证

保证是指保证人和债权人约定，当债务人不履行债务时，保证人按照约定向债权人履行债务或承担责任的行为。

保证人是指按照合同约定，当债务人不能履行债务时，向债权人承担保证责任的人。机关法人不得为保证人，但是经国务院批准为使用外国政府或者国际经济组织贷款进行转贷的除外。以公益为目的的非营利法人、非法人组织不得为保证人。

保证人和债权人之间应订立书面的保证合同。保证合同是主债权债务合同的从合同。主债权债务合同无效的，保证合同无效，但是法律另有规定的除外。保证合同被确认无效后，债务人、保证人、债权人有过错的，应当根据其过错各自承担相应的民事责任。

1）保证合同的内容

保证合同的内容一般包括被保证的主债权的种类、数额，债务人履行债务的期限，保证的方式、范围和期间等条款。保证合同可以是单独订立的书面合同，也可以是主债权债务合同中的保证条款。第三人单方以书面形式向债权人作出保证，债权人接收且未提出异议的，保证合同成立。

2）保证方式

保证的方式包括一般保证和连带责任保证。当事人在保证合同中对保证方式没有约定或者约定不明确的，按照一般保证承担保证责任。

当事人在保证合同中约定，债务人不能履行债务时，由保证人承担保证责任的，为一般保证。

当事人在保证合同中约定保证人和债务人对债务承担连带责任的，为连带责任保证。连带责任保证的债务人不履行到期债务或者发生当事人约定的情形时，债权人可以请求债务人履行债务，也可以请求保证人在其保证范围内承担保证责任。

保证人可以要求债务人提供反担保。

3）保证范围和保证期间

保证的范围包括主债权及其利息、违约金、损害赔偿金和实现债权的费用。当事人另有约定的，按照其约定。保证期间是确定保证人承担保证责任的期间，不发生中止、中断和延长。

债权人与保证人可以约定保证期间，但是约定的保证期间早于主债务履行期限或者与主债务履行期限同时届满的，视为没有约定；没有约定或者约定不明确的，保证期间为主债务履行期限届满之日起六个月。债权人与债务人对主债务履行期限没有约定或者约定不明确的，保证期间自债权人请求债务人履行债务的宽限期届满之日起计算。

值得一提的是，在建设工程合同的订立和履行中，常见的担保方式是保证金，例如投标保证金、履约保证金、保修金。

4.4　合同的变更、转让和终止

4.4.1　合同的变更

合同的变更，即合同内容发生变化，是指合同依法成立后，在尚未履行或尚未完全履行时，当事人双方经协商依法对合同的内容进行修订或调整所达成的协议。例如，对合同约定的数量、质量标准、履行期限、履行地点和履行方式等进行变更。合同变更一般不涉及已履行部分，而只对未履行的部分进行变更，因此，合同变更不能发生在合同履行完毕后，只能在完全履行合同之前。

《民法典》规定，当事人协商一致，可以变更合同。当事人对合同变更的内容约定不明确的，推定为未变更。

应当注意的是，当事人对合同变更只是一方提议，而未达成协议时，不产生合同变更的效力；当事人对合同变更的内容约定不明确的，同样也不产生合同变更的效力。

4.4.2　合同的转让

合同的转让，即合同主体发生变化，是指当事人一方将合同的权利和义务转让给第三人，由第三人接受权利和承担义务的法律行为。合同转让可以部分转让，也可全部转让。随着合同的全部转让，原合同当事人之间的权利和义务关系消灭，与此同时，在未转让一方当事人和第三人之间形成新的权利义务关系。

1. 债权的转让

债权转让是指债权人将债权的全部或者部分转让给第三人的行为。

根据《民法典》规定，有下列情形之一的，债权不得转让：

（1）根据债权性质不得转让；

（2）按照当事人约定不得转让；

（3）依照法律规定不得转让。

当事人约定非金钱债权不得转让的，不得对抗善意第三人。当事人约定金钱债权不得转让的，不得对抗第三人。

债权人转让债权，应通知债务人。未通知债务人的，该转让对债务人不发生效力。债权转让的通知不得撤销，但是经受让人同意的除外。

债权人转让债权的，受让人取得与债权有关的从权利，但是该从权利专属于债权人自身的除外。从权利是指附随于主权利的权利，例如担保物权中的抵押权、质权、留置权以及附属于主债权的利息等，都属于主权利的从权利。

2. 债务的转让

债务的转让是指债务人将债务全部或部分转让给第三人的行为。

债务人转让债务的，应当经债权人同意。债务人或者第三人可以催告债权人在合理期限内予以同意，债权人未作表示的，视为不同意。

债务人转移债务的，新债务人可以主张原债务人对债权人的抗辩；原债务人对债权人享有债权的，新债务人不得向债权人主张抵销。

债务人转移债务的，新债务人应当承担与主债务有关的从债务，但是该从债务专属于原债务人自身的除外。

3. 债权、债务一并转让

债权、债务一并转让，是指一方当事人将合同中的权利、义务一并转让第三人的行为。在这种情况下，第三人，即受让人，完全取代转让人成为合同新的一方当事人，原合同关系消灭，产生了新的债权债务关系。

当事人一方向第三人转让债权债务的，应征得对方同意。

4.4.3　合同的终止

合同终止是指合同成立后，因出现一定的法律事实，使当事人双方的权利义务关系归于消灭的法律行为。

1. 合同终止的一般规定

合同终止的情形包括：

（1）债务已经履行；

（2）债务相互抵销；

（3）债务人依法将标的物提存；

（4）债权人免除债务；

（5）债权债务同归于一人；

（6）法律规定或者当事人约定终止的其他情形。

合同解除的，该合同的权利义务关系终止。

债权债务终止后，当事人应当遵循诚信等原则，根据交易习惯履行通知、协助、保密、旧物回收等义务。债权债务终止时，债权的从权利同时消灭，但是法律另有规定或者当事人另有约定的除外。

案例 4.3
合同的解除

2. 合同的解除

合同解除是合同成立后，没有履行或者没有完全履行之前，当事人双方协商一致或者一方行使解除权，使双方的合同权利义务关系归于消灭的行为。

（1）合同解除的类型

合同解除包括约定解除和法定解除。前者是双方协商一致解除合同，后者是满足法定解除事由后，通过单方行使解除权来解除合同。

法定解除在《民法典》第五百六十三条规定有下列情形之一的，当事人可以解除合同：

1）因不可抗力致使不能实现合同目的；

2）在履行期限届满前，当事人一方明确表示或者以自己的行为表明不履行主要债务；

3）当事人一方迟延履行主要债务，经催告后在合理期限内仍未履行；

4）当事人一方迟延履行债务或者有其他违约行为致使不能实现合同目的；

5）法律规定的其他情形。

以持续履行的债务为内容的不定期合同，当事人可以随时解除合同，但是应当在合理期限之前通知对方。

（2）合同解除权的行使方式

当事人一方依法主张解除合同的，应当通知对方。合同自通知到达对方时解除；通知载明债务人在一定期限内不履行债务则合同自动解除，债务人在该期限内未履行债务的，合同自通知载明的期限届满时解除。对方对解除合同有异议的，任何一方当事人均可以请求人民法院或者仲裁机构确认解除行为的效力。

当事人一方未通知对方，直接以提起诉讼或者申请仲裁的方式依法主张解除合同，人民法院或者仲裁机构确认该主张的，合同自起诉状副本或者仲裁申请书副本送达对方时解除。

109

（3）合同解除权的消灭

法律规定或者当事人约定解除权行使期限时，期限届满当事人不行使的，该权利消灭。

法律没有规定或者当事人没有约定解除权行使期限时，自解除权人知道或者应当知道解除事由之日起一年内不行使，或者经对方催告后在合理期限内不行使的，该权利消灭。

（4）合同解除的效力和后果

合同解除后，尚未履行的，终止履行；已经履行的，根据履行情况和合同性质，当事人可以请求恢复原状或者采取其他补救措施，并有权请求赔偿损失。合同因违约解除的，解除权人可以请求违约方承担违约责任，但是当事人另有约定的除外。

主合同解除后，担保人对债务人应当承担的民事责任仍应当承担担保责任，但是担保合同另有约定的除外。

3. 抵销

抵销是指当事人互负债务，一方通知对方或者双方协商一致以其债权充当债务的清偿，使得当事人的债务在对等额度内消灭的行为。

抵销有法定抵销和约定抵销两种形式。

法定抵销是当事人互负债务，该债务的标的物种类、品质相同的，任何一方可以将自己的债务与对方的债务抵销，但根据债务性质、按照当事人约定或者依照法律规定不得抵销的除外。

约定抵销指当事人互负债务，标的物种类、品质不相同的，经协商一致，也可以抵销。

当事人主张抵销的，应当通知对方。通知自到达对方时生效。抵销不得附条件或者附期限。

4. 提存

提存是指非债务人的原因，造成债务人无法履行或者难以履行债务的情形下，债务人将标的物交由提存有关部门保存，以终止合同权利义务关系的行为。

有下列情形之一、难以履行债务的，债务人可以将标的物提存：

（1）债权人无正当理由拒绝受领；

（2）债权人下落不明；

（3）债权人死亡未确定继承人、遗产管理人，或者丧失民事行为能力未确定监护人；

（4）法律规定的其他情形。

标的物不适于提存或者提存费用过高的，债务人依法可以拍卖或者变卖标的物，提存所得的价款。

债务人将标的物或者将标的物依法拍卖、变卖所得价款交付提存部门时，提存成立。

提存成立的，视为债务人在其提存范围内已经交付标的物。

标的物提存后，债务人应当及时通知债权人或者债权人的继承人、遗产管理人、监护人、财产代管人。标的物提存后，毁损、灭失的风险由债权人承担。提存期间，标的物的孳息归债权人所有。提存费用由债权人负担。债权人可以随时领取提存物。但是，债权人对债务人负有到期债务的，在债权人未履行债务或者提供担保之前，提存部门根据债务人的要求应当拒绝其领取提存物。

债权人领取提存物的权利，自提存之日起五年内不行使而消灭，提存物扣除提存费用后归国家所有。但是，债权人未履行对债务人的到期债务，或者债权人向提存部门书面表示放弃领取提存物权利的，债务人负担提存费用后有权取回提存物。

5. 债权人免除债务

债权人免除债务人部分或者全部债务的，债权债务部分或者全部终止，但是债务人在合理期限内拒绝的除外。

6. 债权和债务归于同一人

债权和债务同归于一人的，债权债务终止，但是损害第三人利益的除外。

需要注意的是，合同的权利义务关系终止，不影响合同中结算和清理条款的效力。

4.5　违 约 责 任

4.5.1　违约责任的概念

违约责任是指合同当事人违反合同约定，不履行义务或者履行义务不符合约定所承担的责任。

违约责任制度是保证当事人履行合同义务的重要措施，有利于促进合同的全面履行。

4.5.2　违约责任的承担方式

根据《民法典》合同编的规定，当事人一方不履行合同义务或者履行合同义务不符合约定的，应当承担继续履行、采取补救措施或者赔偿损失等违约责任。当事人一方明确表示或者以自己的行为表明不履行合同义务的，对方可以在履行期限届满前请求其承担违约责任。

根据上述规定，违约责任的承担方式有继续履行、采取补救措施、赔偿损失、支付违约金和定金五种。

1. 继续履行

继续履行合同要求违约人按照合同的约定，切实履行所承担的合同义务。

当事人一方未支付价款、报酬、租金、利息，或者不履行其他金钱债务的，对方可以请求其支付。因金钱债务只存在迟延履行，不存在不能履行，所以金钱债务适用于无条件继续履行。

非金钱债务适用于有条件继续履行。当事人一方不履行非金钱债务或者履行非金钱债务不符合约定的，对方可以请求履行，但是有下列情形之一的除外：

（1）法律上或者事实上不能履行；

（2）债务的标的不适于强制履行或者履行费用过高；

（3）债权人在合理期限内未请求履行。

有前款规定的除外情形之一，致使不能实现合同目的的，人民法院或者仲裁机构可以根据当事人的请求终止合同权利义务关系，但是不影响违约责任的承担。

2. 采取补救措施

采取补救措施是在当事人违反合同后，为防止损失发生或者扩大，由其依照法律或者合同约定而采取的修理、更换、退货、减少价款或者报酬等措施。履行不符合约定的，应当按照当事人的约定承担违约责任。对违约责任没有约定或者约定不明确，依据《民法典》第五百一十条的规定仍不能确定的，受损害方根据标的的性质以及损失的大小，可以合理选择请求对方承担修理、重作、更换、退货、减少价款或者报酬等违约责任。

注：《民法典》第五百一十条规定，合同生效后，当事人就质量、价款或者报酬、履行地点等内容没有约定或者约定不明确的，可以协议补充；不能达成补充协议的，按照合同相关条款或者交易习惯确定。

3. 赔偿损失

赔偿损失是指合同当事人就其违约而给对方造成的损失给予补偿的一种方法。

《民法典》第五百八十三条规定，当事人一方不履行合同义务或者履行合同义务不符合约定的，在履行义务或者采取补救措施后，对方还有其他损失的，应当赔偿损失。

损失赔偿额应当相当于因违约所造成的损失，包括合同履行后可以获得的利益；但是，不得超过违约一方订立合同时预见到或者应当预见到的因违约可能造成的损失。

值得注意的是，当事人一方违约后，对方应当采取适当措施防止损失的扩大；没有采取适当措施致使损失扩大的，不得就扩大的损失请求赔偿。当事人因防止损失扩大而支出的合理费用，由违约方负担。

当事人都违反合同的，应当各自承担相应的责任。当事人一方违约造成对方损失，对方对损失的发生有过错的，可以减少相应的损失赔偿额。

4. 违约金

违约金是指按照当事人的约定或者法律直接规定，一方当事人违约的，应向另一方支付的金钱。违约金的标的物是金钱，也可约定为其他财产。

当事人可以约定一方违约时应当根据违约情况向对方支付一定数额的违约金，也可以约定因违约产生的损失赔偿额的计算方法。

违约金可以调整。约定的违约金低于造成的损失的，人民法院或者仲裁机构可以根据当事人的请求予以增加；约定的违约金过分高于造成的损失的，人民法院或者仲裁机构可以根据当事人的请求予以适当减少。

当事人就迟延履行约定违约金的，违约方支付违约金后，还应当履行债务。

5. 定金

以定金方式承担违约责任时，应执行定金罚则：即给付定金的一方不履行债务或者履行债务不符合约定，致使不能实现合同目的的，无权请求返还定金；收受定金的一方不履行债务或者履行债务不符合约定，致使不能实现合同目的的，应当双倍返还定金。

当事人既约定违约金，又约定定金的，一方违约时，对方可以选择适用违约金或者定金条款。定金不足以弥补一方违约造成的损失的，对方可以请求赔偿超过定金数额的损失。

4.5.3　违约责任的免除

违约责任的免除是指当事人对其违约行为免于承担违约责任的情形。合同生效后，当事人不履行合同或者履行合同不符合合同约定的，都应承担违约责任。但如果是由于发生了某种非常情况或者意外事件，使合同不能按约定履行时，就应当作为例外来处理。《民法典》合同编规定，只有发生不可抗力才能部分或者全部免除当事人的违约责任。

不可抗力是指不能预见、不能避免并不能克服的客观情况。不可抗力发生后可能引起三种法律后果：一是合同全部不能履行，当事人可以解除合同，并免除全部责任；二是合同部分不能履行，当事人可以部分履行合同，并免除其不履行部分的责任；三是合同不能按期履行，当事人可延期履行合同，并免除其迟延履行的责任。

因不可抗力不能履行合同的，应当及时通知对方，以减轻可能给对方造成的损失，并应当在合理期限内提供证明。当事人迟延履行后发生不可抗力的，不免除其违约责任。

《民法典》还规定，当事人一方因第三人的原因造成违约的，应当依法向对方承担违约责任。当事人一方和第三人之间的纠纷，依照法律规定或者按照约定处理。

4.6　合同争议的处理

合同争议是指当事人双方对合同订立和履行情况以及不履行合同的后果所产生的纠纷。由于当事人之间的合同是多样而复杂的，从而因合同引起相互间的权利和义务的争议是在所难免的。选择适当的解决方式，及时解决合同争议，不仅关系到维护当事人的合同利益和避免损失的扩大，而且对维护社会经济秩序也有重要作用。

合同争议的解决通常有下面几个途径。

4.6.1　和解

和解是指争议的合同当事人，依据有关的法律规定和合同约定，在互谅互让的基础上，经过谈判和磋商，自愿对争议事项达成协议，从而解决合同争议的一种方法。和解的特点在于无须第三者介入，简便易行，能及时解决争议，并有利于双方的协作和合同的继续履行。但由于和解必须以双方自愿为前提，因此，当双方分歧严重，及一方或双方不愿协商解决争议时，和解方式往往受到局限。和解应以合法、自愿和平等为原则。

4.6.2　调解

调解是争议当事人在第三方的主持下，通过其劝说引导，在互谅互让的基础上自愿达成协议，以解决合同争议的一种方式。调解以公平合理、自愿等为原则。在实践中，依调解人的不同，合同的调解有民间调解、仲裁机构调解和法庭调解三种。

民间调解是当事人临时选任的社会组织或者个人作为调解人对合同争议进行调解。通过调解人的调解，当事人达成协议的，双方签署调解协议书，调解协议书对当事人具有与合同一样的法律约束力。

仲裁机构调解是当事人将其争议提交仲裁机构后，经双方当事人同意，将调解纳入仲裁程序中，由仲裁庭主持进行，仲裁庭调解成功，制作调解书，双方签字后生效，只有调解不成才进行仲裁裁决。调解书与仲裁书具有同等的效力。

法庭调解是由法院主持进行的调解。当事人将其争议提起诉讼后，可以请求法庭调解，调解成功的，法院制作调解书，调解书经双方当事人签收后生效，调解书与生效的判决书具有同等的效力。

调解解决合同争议，可以不伤和气，使双方当事人互相谅解，有利于促进合作。但这种方式受当事人自愿的局限，如果当事人不愿调解，或调解不成时，则应及时采取仲裁或诉讼以最终解决合同争议。

4.6.3　仲裁

仲裁是指发生争议的双方当事人，根据其在争议发生前或争议发生后所达成的协议，自愿将该争议提交中立的第三者进行裁决的争议解决制度和方式。

与诉讼相比，仲裁具不受地域和管辖权的限制。但是争议的双方应签订书面仲裁协议，一致同意才能采用仲裁方式来解决争议。

1. 仲裁协议

仲裁协议是指双方当事人自愿把他们之间已经发生或者将来可能发生的合同纠纷及其他财产性权益争议提交仲裁解决的协议；

仲裁协议可以是合同中的仲裁条款、独立的仲裁协议书或其他文件中包含的仲裁协议。

仲裁协议至少包括以下内容：

（1）请求仲裁必须是双方当事人共同的意思表示，必须是双方协商一致的基础上真实意思的表示；

（2）仲裁事项，提交仲裁的争议范围；

（3）选定的仲裁委员会。

2. 仲裁程序

（1）申请与受理

当事人符合下列条件的，可以向仲裁委员会递交仲裁申请书：

1）有仲裁协议；

2）有具体的仲裁请求和事实、理由；

3）属于仲裁委员会的受理范围。

仲裁委员会收到仲裁申请书之日起 5 日内，经审查符合受理条件，应当受理，并通知当事人；不符合受理条件的，应当书面通知当事人不予受理，并说明理由。

（2）仲裁庭的组成

仲裁庭可以由 3 名仲裁员或 1 名仲裁员组成。由 3 名仲裁员组成的，设首席仲裁员。仲裁庭分合议仲裁庭和独任仲裁庭。

（3）开庭与审理

仲裁一般不公开审理。仲裁庭通常按下列顺序进行开庭调查：

1）当事人陈述；

2）告知证人的权利义务，证人作证，宣读未到庭的证人证言；

3）出示书证、物证和视听资料；

4）宣读勘验笔录、现场笔录；

5）宣读鉴定结论。

（4）裁决

裁决应当按照多数仲裁员的意见作出，不能形成多数意见时，裁决应当按照首席仲裁员的意见作出。

仲裁实行一裁终局制。任何一方当事人不得因不满裁决而要求复议，不得向法院起诉，也不得向其他任何机构提出变更仲裁裁决的请求。

（5）执行

当事人应当履行仲裁裁决。一方不履行的，另一方可以向人民法院申请强制执行。

4.6.4　诉讼

诉讼是指纠纷当事人通过向具有管辖权的法院起诉另一方当事人解决纠纷的形式。

诉讼不必以当事人的相互同意为依据，只要不存在有效的仲裁协议，任何一方都可以向有管辖权的法院起诉。

1. 诉讼管辖

诉讼管辖是指各级法院之间以及不同地区的同级法院之间，受理第一审案件的职权范围和具体分工。我国的民事诉讼法管辖分为：级别管辖、地域管辖、移送管辖和指定管辖。级别管辖是指按照一定的标准，划分上下级人民法院之间受理第一审民事案件的分工和权限。地域管辖是指按照各级人民法院的辖区和民事案件的隶属关系来划分诉讼管辖。移送管辖是指人民法院在受理民事案件后，发现自己对案件并无管辖权，将案件移送到有管辖权的人民法院审理。指定管辖是指上级人民法院以裁定方式指定其下级人民法院对某一案件行使管辖权。

2. 诉讼判决的效力

我国的诉讼采用两审终审制。法院的生效判决具有强制执行力，一方不履行判决结果的，另一方可以向法院申请强制执行。

民事诉讼过程中会优先考虑法院调解，争议的双方同意调解的，法院根据调解结果制作调解书，双方签字后生效。法院制作的生效调解书，与法院的判决书具有同等法律效力。

需要指出的是，仲裁和诉讼这两种争议解决的方式只能选择其中一种，当事人可以根据实际情况选择仲裁或诉讼。

单元练习

一、单选题

1. 根据《民法典》规定，保证合同没有明确规定保证方式，应该默认为（　　）。

A. 一般保证　　　B. 连带保证　　　C. 随便哪一个均可　　　D. 严格的一般保证

2. 通过调解解决合同争议，（　　）不具有执行的强制力。

A. 和解　　　B. 民间调解　　　C. 法院调解　　　D. 仲裁机构调解

3. 以财产的不转移占有的担保形式是（　　）。

A. 抵押　　　B. 质押　　　C. 留置　　　D. 定金

4. 以财产的转移占有为担保形式的是（　　）。

A. 抵押　　　B. 质押　　　C. 留置　　　D. 定金

5. 当债务人对已到期的债权怠于行使自己的权利，同时，对于已到期的债务也不主动积极偿还，该债务人的债权人可以行使（　　）。

A. 代位权　　　B. 撤销权　　　C. 抗辩权　　　D. 请求权

二、多选题

1. 我国合同争议的解决方式有（　　）。

A. 和解　　　B. 调解　　　C. 仲裁　　　D. 诉讼

2. 违约责任的承担方式有（　　）。

A. 继续履行　　　　　　　B. 采取补救措施

C. 赔偿损失　　　　　　　D. 违约金

3. 合同订立必经的程序有（　　）。

A. 谈判　　　B. 要约邀请　　　C. 要约　　　D. 承诺

三、案例题

1. 某水泥厂向某建筑公司发出了一份本厂所生产的各种型号水泥性能的广告，你认为该广告是要约还是要约邀请？

2. 暖气片厂与建筑公司签订 22.5 万元的暖气片供应合同。建筑公司先付预付款 12 万，余下 10.5 万元到期未还。暖气片厂催款，建筑公司称资金周转不过来，暖气片厂属于急需资金扩大生产规模的小厂，后来从建筑公司某职工处得知有 C 公司欠建筑公司 10 万元，也到期，但是建筑公司未进行催收，于是暖气片厂直接找 C 公司催要 10 万元，C 公司不给。问此案该如何处理？

单元 4　在线自测题

教学单元 5

建设工程施工合同示范文本

【单元学习导图】

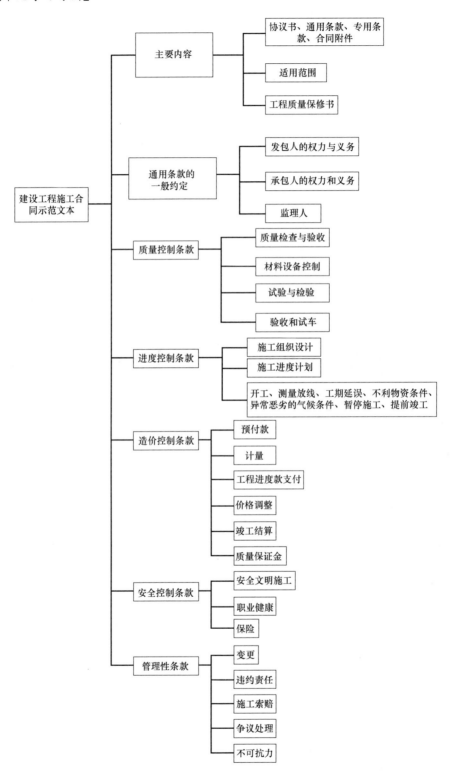

建筑产品是社会物资交流中比较特殊的商品。它是非工厂化生产的单件产品，具有生产周期长、耗费人力物力大、生产过程和技术复杂、受自然条件及政策法规影响大等特点。从而决定了建筑工程施工合同的特殊性和复杂性。施工合同的签订工作对于任何一个发包人来说都不是一件经常性的、容易做好的事情。

为了规范合同当事人的行为，完善社会主义市场经济条件下的建设经济合同制度，解决施工合同中文本不规范、条款不完备、合同纠纷多等问题，建设部会同国家工商行政管理局依据有关工程建设的法律、法规，结合我国建设市场及工程施工的实际状况，同时借鉴了国际通用土木工程施工合同的成熟经验和做法，于 1991 年 3 月联合制定了《建设工程施工合同（示范文本）》GF—1991—0201。标准合同文本的施行很好地解决了施工合同签订过程中长时间存在的种种难题，有效地避免了发包人与承包人之间长期存在的诸多扯不清的问题。

《建设工程施工合同（示范文本）》经过了多次修订，现在使用的是 2017 年修订的《建设工程施工合同（示范文本）》GF—2017—0201（以下简称《示范文本》）。

119

• 思政讨论区 •

在目前迅速成长的建筑市场中，"阴阳合同"的存在已严重扰乱了建筑市场秩序。有些业主以各种理由修改合同或违背约定，签订"阳合同"供建设行政主管部门审查备案外，还私下与施工单位签订一份与原合同相悖的"阴合同"，形成一份违法违规的契约。"阴阳合同"危害巨大：严重影响社会诚信体系的构建，影响公平竞争的市场秩序，并逃避税收和政府监管。

问题：请同学们结合其他相关学科，列举出你所知道的"阴阳合同"，并讨论一下它们的表现形式是什么，具体的危害有哪些。

5.1 主要内容

5.1.1 《示范文本》的构成

《示范文本》合同协议书共计 13 条，主要包括：工程概况、合同工期、质量标准、签约合同价和合同价格形式、项目经理、合同文件构成、承诺，以及合同生效条件等重要内容，集中约定了合同当事人基本的合同权利义务。

1. 通用条款

通用合同条款是合同当事人根据《中华人民共和国建筑法》《中华人民共和国民法典》等法律法规的规定，就工程建设的实施及相关事项，对合同当事人的权利义务作出的原则性约定。

通用合同条款共计 20 条，具体条款分别为：一般约定、发包人、承包人、监理人、工程质量、安全文明施工与环境保护、工期和进度、材料与设备、试验与检验、变更、价格调整、合同价格、计量与支付、验收和工程试车、竣工结算、缺陷责任与保修、违约、不可抗力、保险、索赔和争议解决。前述条款安排既考虑了现行法律法规对工程建设的有关要求，也考虑了建设工程施工管理的特殊需要。

2. 专用条款

专用合同条款是对通用合同条款原则性约定的细化、完善、补充、修改或另行约定的条款。合同当事人可以根据不同建设工程的特点及具体情况，通过双方的谈判、协商对相应的专用合同条款进行修改补充。在使用专用合同条款时，应注意以下事项：

（1）专用合同条款的编号应与相应的通用合同条款的编号一致；

（2）合同当事人可以通过对专用合同条款的修改，满足具体建设工程的特殊要求，避免直接修改通用合同条款；

（3）在专用合同条款中有横道线的地方，合同当事人可针对相应的通用合同条款进行细化、完善、补充、修改或另行约定；如无细化、完善、补充、修改或另行约定，则填写"无"或画"/"。

微课 5.1　合同文件的组成和优先解释顺序

3. 合同附件

《示范文本》有 11 个附件，分别为协议书附件（承包人承揽工程项目一览表）、专用合同条款附件（发包人供应材料设备一览表、工程质量保修书、主要建设工程文件目录、承包人用于本工程施工的机械设备表、承包人主要施工管理人员表、分包人主要施工管理人员表、履约担保格式、预付款担保格式、支付担保格式、暂估价一览表）。

5.1.2　《示范文本》的性质和适用范围

《示范文本》为非强制性使用文本。《示范文本》适用于房屋建筑工程、土木工程、线路管路和设备安装工程、装修工程等建设工程的施工承发包活动，合同当事人可结合建设工程具体情况，根据《示范文本》订立合同，并按照法律法规规定和合同约定承担相应的法律责任及合同权利义务。

5.1.3　工程质量保修书

1. 工程质量保修范围和内容

质量保修范围包括地基基础工程、主体结构工程、屋面防水工程和双方约定的其他土建工程，以及电气管线、上下水管线的安装工程，供冷、供热系统工程等项目。具体质量保修内容双方具体约定。

2. 质量保修期

质量保修期从工程竣工验收合格之日算起。分单项竣工验收的工程，按单项工程分别计算质量保修期。根据国家有关规定，具体工程质量保修期为：①土建工程（基础设施工程、房屋建筑的地基基础工程和主体结构工程）为设计文件规定的该工程的合理使用年限，屋面防水工程、有防水要求的卫生间、房间和外墙面的防渗漏为 5 年；②电气管线、给水排水管道、设备安装和装修工程为 2 年；③供热及供冷系统为 2 个采暖期；④室外的上下水和小区道路等市政公用工程保修期可以根据有关规定双方约定。还可以有其他约定。

3. 缺陷责任期

缺陷责任期自实际竣工日期起计算，合同当事人应在专用合同条款约定缺陷责任期的具体期限，但该期限最长不超过 24 个月。

单位工程先于全部工程进行验收，经验收合格并交付使用的，该单位工程缺陷责任期自单位工程验收合格之日起算。因发包人原因导致工程无法按合同约定期限进行竣工验收的，缺陷责任期自承包人提交竣工验收申请报告之日起开始计算；发包人未经竣工验收擅自使用工程的，缺陷责任期自工程转移占有之日起开始计算。

缺陷责任期终止后，发包人应退还剩余的质量保证金。

4. 质量保修责任

（1）属于保修范围、内容的项目，承包人应当在接到保修通知之日起 7 天内派人保修。承包人不在约定期限内派人保修的，发包人可以委托他人修理。

（2）发生紧急事故需抢修的，承包人在接到事故通知后，应当立即到达事故现场抢修。

（3）对于涉及结构安全的质量问题，应当按照《建设工程质量管理条例》的规定，立即向当地建设行政主管部门和有关部门报告，采取安全防范措施，并由原设计人或者具有相应资质等级的设计人提出保修方案，承包人实施保修。

（4）质量保修完成后，由发包人组织验收。

5. 保修费用

保修费用由造成质量缺陷的责任方承担。

6. 双方约定的其他工程质量保修事项

工程质量保修书由发包人、承包人在工程竣工验收前共同签署，作为施工合同附件，其有效期限至保修期满。

5.2　通用条款的一般约定

5.2.1　一般约定

一般约定包括：词语定义与解释、语言文字、法律、标准和规范、合同的优先解释顺序、图纸和承包人文件、联络、严禁贿赂、化石及文物、交通运输、知识产权、保密、工程量清单错误的修正 13 个方面。

5.2.2 词语定义与解释

这部分内容从合同、合同当事人及其他相关方、工程和设备、日期和期限、合同价格和费用、其他等 6 个方面，共 45 个词语，对合同协议书、通用合同条款、专用合同条款中的相关内容进行解释。

5.2.3 法律

合同所称法律是指中华人民共和国法律、行政法规、部门规章，以及工程所在地的地方性法规、自治条例、单行条例和地方政府规章等。

合同当事人可以在专用合同条款中约定合同适用的其他规范性文件。

5.2.4 标准和规范

（1）适用于工程的国家标准、行业标准、工程所在地的地方性标准，以及相应的规范、规程等，合同当事人有特别要求的，应在专用合同条款中约定。

（2）发包人要求使用国外标准、规范的，发包人负责提供原文版本和中文译本，并在专用合同条款中约定提供标准规范的名称、份数和时间。

（3）发包人对工程的技术标准、功能要求高于或严于现行国家、行业或地方标准的，应当在专用合同条款中予以明确。

5.2.5 合同文件的组成和优先解释顺序

组成合同的各项文件应互相解释，互为说明。除专用合同条款另有约定外，解释合同文件的优先顺序如下：

（1）合同协议书；

（2）中标通知书（如果有）；

（3）投标函及其附录（如果有）；

（4）专用合同条款及其附件；

（5）通用合同条款；

（6）技术标准和要求；

（7）图纸；

（8）已标价工程量清单或预算书；

（9）其他合同文件。

上述各项合同文件包括合同当事人就该项合同文件所作出的补充和修改，属于同一类内容的文件，应以最新签署的为准。

在合同订立及履行过程中形成的与合同有关的文件均构成合同文件组成部分，并根据其性质确定优先解释顺序。

5.2.6　图纸和承包人文件

包括对图纸的提供和交底、图纸的错误、图纸的修改和补充、承包人文件、图纸和承包人文件的保管的相关内容解释。

5.2.7　联络

与合同有关的通知、批准、证明、证书、指示、指令、要求、请求、同意、意见、确定和决定等，均应采用书面形式，并应在合同约定的期限内送达接收人和送达地点。

5.2.8　严禁贿赂

合同当事人不得以贿赂或变相贿赂的方式，谋取非法利益或损害对方权益。

5.2.9　化石、文物

在施工现场发掘的所有文物、古迹以及具有地质研究或考古价值的其他遗迹、化石、钱币或物品属于国家所有。

5.2.10　交通运输

包括对出入现场权力、场外交通、场内交通、超大件和超重件的运输、道路和桥梁的损坏责任、水路和航空运输的相关解释。

5.2.11　知识产权

除专用合同条款另有约定外，发包人提供给承包人的图纸、发包人为实施工程自行编制或委托编制的技术规范以及反映发包人要求的或其他类似性质的文件的著作权属于发包人，以及承包人为实施工程所编制的文件，除署名权以外的著作权属于发包人。承包人可以为实现合同目的而复制、使用此类文件，但不能用于与合同无关的其他事项。

5.2.12　保密

除法律规定或合同另有约定外，未经发包人（承包人）同意，承包人（发包人）不得将发包人提供的图纸、文件以及声明需要保密的资料信息等商业秘密泄露给第三方。

5.2.13　工程量清单错误的修正

除专用合同条款另有约定外，发包人提供的工程量清单，应被认为是准确的和完整的。出现下列情形之一时，发包人应予以修正，并相应调整合同价格：

（1）工程量清单存在缺项、漏项的；
（2）工程量清单偏差超出专用合同条款约定的工程量偏差范围的；
（3）未按照国家现行计量规范强制性规定计量的。

5.3 合同双方的权利和义务

《示范文本》中的双方是指发包人和承包人。发包人在合同中属于甲方，承包人是乙方。除此之外，还有受甲方委托，依法对工程进行监理的监理人。

5.3.1 发包人的权利与义务

发包人，《示范文本》中指与承包人签订合同协议书的当事人及取得该当事人资格的合法继承人。

（1）许可或批准。发包人应遵守法律，并办理法律规定由其办理的许可、批准或备案，包括但不限于建设用地规划许可证、建设工程规划许可证、建设工程施工许可证、施工所需临时用水、临时用电、中断道路交通、临时占用土地等许可和批准。发包人应协助承包人办理法律规定的有关施工证件和批件。

因发包人原因未能及时办理完毕前述许可、批准或备案，由发包人承担由此增加的费用和（或）延误的工期，并支付承包人合理的利润。

（2）发包人代表。发包人应在专用合同条款中明确其派驻施工现场的发包人代表的姓名、职务、联系方式及授权范围等事项。

发包人更换发包人代表的，应提前7天书面通知承包人。发包人代表不能按照合同约定履行其职责及义务，并导致合同无法继续正常履行的，承包人可以要求发包人撤换发包人代表。

（3）提供施工现场。除专用合同条款另有约定外，发包人应最迟于开工日期7天前向承包人移交施工现场。

（4）提供施工条件。除专用合同条款另有约定外，发包人应负责提供施工所需要的条件，包括以下几项：

① 将施工用水、电力、通信线路等施工所必需的条件接至施工现场内；

② 保证向承包人提供正常施工所需要的进入施工现场的交通条件；

③ 协调处理施工现场周围地下管线和邻近建筑物、构筑物、古树名木的保护工作，并承担相关费用；

④ 按照专用合同条款约定应提供的其他设施和条件。

（5）提供基础资料。发包人应当在移交施工现场前向承包人提供施工现场及工程施工所必需的毗邻区域内供水、排水、供电、供气、供热、通信、广播电视等地下管线资料，气象和水文观测资料，地质勘察资料，相邻建筑物、构筑物和地下工程等有关基础资料，并对所提供资料的真实性、准确性和完整性负责。

因发包人原因未能按合同约定及时向承包人提供施工现场、施工条件、基础资料的，由发包人承担由此增加的费用和（或）延误的工期。

（6）资金来源证明及支付担保。除专用合同条款另有约定外，发包人应在收到承包人要求提供资金来源证明的书面通知后 28 天内，向承包人提供能够按照合同约定支付合同价款的相应资金来源证明。

除专用合同条款另有约定外，发包人要求承包人提供履约担保的，发包人应当向承包人提供支付担保。支付担保可以采用银行保函或担保公司担保等形式，具体由合同当事人在专用合同条款中约定。

（7）支付合同价款。发包人应按合同约定向承包人及时支付合同价款。

（8）组织竣工验收。发包人应按合同约定及时组织竣工验收。

（9）现场统一管理协议。发包人应与承包人、由发包人直接发包的专业工程的承包人签订施工现场统一管理协议，明确各方的权利和义务。施工现场统一管理协议作为专用合同条款的附件。

5.3.2　承包人的权利和义务

承包人，《示范文本》中指与发包人签订合同协议书的，具有相应工程施工承包资质的当事人及取得该当事人资格的合法继承人。

1. 承包人

承包人在履行合同过程中应遵守法律和工程建设标准规范，并应履行以下义务：

（1）办理法律规定应由承包人办理的许可和批准，并将办理结果书面报送发包人留存；

（2）按法律规定和合同约定完成工程，并在保修期内承担保修义务；

（3）按法律规定和合同约定采取施工安全和环境保护措施，办理工伤保险，确保工程及人员、材料、设备和设施的安全；

（4）按合同约定的工作内容和施工进度要求，编制施工组织设计和施工措施计划，并对所有施工作业和施工方法的完备性和安全可靠性负责；

（5）在进行合同约定的各项工作时，不得侵害发包人与他人使用公用道路、水源、市政管网等公共设施的权利，避免对邻近的公共设施产生干扰。承包人占用或使用他人的施工场地，影响他人作业或生活的，应承担相应责任；

（6）约定负责施工场地及其周边环境与生态的保护工作；

（7）约定采取施工安全措施，确保工程及其人员、材料、设备和设施的安全，防止因工程施工造成的人身伤害和财产损失；

（8）将发包人按合同约定支付的各项价款专用于合同工程，且应及时支付其雇用人员工资，并及时向分包人支付合同价款；

（9）按照法律规定和合同约定编制竣工资料，完成竣工资料立卷及归档，并按专用合同条款约定的竣工资料的套数、内容、时间等要求移交发包人；

（10）应履行的其他义务。承包人应做的其他工作，双方在专用条款内约定。

2. 项目经理

（1）项目经理应为合同当事人所确认的人选，并在专用合同条款中明确项目经理的姓名、职称、注册执业证书编号、联系方式及授权范围等事项，项目经理经承包人授权后代表承包人负责履行合同。项目经理应是承包人正式聘用的员工，承包人应向发包人提交项目经理与承包人之间的劳动合同，以及承包人为项目经理缴纳社会保险的有效证明。承包人不提交上述文件的，项目经理无权履行职责，发包人有权要求更换项目经理，由此增加的费用和（或）延误的工期由承包人承担。

（2）项目经理按合同约定组织工程实施。在紧急情况下为确保施工安全和人员安全，在无法与发包人代表和总监理工程师及时取得联系时，项目经理有权采取必要的措施保证与工程有关的人身、财产和工程的安全，但应在48小时内向发包人代表和总监理工程师提交书面报告。

（3）承包人需要更换项目经理的，应提前14天书面通知发包人和监理人，并征得发包人书面同意。

（4）发包人有权书面通知承包人更换其认为不称职的项目经理，通知中应当载明要求更换的理由。承包人应在接到更换通知后14天内向发包人提出书面的改进报告。发包人收到改进报告后仍要求更换的，承包人应在接到第二次更换通知的28天内进行更换，并将新任命的项目经理的注册执业资格、管理经验等资料书面通知发包人。继任项目经理继续履行第3.2.1项［约定的职责］。承包人无正当理由拒绝更换项目经理的，应按照专用合同条款的约定承担违约责任。

（5）项目经理因特殊情况授权其下属人员履行其某项工作职责的，该下属人员应具备履行相应职责的能力，并应提前7天将上述人员的姓名和授权范围书面通知监理人，并征得发包人书面同意。

3. 承包人人员

除专用合同条款另有约定外，承包人应在接到开工通知后7天内，向监理人提交承包人项目管理机构及施工现场人员安排的报告。承包人派驻到施工现场的主要施工管理人员应相对稳定。特殊工种作业人员均应持有相应的资格证明，监理人可以随时检查。

发包人对于承包人主要施工管理人员的资格或能力有异议的，承包人应提供资料证明被质疑人员有能力完成其岗位工作或不存在发包人所质疑的情形。发包人要求撤换不能按照合同约定履行职责及义务的主要施工管理人员的，承包人应当撤换。

除专用合同条款另有约定外，承包人的主要施工管理人员离开施工现场每月累计不超过5天的，应报监理人同意；离开施工现场每月累计超过5天的，应通知监理人，并征得发包人书面同意。施工管理人员离开施工现场前应指定一名有经验的人员临时代行其职责，该人员应具备履行相应职责的资格和能力，且应征得监理人或发包人的同意。

承包人擅自更换主要施工管理人员，或前述人员未经监理人或发包人同意擅自离开施工现场的，应按照专用合同条款约定承担违约责任。

4. 承包人现场查勘

承包人应对基于发包人按照第 2.4.3 项 [提供基础资料] 提交的基础资料所做出的解释和推断负责，但因基础资料存在错误、遗漏导致承包人解释或推断失实的，由发包人承担责任。

承包人应对施工现场和施工条件进行查勘，并充分了解工程所在地的气象条件、交通条件、风俗习惯以及其他与完成合同工作有关的其他资料。因承包人未能充分查勘、了解前述情况或未能充分估计前述情况所可能产生后果的，承包人承担由此增加的费用和（或）延误的工期。

5. 分包

承包人不得将其承包的全部工程转包给第三人，或将其承包的全部工程肢解后以分包的名义转包给第三人。承包人不得将工程主体结构、关键性工作及专用合同条款中禁止分包的专业工程分包给第三人，主体结构、关键性工作的范围由合同当事人按照法律规定在专用合同条款中予以明确。

承包人不得以劳务分包的名义转包或违法分包工程。

承包人应按专用合同条款的约定进行分包，确定分包人。已标价工程量清单或预算书中给定暂估价的专业工程，按照暂估价确定分包人。按照合同约定进行分包的，承包人应确保分包人具有相应的资质和能力。工程分包不减轻或免除承包人的责任和义务，承包人和分包人就分包工程向发包人承担连带责任。除合同另有约定外，承包人应在分包合同签订后 7 天内向发包人和监理人提交分包合同副本。

承包人应向监理人提交分包人的主要施工管理人员表，并对分包人的施工人员进行实名制管理，包括但不限于进出场管理、登记造册以及各种证照的办理。

分包合同价款由承包人与分包人结算，未经承包人同意，发包人不得向分包人支付分包工程价款。

生效法律文书要求发包人向分包人支付分包合同价款的，发包人有权从应付承包人工程款中扣除该部分款项。

分包人在分包合同项下的义务持续到缺陷责任期届满以后的，发包人有权在缺陷责任期届满前，要求承包人将其在分包合同项下的权益转让给发包人，承包人应当转让。除转让合同另有约定外，转让合同生效后，由分包人向发包人履行义务。

6. 工程照管与成品、半成品保护

（1）除专用合同条款另有约定外，自发包人向承包人移交施工现场之日起，承包人应负责照管工程及工程相关的材料、工程设备，直到颁发工程接收证书之日止。

（2）在承包人负责照管期间，因承包人原因造成工程、材料、工程设备损坏的，由承包人负责修复或更换，并承担由此增加的费用和（或）延误的工期。

（3）对合同内分期完成的成品和半成品，在工程接收证书颁发前，由承包人承担保护责任。因承包人原因造成成品或半成品损坏的，由承包人负责修复或更换，并承担由此增加的费用和（或）延误的工期。

127

7. 履约担保

发包人需要承包人提供履约担保的，由合同当事人在专用合同条款中约定履约担保的方式、金额及期限等。履约担保可以采用银行保函或担保公司担保等形式，具体由合同当事人在专用合同条款中约定。

因承包人原因导致工期延长的，继续提供履约担保所增加的费用由承包人承担；非因承包人原因导致工期延长的，继续提供履约担保所增加的费用由发包人承担。

8. 联合体

（1）联合体各方应共同与发包人签订合同协议书。联合体各方应为履行合同向发包人承担连带责任。

（2）联合体协议经发包人确认后作为合同附件。在履行合同过程中，未经发包人同意，不得修改联合体协议。

（3）联合体牵头人负责与发包人和监理人联系，并接受指示，负责组织联合体各成员全面履行合同。

5.3.3 监理人

1. 监理人的一般规定

工程实行监理的，发包人和承包人应在专用合同条款中明确监理人的监理内容及监理权限等事项。监理人应当根据发包人授权及法律规定，代表发包人对工程施工相关事项进行检查、查验、审核、验收，并签发相关指示，但监理人无权修改合同，且无权减轻或免除合同约定的承包人的任何责任与义务。

除专用合同条款另有约定外，监理人在施工现场的办公场所、生活场所由承包人提供，所发生的费用由发包人承担。

2. 监理人员

发包人授予监理人对工程实施监理的权利由监理人派驻施工现场的监理人员行使，监理人员包括总监理工程师及监理工程师。监理人应将授权的总监理工程师和监理工程师的姓名及授权范围以书面形式提前通知承包人。更换总监理工程师的，监理人应提前7天书面通知承包人；更换其他监理人员，监理人应提前48小时书面通知承包人。

3. 监理人的指示

监理人应按照发包人的授权发出监理指示。监理人的指示应采用书面形式，并经其授权的监理人员签字。紧急情况下，为了保证施工人员的安全或避免工程受损，监理人可以口头形式发出指示，该指示与书面形式的指示具有同等法律效力，但必须在发出口头指示后24小时内补发书面监理指示，补发的书面监理指示应与口头指示一致。监理人发出的指示应送达承包人项目经理或经项目经理授权接收的人员。因监理人未能按合同约定发出指示、指示延误或发出了错误指示而导致承包人费用增加和（或）工期延误的，由发包人承担相应责任。除专用合同条款另有约定外，总监理工程师不应将第4.4款［商定或确定］约定应由总监理工程师作出确定的权力授权或委托给其他监理人员。

承包人对监理人发出的指示有疑问的，应向监理人提出书面异议，监理人应在 48 小时内对该指示予以确认、更改或撤销，监理人逾期未回复的，承包人有权拒绝执行上述指示。

监理人对承包人的任何工作、工程或其采用的材料和工程设备未在约定的或合理期限内提出意见的，视为批准，但不免除或减轻承包人对该工作、工程、材料、工程设备等应承担的责任和义务。

4. 商定或确定

合同当事人进行商定或确定时，总监理工程师应当会同合同当事人尽量通过协商达成一致，不能达成一致的，由总监理工程师按照合同约定审慎做出公正的确定。

总监理工程师应将确定以书面形式通知发包人和承包人，并附详细依据。合同当事人对总监理工程师的确定没有异议的，按照总监理工程师的确定执行。任何一方合同当事人有异议，按照第 20 条［争议解决］约定处理。争议解决前，合同当事人暂按总监理工程师的确定执行；争议解决后，争议解决的结果与总监理工程师的确定不一致的，按照争议解决的结果执行，由此造成的损失由责任人承担。

5.4　质量控制条款

5.4.1　质量检查与验收

1. 质量要求

工程质量标准必须符合现行国家有关工程施工质量验收规范和标准的要求。有关工程质量的特殊标准或要求由合同当事人在专用合同条款中约定。

因发包人原因造成工程质量未达到合同约定标准的，由发包人承担由此增加的费用和（或）延误的工期，并支付承包人合理的利润。

因承包人原因造成工程质量未达到合同约定标准的，发包人有权要求承包人返工直至工程质量达到合同约定的标准为止，并由承包人承担由此增加的费用和（或）延误的工期。

2. 质量保证措施

（1）发包人的质量管理

发包人应按照法律规定及合同约定完成与工程质量有关的各项工作。

（2）承包人的质量管理

承包人按照施工组织设计约定向发包人和监理人提交工程质量保证体系及措施文件，建立完善的质量检查制度，并提交相应的工程质量文件。对于发包人和监理人违反法律规定和合同约定的错误指示，承包人有权拒绝实施。

承包人应对施工人员进行质量教育和技术培训，定期考核施工人员的劳动技能，严格执行施工规范和操作规程。

承包人应按照法律规定和发包人的要求，对材料、工程设备以及工程的所有部位及其施工工艺进行全过程的质量检查和检验，并作详细记录，编制工程质量报表，报送监理人审查。此外，承包人还应按照法律规定和发包人的要求，进行施工现场取样试验、工程复核测量和设备性能检测，提供试验样品、提交试验报告和测量成果以及其他工作。

（3）监理人的质量检查和检验

监理人按照法律规定和发包人授权对工程的所有部位及其施工工艺、材料和工程设备进行检查和检验。承包人应为监理人的检查和检验提供方便，包括监理人到施工现场，或制造、加工地点，或合同约定的其他地方进行察看和查阅施工原始记录。监理人为此进行的检查和检验，不免除或减轻承包人按照合同约定应当承担的责任。

监理人的检查和检验不应影响施工正常进行。监理人的检查和检验影响施工正常进行的，且经检查检验不合格的，影响正常施工的费用由承包人承担，工期不予顺延；经检查检验合格的，由此增加的费用和（或）延误的工期由发包人承担。

3. 隐蔽工程检查

（1）承包人自检

承包人应当对工程隐蔽部位进行自检，并经自检确认是否具备覆盖条件。

案例 5.1
隐蔽工程验收

（2）检查程序

除专用合同条款另有约定外，工程隐蔽部位经承包人自检确认具备覆盖条件的，承包人应在共同检查前 48 小时书面通知监理人检查，通知中应载明隐蔽检查的内容、时间和地点，并应附有自检记录和必要的检查资料。

监理人应按时到场并对隐蔽工程及其施工工艺、材料和工程设备进行检查。经监理人检查确认质量符合隐蔽要求，并在验收记录上签字后，承包人才能进行覆盖。经监理人检查质量不合格的，承包人应在监理人指示的时间内完成修复，并由监理人重新检查，由此增加的费用和（或）延误的工期由承包人承担。

除专用合同条款另有约定外，监理人不能按时进行检查的，应在检查前 24 小时向承包人提交书面延期要求，但延期不能超过 48 小时，由此导致工期延误的，工期应予以顺延。监理人未按时进行检查，也未提出延期要求的，视为隐蔽工程检查合格，承包人可自行完成覆盖工作，并作相应记录报送监理人，监理人应签字确认。监理人事后对检查记录有疑问的，可按第 5.3.3 项［重新检查］的约定重新检查。

（3）重新检查

承包人覆盖工程隐蔽部位后，发包人或监理人对质量有疑问的，可要求承包人对已覆盖的部位进行钻孔探测或揭开重新检查，承包人应遵照执行，并在检查后重新覆盖恢复原状。经检查证明工程质量符合合同要求的，由发包人承担由此增加的费用和（或）延误的工期，并支付承包人合理的利润；经检查证明工程质量不符合合同要求的，由此增加的费用和（或）延误的工期由承包人承担。

（4）承包人私自覆盖

承包人未通知监理人到场检查，私自将工程隐蔽部位覆盖的，监理人有权指示承包人钻孔探测或揭开检查，无论工程隐蔽部位质量是否合格，由此增加的费用和（或）延误的工期均由承包人承担。

4. 不合格工程的处理

（1）因承包人原因造成工程不合格的，发包人有权随时要求承包人采取补救措施，直至达到合同要求的质量标准，由此增加的费用和（或）延误的工期由承包人承担。无法补救的，按照第13.2.4项［拒绝接收全部或部分工程］约定执行。

（2）因发包人原因造成工程不合格的，由此增加的费用和（或）延误的工期由发包人承担，并支付承包人合理的利润。

5. 质量争议检测

合同当事人对工程质量有争议的，由双方协商确定的工程质量检测机构鉴定，由此产生的费用及因此造成的损失，由责任方承担。

合同当事人均有责任的，由双方根据其责任分别承担。合同当事人无法达成一致的，按照商定或确定执行。

5.4.2　材料设备控制

1. 发包人供应材料和工程设备

发包人自行供应材料和工程设备的，应在签订合同时在专用合同条款的附件《发包人供应材料设备一览表》中明确材料和工程设备的品种、规格、型号、数量、单价、质量等级和送达地点。

承包人应提前30天通过监理人以书面形式通知发包人供应材料与工程设备进场。承包人按照7.2.2项［施工进度计划的修订］约定修订施工进度计划时，需同时提交经修订后的发包人供应材料与工程设备的进场计划。

2. 承包人采购材料与工程设备

承包人负责采购材料和工程设备的，应按照设计和有关标准要求采购，并提供产品合格证明及出厂证明，对材料和工程设备质量负责。合同约定由承包人采购的材料和工程设备，发包人不得指定生产厂家或供应商，发包人违反本款约定指定生产厂家或供应商的，承包人有权拒绝，并由发包人承担相应责任。

3. 材料与工程设备的接收与拒收

（1）发包人应按《发包人供应材料设备一览表》约定的内容提供材料和工程设备，并向承包人提供产品合格证明及出厂证明，对其质量负责。发包人应提前24小时以书面形式通知承包人、监理人材料和工程设备到货时间，承包人负责材料和工程设备的清点、检验和接收。

发包人提供的材料和工程设备的规格、数量或质量不符合合同约定的，或因发包人原因导致交货日期延误或交货地点变更等情况的，按照发包人违约办理。

（2）承包人采购的材料和工程设备，应保证产品质量合格，承包人应在材料和工程设备到货前 24 小时通知监理人检验。承包人进行永久设备、材料的制造和生产的，应符合相关质量标准，并向监理人提交材料的样本以及有关资料，并应在使用该材料或工程设备之前获得监理人同意。

承包人采购的材料和工程设备不符合设计或有关标准要求时，承包人应在监理人要求的合理期限内将不符合设计或有关标准要求的材料和工程设备运出施工现场，并重新采购符合要求的材料和工程设备，由此增加的费用和（或）延误的工期，由承包人承担。

4. 材料与工程设备的保管与使用

（1）发包人供应材料与工程设备的保管与使用

发包人供应的材料和工程设备，承包人清点后由承包人妥善保管，保管费用由发包人承担，但已标价工程量清单或预算书已经列支或专用合同条款另有约定除外。因承包人原因发生丢失毁损的，由承包人负责赔偿；监理人未通知承包人清点的，承包人不负责材料和工程设备的保管，由此导致丢失毁损的由发包人负责。

发包人供应的材料和工程设备使用前，由承包人负责检验，检验费用由发包人承担，不合格的不得使用。

（2）承包人采购材料与工程设备的保管与使用

承包人采购的材料和工程设备由承包人妥善保管，保管费用由承包人承担。法律规定材料和工程设备使用前必须进行检验或试验的，承包人应按监理人的要求进行检验或试验，检验或试验费用由承包人承担，不合格的不得使用。

发包人或监理人发现承包人使用不符合设计或有关标准要求的材料和工程设备时，有权要求承包人进行修复、拆除或重新采购，由此增加的费用和（或）延误的工期，由承包人承担。

5. 禁止使用不合格的材料和工程设备

（1）监理人有权拒绝承包人提供的不合格材料和工程设备，并要求承包人立即进行更换。监理人应在更换后再次进行检查和检验，由此增加的费用和（或）延误的工期由承包人承担。

（2）监理人发现承包人使用了不合格的材料和工程设备，承包人应按照监理人的指示立即改正，并禁止在工程中继续使用不合格的材料和工程设备。

（3）发包人提供的材料和工程设备不符合合同要求的，承包人有权拒绝，并可要求发包人更换，由此增加的费用和（或）延误的工期由发包人承担，并支付承包人合理的利润。

6. 样品

（1）样品的报送与封存

需要承包人报送样品的材料或工程设备，样品的种类、名称、规格、数量等要求均应在专用合同条款中约定。样品的报送程序如下：

① 承包人应在计划采购前 28 天向监理人报送样品。承包人报送的样品均应来自供应材料的实际生产地，且提供的样品的规格、数量足以表明材料或工程设备的质量、型

号、颜色、表面处理、质地、误差和其他要求的特征。

② 承包人每次报送样品时应随附申报单，申报单应载明报送样品的相关数据和资料，并标明每件样品对应的图纸号，预留监理人批复意见栏。监理人应在收到承包人报送的样品后7天向承包人回复经发包人签认的样品审批意见。

③ 经发包人和监理人审批确认的样品应按约定的方法封样，封存的样品作为检验工程相关部分的标准之一。承包人在施工过程中不得使用与样品不符的材料或工程设备。

④ 发包人和监理人对样品的审批确认仅为确认相关材料或工程设备的特征或用途，不得被理解为对合同的修改或改变，也并不减轻或免除承包人任何的责任和义务。如果封存的样品修改或改变了合同约定，合同当事人应当以书面协议予以确认。

（2）样品的保管

经批准的样品应由监理人负责封存于现场，承包人应在现场为保存样品提供适当和固定的场所并保持适当和良好的存储环境条件。

7. 材料与工程设备的替代

（1）出现下列情况需要使用替代材料和工程设备的，承包人应按照规定的程序执行：

① 基准日期后生效的法律规定禁止使用的；

② 发包人要求使用替代品的；

③ 因其他原因必须使用替代品的。

（2）承包人应在使用替代材料和工程设备28天前书面通知监理人，并附下列文件：

① 被替代材料和工程设备的名称、数量、规格、型号、品牌、性能、价格及其他相关资料；

② 替代品的名称、数量、规格、型号、品牌、性能、价格及其他相关资料；

③ 替代品与被替代产品之间的差异以及使用替代品可能对工程产生的影响；

④ 替代品与被替代产品的价格差异；

⑤ 使用替代品的理由和原因说明；

⑥ 监理人要求的其他文件。

监理人应在收到通知后14天内向承包人发出经发包人签认的书面指示；监理人逾期发出书面指示的，视为发包人和监理人同意使用替代品。

（3）发包人认可使用替代材料和工程设备的，替代材料和工程设备的价格，按照已标价工程量清单或预算书相同项目的价格认定；无相同项目的，参考相似项目价格认定；既无相同项目也无相似项目的，按照合理的成本与利润构成的原则，由合同当事人按照第4.4款［商定或确定］确定价格。

8. 施工设备和临时设施

（1）承包人提供的施工设备和临时设施

承包人应按合同进度计划的要求，及时配置施工设备和修建临时设施。进入施工场地的承包人设备需经监理人核查后才能投入使用。承包人更换合同约定的承包人设备的，应报监理人批准。

除专用合同条款另有约定外，承包人应自行承担修建临时设施的费用，需要临时占地的，应由发包人办理申请手续并承担相应费用。

（2）发包人提供的施工设备和临时设施

发包人提供的施工设备或临时设施在专用合同条款中约定。

（3）要求承包人增加或更换施工设备

承包人使用的施工设备不能满足合同进度计划和（或）质量要求时，监理人有权要求承包人增加或更换施工设备，承包人应及时增加或更换，由此增加的费用和（或）延误的工期由承包人承担。

9. 材料与设备专用要求

承包人运入施工现场的材料、工程设备、施工设备以及在施工场地建设的临时设施，包括备品备件、安装工具与资料，必须专用于工程。未经发包人批准，承包人不得运出施工现场或挪作他用；经发包人批准，承包人可以根据施工进度计划撤走闲置的施工设备和其他物品。

5.4.3　试验与检验

1. 试验设备与试验人员

（1）承包人根据合同约定或监理人指示进行的现场材料试验，应由承包人提供试验场所、试验人员、试验设备以及其他必要的试验条件。监理人在必要时可以使用承包人提供的试验场所、试验设备以及其他试验条件，进行以工程质量检查为目的的材料复核试验，承包人应予以协助。

（2）承包人应按专用合同条款的约定提供试验设备、取样装置、试验场所和试验条件，并向监理人提交相应进场计划表。

承包人配置的试验设备要符合相应试验规程的要求并经过具有资质的检测单位检测，且在正式使用该试验设备前，需要经过监理人与承包人共同校定。

（3）承包人应向监理人提交试验人员的名单及其岗位、资格等证明资料，试验人员必须能够熟练进行相应的检测试验，承包人对试验人员的试验程序和试验结果的正确性负责。

2. 取样

试验属于自检性质的，承包人可以单独取样。试验属于监理人抽检性质的，可由监理人取样，也可由承包人的试验人员在监理人的监督下取样。

3. 材料、工程设备和工程的试验和检验

（1）承包人应按合同约定进行材料、工程设备和工程的试验和检验，并为监理人对上述材料、工程设备和工程的质量检查提供必要的试验资料和原始记录。按合同约定应由监理人与承包人共同进行试验和检验的，由承包人负责提供必要的试验资料和原始记录。

（2）试验属于自检性质的，承包人可以单独进行试验。试验属于监理人抽检性质的，监理人可以单独进行试验，也可由承包人与监理人共同进行。承包人对由监理人单独进行的试验结果有异议的，可以申请重新共同进行试验。约定共同进行试验的，监理人未按照约定参加试验的，承包人可自行试验，并将试验结果报送监理人，监理人应承认该试验结果。

（3）监理人对承包人的试验和检验结果有异议的，或为查清承包人试验和检验成果的可靠性要求承包人重新试验和检验的，可由监理人与承包人共同进行。重新试验和检验的结果证明该项材料、工程设备或工程的质量不符合合同要求的，由此增加的费用和（或）延误的工期由承包人承担；重新试验和检验结果证明该项材料、工程设备和工程质量符合合同要求的，由此增加的费用和（或）延误的工期由发包人承担。

4. 现场工艺试验

承包人应按合同约定或监理人指示进行现场工艺试验。对大型的现场工艺试验，监理人认为必要时，承包人应根据监理人提出的工艺试验要求，编制工艺试验措施计划，报送监理人审查。

5.4.4 验收和工程试车

1. 分部分项工程验收

（1）分部分项工程质量应符合国家有关工程施工验收规范、标准及合同约定，承包人应按照施工组织设计的要求完成分部分项工程施工。

（2）除专用合同条款另有约定外，分部分项工程经承包人自检合格并具备验收条件的，承包人应提前 48 小时通知监理人进行验收。监理人不能按时进行验收的，应在验收前 24 小时向承包人提交书面延期要求，但延期不能超过 48 小时。监理人未按时进行验收，也未提出延期要求的，承包人有权自行验收，监理人应认可验收结果。分部分项工程未经验收的，不得进入下一道工序施工。

分部分项工程的验收资料应当作为竣工资料的组成部分。

2. 竣工验收

（1）竣工验收条件

工程具备以下条件的，承包人可以申请竣工验收：

① 除发包人同意的甩项工作和缺陷修补工作外，合同范围内的全部工程以及有关工作，包括合同要求的试验、试运行以及检验均已完成，并符合合同要求；

② 已按合同约定编制了甩项工作和缺陷修补工作清单以及相应的施工计划；

③ 已按合同约定的内容和份数备齐竣工资料。

（2）竣工验收程序

除专用合同条款另有约定外，承包人申请竣工验收的，应当按照以下程序进行：

① 承包人向监理人报送竣工验收申请报告，监理人应在收到竣工验收申请报告后 14 天内完成审查并报送发包人。监理人审查后认为尚不具备验收条件的，应通知承包人在竣工验收前承包人还需完成的工作内容，承包人应在完成监理人通知的全部工作内容后，再次提交竣工验收申请报告。

② 监理人审查后认为已具备竣工验收条件的，应将竣工验收申请报告提交发包人，发包人应在收到经监理人审核的竣工验收申请报告后 28 天内审批完毕并组织监理人、

承包人、设计人等相关单位完成竣工验收。

③ 竣工验收合格的，发包人应在验收合格后 14 天内向承包人签发工程接收证书。发包人无正当理由逾期不颁发工程接收证书的，自验收合格后第 15 天起视为已颁发工程接收证书。

④ 竣工验收不合格的，监理人应按照验收意见发出指示，要求承包人对不合格工程返工、修复或采取其他补救措施，由此增加的费用和（或）延误的工期由承包人承担。承包人在完成不合格工程的返工、修复或采取其他补救措施后，应重新提交竣工验收申请报告，并按本项约定的程序重新进行验收。

⑤ 工程未经验收或验收不合格，发包人擅自使用的，应在转移占有工程后 7 天内向承包人颁发工程接收证书；发包人无正当理由逾期不颁发工程接收证书的，自转移占有后第 15 天起视为已颁发工程接收证书。

除专用合同条款另有约定外，发包人不按照本项约定组织竣工验收、颁发工程接收证书的，每逾期一天，应以签约合同价为基数，按照中国人民银行发布的同期同类贷款基准利率支付违约金。

（3）竣工日期

工程经竣工验收合格的，以承包人提交竣工验收申请报告之日为实际竣工日期，并在工程接收证书中载明；因发包人原因，未在监理人收到承包人提交的竣工验收申请报告 42 天内完成竣工验收，或完成竣工验收不予签发工程接收证书的，以提交竣工验收申请报告的日期为实际竣工日期；工程未经竣工验收，发包人擅自使用的，以转移占有工程之日为实际竣工日期。

（4）拒绝接收全部或部分工程

对于竣工验收不合格的工程，承包人完成整改后，应当重新进行竣工验收，经重新组织验收仍不合格的且无法采取措施补救的，则发包人可以拒绝接收不合格工程，因不合格工程导致其他工程不能正常使用的，承包人应采取措施确保相关工程的正常使用，由此增加的费用和（或）延误的工期由承包人承担。

（5）移交、接收全部与部分工程

除专用合同条款另有约定外，合同当事人应当在颁发工程接收证书后 7 天内完成工程的移交。

发包人无正当理由不接收工程的，发包人自应当接收工程之日起，承担工程照管、成品保护、保管等与工程有关的各项费用，合同当事人可以在专用合同条款中另行约定发包人逾期接收工程的违约责任。

承包人无正当理由不移交工程的，承包人应承担工程照管、成品保护、保管等与工程有关的各项费用，合同当事人可以在专用合同条款中另行约定承包人无正当理由不移交工程的违约责任。

3. 工程试车

（1）试车程序

工程需要试车的，除专用合同条款另有约定外，试车内容应与承包人承包范围相一致，试车费用由承包人承担。工程试车应按以下程序进行：

①具备单机无负荷试车条件，承包人组织试车，并在试车前 48 小时书面通知监理人，通知中应载明试车内容、时间、地点。承包人准备试车记录，发包人根据承包人要求为试车提供必要条件。试车合格的，监理人在试车记录上签字。监理人在试车合格后不在试车记录上签字，自试车结束满 24 小时后视为监理人已经认可试车记录，承包人可继续施工或办理竣工验收手续。

监理人不能按时参加试车，应在试车前 24 小时以书面形式向承包人提出延期要求，但延期不能超过 48 小时，由此导致工期延误的，工期应予以顺延。监理人未能在前述期限内提出延期要求，又不参加试车的，视为认可试车记录。

②具备无负荷联动试车条件，发包人组织试车，并在试车前 48 小时以书面形式通知承包人。通知中应载明试车内容、时间、地点和对承包人的要求，承包人按要求做好准备工作。试车合格，合同当事人在试车记录上签字。承包人无正当理由不参加试车的，视为认可试车记录。

（2）试车中的责任

因设计原因导致试车达不到验收要求，发包人应要求设计人修改设计，承包人按修改后的设计重新安装。发包人承担修改设计、拆除及重新安装的全部费用，工期相应顺延。因承包人原因导致试车达不到验收要求，承包人按监理人要求重新安装和试车，并承担重新安装和试车的费用，工期不予顺延。

因工程设备制造原因导致试车达不到验收要求的，由采购该工程设备的合同当事人负责重新购置或修理，承包人负责拆除和重新安装，由此增加的修理、重新购置、拆除及重新安装的费用及延误的工期由采购该工程设备的合同当事人承担。

（3）投料试车

如需进行投料试车的，发包人应在工程竣工验收后组织投料试车。发包人要求在工程竣工验收前进行或需要承包人配合时，应征得承包人同意，并在专用合同条款中约定有关事项。

投料试车合格的，费用由发包人承担；因承包人原因造成投料试车不合格的，承包人应按照发包人要求进行整改，由此产生的整改费用由承包人承担；非因承包人原因导致投料试车不合格的，如发包人要求承包人进行整改的，由此产生的费用由发包人承担。

4. 提前交付单位工程的验收

（1）发包人需要在工程竣工前使用单位工程的，或承包人提出提前交付已经竣工的单位工程且经发包人同意的，可进行单位工程验收，验收的程序按照第 13.2 款［竣工验收］的约定进行。

验收合格后，由监理人向承包人出具经发包人签认的单位工程接收证书。已签发单位工程接收证书的单位工程由发包人负责照管。单位工程的验收成果和结论作为整体工程竣工验收申请报告的附件。

（2）发包人要求在工程竣工前交付单位工程，由此导致承包人费用增加和（或）工期延误的，由发包人承担由此增加的费用和（或）延误的工期，并支付承包人合理的利润。

【案例 5-1】某管道工程在施工过程中，施工单位未经监理工程师事先同意，订购了一批钢管，钢管运抵施工现场后监理工程师进行了检验。检验中，监理工程师发现钢管质量存在以下问题：

1. 施工单位未能提交产品合格证、质量保证书和检测证明资料。

2. 实物外观粗糙、标识不清，且不锈斑。

请问，监理工程师能接受这批材料吗？

解析：

由于该批材料由施工单位自行采购，监理工程师检验发现外观不良、标识不清，且无合格证等资料，监理工程师应书面通知施工单位不得将该批材料用于工程，应拒绝接受这批材料。

5.5　进度控制条款

5.5.1　施工组织设计

除专用合同条款另有约定外，承包人应在合同签订后 14 天内，但至迟不得晚于开工通知载明的开工日期前 7 天，向监理人提交详细的施工组织设计，并由监理人报送发包人。除专用合同条款另有约定外，发包人和监理人应在监理人收到施工组织设计后 7 天内确认或提出修改意见。对发包人和监理人提出的合理意见和要求，承包人应自费修改完善。根据工程实际情况需要修改施工组织设计的，承包人应向发包人和监理人提交修改后的施工组织设计。

5.5.2　施工进度计划

1. 施工进度计划的编制

承包人应按照施工组织设计约定提交详细的施工进度计划，施工进度计划的编制应当符合国家法律规定和一般工程实践惯例，施工进度计划经发包人批准后实施。施工进度计划是控制工程进度的依据，发包人和监理人有权按照施工进度计划检查工程进度情况。

2. 施工进度计划的修订

施工进度计划不符合合同要求或与工程的实际进度不一致的，承包人应向监理人提交修订的施工进度计划，并附具有关措施和相关资料，由监理人报送发包人。除专用合同条款另有约定外，发包人和监理人应在收到修订的施工进度计划后 7 天内完成审核和批准或提出修改意见。发包人和监理人对承包人提交的施工进度计划的确认，不能减轻或免除承包人根据法律规定和合同约定应承担的任何责任或义务。

5.5.3　开工

1. 开工准备

除专用合同条款另有约定外，承包人应按照第 7.1 款［施工组织设计］约定的期限，向监理人提交工程开工报审表，经监理人报发包人批准后执行。开工报审表应详细说明按施工进度计划正常施工所需的施工道路、临时设施、材料、工程设备、施工设备、施工人员等落实情况以及工程的进度安排。

除专用合同条款另有约定外，合同当事人应按约定完成开工准备工作。

2. 开工通知

发包人应按照法律规定获得工程施工所需的许可。经发包人同意后，监理人发出的开工通知应符合法律规定。监理人应在计划开工日期 7 天前向承包人发出开工通知，工期自开工通知中载明的开工日期起算。

除专用合同条款另有约定外，因发包人原因造成监理人未能在计划开工日期之日起 90 天内发出开工通知的，承包人有权提出价格调整要求，或者解除合同。发包人应当承担由此增加的费用和（或）延误的工期，并向承包人支付合理利润。

5.5.4　测量放线

（1）除专用合同条款另有约定外，发包人应在至迟不得晚于第 7.3.2 项［开工通知］载明的开工日期前 7 天通过监理人向承包人提供测量基准点、基准线和水准点及其书面资料。发包人应对其提供的测量基准点、基准线和水准点及其书面资料的真实性、准确性和完整性负责。

承包人发现发包人提供的测量基准点、基准线和水准点及其书面资料存在错误或疏漏的，应及时通知监理人。监理人应及时报告发包人，并会同发包人和承包人予以核实。发包人应就如何处理和是否继续施工作出决定，并通知监理人和承包人。

（2）承包人负责施工过程中的全部施工测量放线工作，并配置具有相应资质的人员、合格的仪器、设备和其他物品。承包人应矫正工程的位置、标高、尺寸或准线中出现的任何差错，并对工程各部分的定位负责。

施工过程中对施工现场内水准点等测量标志物的保护工作由承包人负责。

5.5.5　工期延误

1. 因发包人原因导致工期延误

在合同履行过程中，因下列情况导致工期延误和（或）费用增加的，由发包人承担由此延误的工期和（或）增加的费用，且发包人应支付承包人合理的利润：

（1）发包人未能按合同约定提供图纸或所提供图纸不符合合同约定的；

（2）发包人未能按合同约定提供施工现场、施工条件、基础资料、许可、批准等开工条件的；

（3）发包人提供的测量基准点、基准线和水准点及其书面资料存在错误或疏漏的；

（4）发包人未能在计划开工日期之日起 7 天内同意下达开工通知的；

（5）发包人未能按合同约定日期支付工程预付款、进度款或竣工结算款的；

（6）监理人未按合同约定发出指示、批准等文件的；

（7）专用合同条款中约定的其他情形。

因发包人原因未按计划开工日期开工的，发包人应按实际开工日期顺延竣工日期，确保实际工期不低于合同约定的工期总日历天数。因发包人原因导致工期延误需要修订施工进度计划的，按照第 7.2.2 项［施工进度计划的修订］执行。

2. 因承包人原因导致工期延误

因承包人原因造成工期延误的，可以在专用合同条款中约定逾期竣工违约金的计算方法和逾期竣工违约金的上限。承包人支付逾期竣工违约金后，不免除承包人继续完成工程及修补缺陷的义务。

5.5.6　不利物质条件

不利物质条件是指有经验的承包人在施工现场遇到的不可预见的自然物质条件、非自然的物质障碍和污染物，包括地表以下物质条件和水文条件以及专用合同条款约定的其他情形，但不包括气候条件。

承包人遇到不利物质条件时，应采取克服不利物质条件的合理措施继续施工，并及时通知发包人和监理人。通知应载明不利物质条件的内容以及承包人认为不可预见的理由。监理人经发包人同意后应当及时发出指示，指示构成变更的，按第 10 条［变更］约定执行。承包人因采取合理措施而增加的费用和（或）延误的工期由发包人承担。

5.5.7　异常恶劣的气候条件

异常恶劣的气候条件是指在施工过程中遇到的，有经验的承包人在签订合同时不可预见的，对合同履行造成实质性影响的，但尚未构成不可抗力事件的恶劣气候条件。合同当事人可以在专用合同条款中约定异常恶劣的气候条件的具体情形。

承包人应采取克服异常恶劣的气候条件的合理措施继续施工，并及时通知发包人和监理人。监理人经发包人同意后应当及时发出指示，指示构成变更的，按第 10 条（变更）约定办理。承包人因采取合理措施而增加的费用和（或）延误的工期由发包人承担。

5.5.8　暂停施工

1. 发包人原因引起的暂停施工

因发包人原因引起暂停施工的，监理人经发包人同意后，应及时下达暂停施工指示。情况紧急且监理人未及时下达暂停施工指示的，按照紧急情况下的暂停施工执行。

因发包人原因引起的暂停施工，发包人应承担由此增加的费用和（或）延误的工期，并支付承包人合理的利润。

2. 承包人原因引起的暂停施工

因承包人原因引起的暂停施工，承包人应承担由此增加的费用和（或）延误的工期，且承包人在收到监理人复工指示后 84 天内仍未复工的，视为承包人无法继续履行合同的情形。

3. 指示暂停施工

监理人认为有必要时，并经发包人批准后，可向承包人作出暂停施工的指示，承包人应按监理人指示暂停施工。

4. 紧急情况下的暂停施工

因紧急情况需暂停施工，且监理人未及时下达暂停施工指示的，承包人可先暂停施工，并及时通知监理人。监理人应在接到通知后 24 小时内发出指示，逾期未发出指示，视为同意承包人暂停施工。监理人不同意承包人暂停施工的，应说明理由，承包人对监理人的答复有异议，按照争议解决约定处理。

5. 暂停施工后的复工

暂停施工后，发包人和承包人应采取有效措施积极消除暂停施工的影响。在工程复工前，监理人会同发包人和承包人确定因暂停施工造成的损失，并确定工程复工条件。当工程具备复工条件时，监理人应经发包人批准后向承包人发出复工通知，承包人应按照复工通知要求复工。

承包人无故拖延和拒绝复工的，承包人承担由此增加的费用和（或）延误的工期；因发包人原因无法按时复工的，按照第 7.5.1 项［因发包人原因导致工期延误］约定办理。

6. 暂停施工持续 56 天以上

监理人发出暂停施工指示后 56 天内未向承包人发出复工通知，除该项停工属于承包人原因引起的暂停施工及不可抗力约定的情形外，承包人可向发包人提交书面通知，要求发包人在收到书面通知后 28 天内准许已暂停施工的部分或全部工程继续施工。发包人逾期不予批准的，则承包人可以通知发包人，将工程受影响的部分视为按变更的范围第（2）项的可取消工作。

暂停施工持续 84 天以上不复工的，且不属于承包人原因引起的暂停施工及不可抗力约定的情形，并影响到整个工程以及合同目的实现的，承包人有权提出价格调整要求，或者解除合同。解除合同的，按照因发包人违约解除合同执行。

7. 暂停施工期间的工程照管

暂停施工期间，承包人应负责妥善照管工程并提供安全保障，由此增加的费用由责任方承担。

8. 暂停施工的措施

暂停施工期间，发包人和承包人均应采取必要的措施确保工程质量及安全，防止因暂停施工扩大损失。

5.5.9　提前竣工

（1）发包人要求承包人提前竣工的，发包人应通过监理人向承包人下达提前竣工指示，承包人应向发包人和监理人提交提前竣工建议书，提前竣工建议书应包括实施的方案、缩短的时间、增加的合同价格等内容。发包人接受该提前竣工建议书的，监理人应与发包人和承包人协商采取加快工程进度的措施，并修订施工进度计划，由此增加的费用由发包人承担。承包人认为提前竣工指示无法执行的，应向监理人和发包人提出书面异议，发包人和监理人应在收到异议后7天内予以答复。任何情况下，发包人不得压缩合理工期。

（2）发包人要求承包人提前竣工，或承包人提出提前竣工的建议能够给发包人带来效益的，合同当事人可以在专用合同条款中约定提前竣工的奖励。

【案例5-2】 某在建框架结构行政办公楼，建设单位与施工单位签订了施工合同，与监理公司签订了监理合同。

问题：

1. 工程竣工验收通过，施工单位提交竣工验收申请报告的日期是实际竣工日期吗？

2. 工程需要返工重做或补救后才能通过竣工验收时，实际竣工日期怎样计算？

3. 项目竣工验收的程序是什么。

解析：

1. 工程竣工验收通过，实际竣工日期以承包单位提交竣工验收申请报告的日期为准。

2. 工程需要返工重做或补救，实际竣工日期应为施工单位修理、改建后提请建设单位验收的日期。

3. 工程完工后，施工单位向建设单位提交工程竣工报告，申请工程竣工验收，实行监理的工程，工程竣工报告须经总监理工程师签署意见；建设单位收到工程竣工报告后，对符合竣工验收要求的工程，组织勘察、设计、施工、监理等单位和其他有关方面的专家组成验收组，制定验收方案；建设单位应当在工程竣工验收7个工作日前将验收的时间、地点及验收组名单书面通知负责监督该工程的工程质量监督机构；建设单位组织工程竣工验收：①建设、勘察、设计、施工、监理单位分别汇报工程合同履约情况和在工程建设各个环节执行法律、法规和工程建设强制性标准的情况；②审阅建设、勘察、设计、施工、监理单位的工程档案资料；③实地查验工程质量；④对工程勘察、设计、施工、设备安装质量和各管理环节等方面作出全面评价，形成经验收组人员签署的工程竣工验收意见。

5.6　造价控制条款

5.6.1　预付款

1. 预付款的支付

预付款的支付按照专用合同条款约定执行，但最迟应在开工通知载明的开工日期7

天前支付。预付款应当用于材料、工程设备、施工设备的采购及修建临时工程、组织施工队伍进场等。

除专用合同条款另有约定外，预付款在进度付款中同比例扣回。在颁发工程接收证书前，提前解除合同的，尚未扣完的预付款应与合同价款一并结算。

发包人逾期支付预付款超过 7 天的，承包人有权向发包人发出要求预付的催告通知，发包人收到通知后 7 天内仍未支付的，承包人有权暂停施工，并按发包人违约的情形执行。

2. 预付款担保

发包人要求承包人提供预付款担保的，承包人应在发包人支付预付款 7 天前提供预付款担保，专用合同条款另有约定除外。预付款担保可采用银行保函、担保公司担保等形式，具体由合同当事人在专用合同条款中约定。在预付款完全扣回之前，承包人应保证预付款担保持续有效。

发包人在工程款中逐期扣回预付款后，预付款担保额度应相应减少，但剩余的预付款担保金额不得低于未被扣回的预付款金额。

5.6.2 计量

1. 计量原则

工程量计量按照合同约定的工程量计算规则、图纸及变更指示等进行计量。工程量计算规则应以相关的国家标准、行业标准等为依据，由合同当事人在专用合同条款中约定。

2. 计量周期

除专用合同条款另有约定外，计量周期按月进行。

3. 单价合同的计量

除专用合同条款另有约定外，单价合同的计量按照本项约定执行：

（1）承包人应于每月 25 日向监理人报送上月 20 日至当月 19 日已完成的工程量报告，并附具进度付款申请单、已完成工程量报表和有关资料。

（2）监理人应在收到承包人提交的工程量报告后 7 天内完成对承包人提交的工程量报表的审核并报送发包人，以确定当月实际完成的工程量。监理人对工程量有异议的，有权要求承包人进行共同复核或抽样复测。承包人应协助监理人进行复核或抽样复测，并按监理人要求提供补充计量资料。承包人未按监理人要求参加复核或抽样复测的，监理人复核或修正的工程量视为承包人实际完成的工程量。

（3）监理人未在收到承包人提交的工程量报表后的 7 天内完成审核的，承包人报送的工程量报告中的工程量视为承包人实际完成的工程量，据此计算工程价款。

4. 总价合同的计量

除专用合同条款另有约定外，按月计量支付的总价合同，按照本项约定执行：

（1）承包人应于每月 25 日向监理人报送上月 20 日至当月 19 日已完成的工程量报告，并附具进度付款申请单、已完成工程量报表和有关资料。

（2）监理人应在收到承包人提交的工程量报告后 7 天内完成对承包人提交的工程量报表的审核并报送发包人，以确定当月实际完成的工程量。监理人对工程量有异议的，有权要求承包人进行共同复核或抽样复测。承包人应协助监理人进行复核或抽样复测并按监理人要求提供补充计量资料。承包人未按监理人要求参加复核或抽样复测的，监理人审核或修正的工程量视为承包人实际完成的工程量。

（3）监理人未在收到承包人提交的工程量报表后的 7 天内完成复核的，承包人提交的工程量报告中的工程量视为承包人实际完成的工程量。

5. 总价合同的支付分解表

总价合同采用支付分解表计量支付的，可以按照总价合同的计量约定进行计量，但合同价款按照支付分解表进行支付。

6. 其他价格形式合同的计量

合同当事人可在专用合同条款中约定其他价格形式合同的计量方式和程序。

5.6.3 工程进度款支付

1. 付款周期

除专用合同条款另有约定外，付款周期应按照计量周期的约定与计量周期保持一致。

微课 5.2 工程
预付款

2. 工程进度款支付

（1）除专用合同条款另有约定外，监理人应在收到承包人进度付款申请单以及相关资料后 7 天内完成审查并报送发包人，发包人应在收到后 7 天内完成审批并签发进度款支付证书。发包人逾期未完成审批且未提出异议的，视为已签发进度款支付证书。

发包人和监理人对承包人的进度付款申请单有异议的，有权要求承包人修正和提供补充资料，承包人应提交修正后的进度付款申请单。监理人应在收到承包人修正后的进度付款申请单及相关资料后 7 天内完成审查并报送发包人，发包人应在收到监理人报送的进度付款申请单及相关资料后 7 天内，向承包人签发无异议部分的临时进度款支付证书。存在争议的部分，按照第 20 条［争议解决］的约定处理。

（2）除专用合同条款另有约定外，发包人应在进度款支付证书或临时进度款支付证书签发后 14 天内完成支付，发包人逾期支付进度款的，应按照中国人民银行发布的同期同类贷款基准利率支付违约金。

（3）发包人签发进度款支付证书或临时进度款支付证书，不表明发包人已同意、批准或接受了承包人完成的相应部分的工作。

【案例 5-3】 某业主与承包人签订了某建筑安装工程项目总包施工合同。承包范围包括土建工程和水、电、通风建筑设备安装工程，合同总价为 4800 万元。工期为 2 年，第 1 年已完成 2600 万元，第 2 年应完成 2200 万元。承包合同规定：

（1）业主应向承包人支付当年合同价 25% 的工程预付款。

（2）工程预付款应从未施工工程中所需的主要材料及构配件价值相当于工程预付款时起扣，每月以抵充工程款的方式陆续扣留，竣工前全部扣清；主要材料及设备费比重按62.5%考虑。

（3）工程质量保证金为承包合同总价的3%，经双方协商，业主从每月承包商的工程款中按3%的比例扣留。在缺陷责任期满后，工程质量保证金及其利息扣除已支出费用后的剩余部分退还给承包商。

（4）业主按实际完成建安工作量每月向承包人支付工程款，但当承包人每月实际完成的建安工作量少于计划完成建安工作量的10%及以上时，业主可按5%的比例扣留工程款，在工程竣工结算时将扣留工程款退还给承包人。

（5）除设计变更和其他不可抗力因素外，合同价格不作调整。

（6）由业主直接提供的材料和设备在发生当月的工程款中扣回其费用。经监理人签认的承包人在第2年各月计划和实际完成的建安工作量以及业主直接提供的材料、设备价值见表5-1。

工程结算数据表　单位：万元　　　　　　　　　表5-1

月份	1～6	7	8	9	10	11	12
计划完成建安工作量	1100	200	200	200	190	190	120
实际完成建安工作量	1110	180	210	205	195	180	120
业主直供材料设备的价值	90.56	35.5	24.4	10.5	21	10.5	5.5

问题：

1. 工程预付款是多少？

2. 工程预付款从几月份开始起扣？

3. 1～6月以及其他各月业主应支付给承包人的工程款是多少？

4. 竣工结算时，业主应支付给承包人的工程结算款是多少？

解析：

1. 工程预付款金额：$2200 \times 25\% = 550$ 万元

2. 工程预付款的起扣点：

$2200 - 550/62.5\% = 1320$ 万元

开始起扣工程预付款的时间为 8 月份，因为 8 月份累计实际完成的建安工作量：$1110 + 180 + 210 = 1500$ 万元 > 1320 万元

3. （1）1～6月份：

业主应支付给承包人的工程款：

$1110 \times (1 - 3\%) - 90.56 = 986.14$ 万元

（2）7月份：

该月份建安工作量实际值与计划值比较，未达到计划值，相差 $(200 - 180)/200 = 10\%$

应扣留的工程款：$180 \times 5\% = 9$ 万元

业主应支付给承包人的工程款：$180 \times (1 - 3\%) - 9 - 35.5 = 130.1$ 万元

4. 竣工结算时，业主应支付给承包人的工程结算款：$180 \times 5\% = 9$ 万元

5.6.4　价格调整

1. 市场价格波动引起的调整

除专用合同条款另有约定外，市场价格波动超过合同当事人约定的范围，合同价格应当调整。合同当事人可以在专用合同条款中约定选择以下一种方式对合同价格进行调整：

第1种方式：采用价格指数进行价格调整。

（1）价格调整公式

因人工、材料和设备等价格波动影响合同价格时，根据专用合同条款中约定的数据，按以下公式计算差额并调整合同价格：

$$\Delta P = P_0 \left[A + \left(B_1 \times \frac{F_{t1}}{F_{01}} + B_2 \times \frac{F_{t2}}{F_{02}} + B_3 \times \frac{F_{t3}}{F_{03}} + \cdots + B_n \times \frac{F_{tn}}{F_{0n}} \right) - 1 \right]$$

式中　　　　　　ΔP——需调整的价格差额；

P_0——约定的付款证书中承包人应得到的已完成工程量的金额。此项金额应不包括价格调整、不计质量保证金的扣留和支付、预付款的支付和扣回。约定的变更及其他金额已按现行价格计价的，也不计在内；

A——定值权重（即不调部分的权重）；

B_1，B_2，$B_3 \cdots B_n$——各可调因子的变值权重（即可调部分的权重），为各可调因子在签约合同价中所占的比例；

F_{t1}，F_{t2}，$F_{t3} \cdots F_{tn}$——各可调因子的现行价格指数，指约定的付款证书相关周期最后一天的前42天的各可调因子的价格指数；

F_{01}，F_{02}，$F_{03} \cdots F_{0n}$——各可调因子的基本价格指数，指基准日期的各可调因子的价格指数。

以上价格调整公式中的各可调因子、定值和变值权重，以及基本价格指数及其来源在投标函附录价格指数和权重表中约定，非招标订立的合同，由合同当事人在专用合同条款中约定。价格指数应首先采用工程造价管理机构发布的价格指数，无前述价格指数时，可采用工程造价管理机构发布的价格代替。

（2）暂时确定调整差额

在计算调整差额时无现行价格指数的，合同当事人同意暂用前次价格指数计算。实际价格指数有调整的，合同当事人进行相应调整。

（3）权重的调整

因变更导致合同约定的权重不合理时，按照商定或确定执行。

（4）因承包人原因工期延误后的价格调整

因承包人原因未按期竣工的，对合同约定的竣工日期后继续施工的工程，在使用价格调整公式时，应采用计划竣工日期与实际竣工日期的两个价格指数中较低的一个作为现行价格指数。

第 2 种方式：采用造价信息进行价格调整。

合同履行期间，因人工、材料、工程设备和机械台班价格波动影响合同价格时，人工、机械使用费，按照国家或省、自治区、直辖市建设行政管理部门和行业建设管理部门，或其授权的工程造价管理机构发布的人工、机械使用费系数进行调整；需要进行价格调整的材料，其单价和采购数量应由发包人审批，发包人确认需调整的材料单价及数量，作为调整合同价格的依据。

（1）人工单价发生变化且符合省级或行业建设主管部门发布的人工费调整规定，合同当事人应按省级或行业建设主管部门，或其授权的工程造价管理机构发布的人工费等文件调整合同价格，但承包人对人工费或人工单价的报价高于发布价格的除外。

（2）材料、工程设备价格变化的价款调整按照发包人提供的基准价格，按以下风险范围规定执行：

1）承包人在已标价工程量清单或预算书中载明材料单价低于基准价格的：除专用合同条款另有约定外，合同履行期间材料单价涨幅以基准价格为基础超过 5% 时，或材料单价跌幅以已标价工程量清单或预算书中载明材料单价为基础超过 5% 时，其超过部分据实调整。

2）承包人在已标价工程量清单或预算书中载明材料单价高于基准价格的：除专用合同条款另有约定外，合同履行期间材料单价跌幅以基准价格为基础超过 5% 时，材料单价涨幅以已标价工程量清单或预算书中载明材料单价为基础超过 5% 时，其超过部分据实调整。

3）承包人在已标价工程量清单或预算书中载明材料单价等于基准价格的：除专用合同条款另有约定外，合同履行期间材料单价涨跌幅以基准价格为基础超过 ±5% 时，其超过部分据实调整。

4）承包人应在采购材料前将采购数量和新的材料单价报发包人核对，发包人确认用于工程时，发包人应确认采购材料的数量和单价。发包人在收到承包人报送的确认资料后 5 天内不予答复的视为认可，作为调整合同价格的依据。未经发包人事先核对，承包人自行采购材料的，发包人有权不予调整合同价格。发包人同意的，可以调整合同价格。

前述基准价格是指由发包人在招标文件或专用合同条款中给定的材料、工程设备的价格，该价格原则上应当按照省级或行业建设主管部门或其授权的工程造价管理机构发布的信息价编制。

（3）施工机械台班单价或施工机械使用费发生变化超过省级或行业建设主管部门或其授权的工程造价管理机构规定的范围时，按规定调整合同价格。

第 3 种方式：专用合同条款约定的其他方式。

【案例 5-4】　某工程合同价为 400 万元，合同约定采用调价公式进行动态结算，其中固定部分占比例 0.20，调价要素分为 A、B、C 三类，分别占合同价的比例为：0.15、0.35、0.3，结算时价格指数分别增长了 20%、25%、15%，则该工程实际结算款额为多少万元？

解析：$P = P_0[A + (B_1 \times F_{t1}/F_{01} + B_2 \times F_{t2}/F_{02} + B_3 \times F_{t3}/F_{03})]$

$\qquad = 400[0.20 + (0.15 \times 1.2 + 0.35 \times 1.25 + 0.3 \times 1.15)]$

$\qquad = 465（万元）$

2. 法律变化引起的调整

基准日期后，法律变化导致承包人在合同履行过程中所需要的费用发生除市场价格波动引起的调整约定以外的增加时，由发包人承担由此增加的费用；减少时，应从合同价格中予以扣减。基准日期后，因法律变化造成工期延误时，工期应予以顺延。

因法律变化引起的合同价格和工期调整，合同当事人无法达成一致的，由总监理工程师按商定或确定的约定处理。

因承包人原因造成工期延误，在工期延误期间出现法律变化的，由此增加的费用和（或）延误的工期由承包人承担。

5.6.5 竣工结算

1. 竣工结算申请

承包人应在工程竣工验收合格后 28 天内向发包人和监理人提交竣工结算申请单，并提交完整的结算资料，竣工结算申请单应包括以下内容：竣工结算合同价格；发包人已支付承包人的款项；应扣留的质量保证金（已缴纳履约保证金的，或提供其他工程质量担保方式的除外）；发包人应支付承包人的合同价款。

2. 竣工结算审核

（1）除专用合同条款另有约定外，监理人应在收到竣工结算申请单后 14 天内完成核查并报送发包人。发包人应在收到监理人提交的经审核的竣工结算申请单后 14 天内完成审批，并由监理人向承包人签发经发包人签认的竣工付款证书。监理人或发包人对竣工结算申请单有异议的，有权要求承包人进行修正和提供补充资料，承包人应提交修正后的竣工结算申请单。

发包人在收到承包人提交竣工结算申请书后 28 天内未完成审批且未提出异议的，视为发包人认可承包人提交的竣工结算申请单，并自发包人收到承包人提交的竣工结算申请单后第 29 天起视为已签发竣工付款证书。

（2）除专用合同条款另有约定外，发包人应在签发竣工付款证书后的 14 天内，完成对承包人的竣工付款。发包人逾期支付的，按照中国人民银行发布的同期同类贷款基准利率支付违约金；逾期支付超过 56 天的，按照中国人民银行发布的同期同类贷款基准利率的两倍支付违约金。

（3）承包人对发包人签认的竣工付款证书有异议的，对于有异议部分应在收到发包人签认的竣工付款证书后 7 天内提出异议，并由合同当事人按照专用合同条款约定的方式和程序进行复核，或按照第 20 条［争议解决］约定处理。对于无异议部分，发包人应签发临时竣工付款证书，并按上述（2）的要求完成付款。承包人逾期未提出异议的，视为认可发包人的审批结果。

3. 甩项竣工协议

发包人要求甩项竣工的，合同当事人应签订甩项竣工协议。在甩项竣工协议中应明确合同当事人竣工结算申请及竣工结算审核的约定，对已完成的合格工程进行结算，并支付相应合同价款。

4. 最终结清

（1）最终结清申请单

1）除专用合同条款另有约定外，承包人应在缺陷责任期终止证书颁发后 7 天内，按专用合同条款约定的份数向发包人提交最终结清申请单，应列明质量保证金、应扣除的质量保证金、缺陷责任期内发生的增减费用，并提供相关证明材料。

2）发包人对最终结清申请单内容有异议的，有权要求承包人进行修正和提供补充资料，承包人应向发包人提交修正后的最终结清申请单。

（2）最终结清证书和支付

1）除专用合同条款另有约定外，发包人应在收到承包人提交的最终结清申请单后 14 天内完成审批并向承包人颁发最终结清证书。发包人逾期未完成审批，又未提出修改意见的，视为发包人同意承包人提交的最终结清申请单，且自发包人收到承包人提交的最终结清申请单后 15 天起视为已颁发最终结清证书。

2）除专用合同条款另有约定外，发包人应在颁发最终结清证书后 7 天内完成支付。发包人逾期支付的，按照中国人民银行发布的同期同类贷款基准利率支付违约金；逾期支付超过 56 天的，按照中国人民银行发布的同期同类贷款基准利率的两倍支付违约金。

3）承包人对发包人颁发的最终结清证书有异议的，按第 20 条［争议解决］的约定办理。

5.6.6 质量保证金

经合同当事人协商一致扣留质量保证金的，应在专用合同条款中予以明确。在工程项目竣工前，承包人已经提供履约担保的，发包人不得同时扣留工程质量保证金。

1. 承包人提供质量保证金的方式

承包人提供质量保证金有以下三种方式：

（1）质量保证金保函；

（2）相应比例的工程款；

（3）双方约定的其他方式。

除专用合同条款另有约定外，质量保证金原则上采用上述第（1）种方式。

2. 质量保证金的扣留

质量保证金的扣留有以下三种方式：

（1）在支付工程进度款时逐次扣留，在此情形下，质量保证金的计算基数不包括预付款的支付、扣回以及价格调整的金额；

（2）工程竣工结算时一次性扣留质量保证金；

（3）双方约定的其他扣留方式。

除专用合同条款另有约定外，质量保证金的扣留原则上采用上述第（1）种方式。

发包人累计扣留的质量保证金不得超过工程价款结算总额的 3%。如承包人在发包人签发竣工付款证书后 28 天内提交质量保证金保函，发包人应同时退还扣留的作为质量保证金的工程价款；保函金额不得超过工程价款结算总额的 3%。

发包人在退还质量保证金的同时按照中国人民银行发布的同期同类贷款基准利率支付利息。

3. 质量保证金的退还

缺陷责任期内，承包人认真履行合同约定的责任，到期后，承包人可向发包人申请返还保证金。

发包人在接到承包人返还保证金申请后，应于 14 天内会同承包人按照合同约定的内容进行核实。如无异议，发包人应当按照约定将保证金返还给承包人。对返还期限没有约定或者约定不明确的，发包人应当在核实后 14 天内将保证金返还承包人，逾期未返还的，依法承担违约责任。发包人在接到承包人返还保证金申请后 14 天内不予答复，经催告后 14 天内仍不予答复，视同认可承包人的返还保证金申请。

发包人和承包人对保证金预留、返还，以及工程维修质量、费用有争议的，按争议和纠纷解决程序处理。

5.7 安全控制条款

5.7.1 安全文明施工

1. 安全生产要求

合同履行期间，合同当事人均应当遵守国家和工程所在地有关安全生产的要求，合同当事人有特别要求的，应在专用合同条款中明确施工项目安全生产标准化达标目标及相应事项。承包人有权拒绝发包人及监理人强令承包人违章作业、冒险施工的任何指示。

在施工过程中，如遇到突发的地质变动、事先未知的地下施工障碍等影响施工安全的紧急情况，承包人应及时报告监理人和发包人，发包人应当及时下令停工并报政府有关行政管理部门采取应急措施。

因安全生产需要暂停施工的，按照暂停施工的约定执行。

2. 安全生产保证措施

承包人应当按照有关规定编制安全技术措施或者专项施工方案，建立安全生产责任制度、治安保卫制度及安全生产教育培训制度，并按安全生产法律规定及合同约定履行安全职责，如实编制工程安全生产的有关记录，接受发包人、监理人及政府安全监督部门的检查与监督。

3. 特别安全生产事项

承包人应按照法律规定进行施工，开工前做好安全技术交底工作，施工过程中做好各项安全防护措施。承包人为实施合同而雇用的特殊工种的人员应受过专门的培训并已取得政府有关管理机构颁发的上岗证书。

承包人在动力设备、输电线路、地下管道、密封防震车间、易燃易爆地段以及临街交通要道附近施工时，施工开始前应向发包人和监理人提出安全防护措施，经发包人认可后实施。

实施爆破作业，在放射、毒害性环境中施工（含储存、运输、使用）及使用毒害性、腐蚀性物品施工时，承包人应在施工前 7 天以书面通知发包人和监理人，并报送相应的安全防护措施，经发包人认可后实施。

需单独编制危险性较大分部分项专项工程施工方案的，以及要求进行专家论证的超过一定规模的危险性较大的分部分项工程，承包人应及时编制和组织论证。

4. 治安保卫

除专用合同条款另有约定外，发包人应与当地公安部门协商，在现场建立治安管理机构或联防组织，统一管理施工场地的治安保卫事项，履行合同工程的治安保卫职责。

发包人和承包人除应协助现场治安管理机构或联防组织维护施工场地的社会治安外，还应做好包括生活区在内的各自管辖区的治安保卫工作。

除专用合同条款另有约定外，发包人和承包人应在工程开工后 7 天内共同编制施工场地治安管理计划，并制定应对突发治安事件的紧急预案。在工程施工过程中，发生暴乱、爆炸等恐怖事件，以及群殴、械斗等群体性突发治安事件的，发包人和承包人应立即向当地政府报告。发包人和承包人应积极协助当地有关部门采取措施平息事态，防止事态扩大，尽量避免人员伤亡和财产损失。

5. 文明施工

承包人在工程施工期间，应当采取措施保持施工现场平整、物料堆放整齐。工程所在地有关政府行政管理部门有特殊要求的，按照其要求执行。合同当事人对文明施工有其他要求的，可以在专用合同条款中明确。

在工程移交之前，承包人应当从施工现场清除承包人的全部工程设备、多余材料、垃圾和各种临时工程，并保持施工现场清洁整齐。经发包人书面同意，承包人可在发包人指定的地点保留承包人履行保修期内的各项义务所需的材料、施工设备和临时工程。

6. 安全文明施工费

安全文明施工费由发包人承担，发包人不得以任何形式扣减该部分费用。因基准日期后合同所适用的法律或政府有关规定发生变化，增加的安全文明施工费由发包人承担。

承包人经发包人同意采取合同约定以外的安全措施所产生的费用，由发包人承担。未经发包人同意的，如果该措施避免了发包人的损失，则发包人在避免损失的额度内承担该措施费。如果该措施避免了承包人的损失，由承包人承担该措施费。

除专用合同条款另有约定外，发包人应在开工后 28 天内预付安全文明施工费总额的 50%，其余部分与进度款同期支付。发包人逾期支付安全文明施工费超过 7 天的，承包人有权向发包人发出要求预付的催告通知，发包人收到通知后 7 天内仍未支付的，承包人有权暂停施工，并按第 16.1.1 项（发包人违约的情形）执行。

承包人对安全文明施工费应专款专用，承包人应在财务账目中单独列项备查，不得挪作他用，否则发包人有权责令其限期改正；逾期未改正的，可以责令其暂停施工，由此增加的费用和（或）延误的工期由承包人承担。

7. 紧急情况处理

在工程实施期间或缺陷责任期内发生危及工程安全的事件，监理人通知承包人进行抢救，承包人声明无能力或不愿立即执行的，发包人有权雇佣其他人员进行抢救。此类抢救按合同约定属于承包人义务的，由此增加的费用和（或）延误的工期由承包人承担。

8. 事故处理

工程施工过程中发生事故的，承包人应立即通知监理人，监理人应立即通知发包人。发包人和承包人应立即组织人员和设备进行紧急抢救和抢修，减少人员伤亡和财产损失，防止事故扩大，并保护事故现场。需要移动现场物品时，应作出标记和书面记录，妥善保管有关证据。发包人和承包人应按国家有关规定，及时如实地向有关部门报告事故发生的情况，以及正在采取的紧急措施等。

9. 安全生产责任

（1）发包人的安全责任

发包人应负责赔偿以下各种情况造成的损失：

1）工程或工程的任何部分对土地的占用所造成的第三者财产损失；

2）由于发包人原因在施工场地及其毗邻地带造成的第三者人员人身伤亡和财产损失；

3）由于发包人原因对承包人、监理人造成的人员人身伤亡和财产损失；

4）由于发包人原因造成的发包人自身人员的人身伤害以及财产损失。

（2）承包人的安全责任

由于承包人原因在施工场地内及其毗邻地带造成的发包人、监理人以及第三者人员伤亡和财产损失，由承包人负责赔偿。

5.7.2 职业健康

1. 劳动保护

承包人应按照法律规定安排现场施工人员的劳动和休息时间，保障劳动者的休息时间，并支付合理的报酬和费用。承包人应依法为其履行合同所雇用的人员办理必要的证件、许可、保险和注册等，承包人应督促其分包人为分包人所雇用的人员办理必要的证件、许可、保险和注册等。

承包人应按照法律规定保障现场施工人员的劳动安全，提供劳动保护，还应按国家有关劳动保护的规定，采取有效的防止粉尘、降低噪声、控制有害气体和保障高温、高寒、高空作业安全等劳动保护措施。承包人雇佣人员在施工中受到伤害的，承包人应立即采取有效措施进行抢救和治疗。

承包人应按法律规定安排工作时间，保证其雇佣人员享有休息和休假的权利。因工程施工的特殊需要占用休假日或延长工作时间的，应不超过法律规定的限度，并按法律规定给予补休或付酬。

2. 生活条件

承包人应为其履行合同所雇用的人员提供必要的膳宿条件和生活环境；承包人应采取有效措施预防传染病，保证施工人员的健康，并定期对施工现场、施工人员生活基地和工程进行防疫和卫生的专业检查和处理，在远离城镇的施工场地，还应配备必要的伤病防治和急救的医务人员与医疗设施。

3. 环境保护

承包人应在施工组织设计中列明环境保护的具体措施。在合同履行期间，承包人应采取合理措施保护施工现场环境。对施工作业过程中可能引起的大气、水、噪声以及固体废物污染采取具体可行的防范措施。

承包人应当承担因其原因引起的环境污染侵权损害赔偿责任，因上述环境污染引起纠纷而导致暂停施工的，由此增加的费用和（或）延误的工期由承包人承担。

5.7.3　保险

1. 工程保险

除专用合同条款另有约定外，发包人应投保建筑工程一切险或安装工程一切险；发包人委托承包人投保的，因投保产生的保险费和其他相关费用由发包人承担。

2. 工伤保险

（1）发包人应依照法律规定参加工伤保险，并为在施工现场的全部员工办理工伤保险，缴纳工伤保险费，并要求监理人及由发包人为履行合同聘请的第三方依法参加工伤保险。

（2）承包人应依照法律规定参加工伤保险，并为其履行合同的全部员工办理工伤保险，缴纳工伤保险费，并要求分包人及由承包人为履行合同聘请的第三方依法参加工伤保险。

3. 其他保险

发包人和承包人可以为其施工现场的全部人员办理意外伤害保险并支付保险费，包括其员工及为履行合同聘请的第三方的人员，具体事项由合同当事人在专用合同条款约定。

除专用合同条款另有约定外，承包人应为其施工设备等办理财产保险。

4. 持续保险

合同当事人应与保险人保持联系，使保险人能够随时了解工程实施中的变动，并确保按保险合同条款要求持续保险。

5. 保险凭证

合同当事人应及时向另一方当事人提交其已投保的各项保险的凭证和保险单复印件。

6. 未按约定投保的补救

（1）发包人未按合同约定办理保险，或未能使保险持续有效的，则承包人可代为办理，所需费用由发包人承担。发包人未按合同约定办理保险，导致未能得到足额赔偿的，由发包人负责补足。

（2）承包人未按合同约定办理保险，或未能使保险持续有效的，则发包人可代为办理，所需费用由承包人承担。承包人未按合同约定办理保险，导致未能得到足额赔偿的，由承包人负责补足。

7. 通知义务

除专用合同条款另有约定外，发包人变更除工伤保险之外的保险合同时，应事先征得承包人同意，并通知监理人；承包人变更除工伤保险之外的保险合同时，应事先征得发包人同意，并通知监理人。

保险事故发生时，投保人应按照保险合同规定的条件和期限及时向保险人报告。发包人和承包人应当在知道保险事故发生后及时通知对方。

5.8 管理性条款

5.8.1 变更

1. 变更范围

除专用合同条款另有约定外，合同履行过程中发生以下情形的，应按照本条约定进行变更：

（1）增加或减少合同中任何工作，或追加额外的工作；

（2）取消合同中任何工作，但转由他人实施的工作除外；

（3）改变合同中任何工作的质量标准或其他特性；

（4）改变工程的基线、标高、位置和尺寸；

（5）改变工程的时间安排或实施顺序。

2. 变更权

发包人和监理人均可以提出变更。变更指示均通过监理人发出，监理人发出变更指示前应征得发包人同意。承包人收到经发包人签认的变更指示后，方可实施变更。未经许可，承包人不得擅自对工程的任何部分进行变更。

涉及设计变更的，应由设计人提供变更后的图纸和说明。如变更超过原设计标准或批准的建设规模时，发包人应及时办理规划、设计变更等审批手续。

3. 变更程序

（1）发包人提出变更

发包人提出变更的，应通过监理人向承包人发出变更指示，变更指示应说明计划变更的工程范围和变更的内容。

（2）监理人提出变更建议

监理人提出变更建议的，需要向发包人以书面形式提出变更计划，说明计划变更工程范围和变更的内容、理由，以及实施该变更对合同价格和工期的影响。发包人同意变更的，由监理人向承包人发出变更指示。发包人不同意变更的，监理人无权擅自发出变更指示。

（3）变更执行

承包人收到监理人下达的变更指示后，认为不能执行的，应立即提出不能执行该变更指示的理由。承包人认为可以执行变更的，应当书面说明实施该变更指示对合同价格和工期的影响，且合同当事人应当按照第 10.4 款［变更估价］约定确定变更估价。

4. 变更估价

（1）变更估价原则

除专用合同条款另有约定外，变更估价按照本款约定处理：

① 已标价工程量清单或预算书有相同项目的，按照相同项目单价认定；

② 已标价工程量清单或预算书中无相同项目，但有类似项目的，参照类似项目的单价认定；

③ 变更导致实际完成的变更工程量与已标价工程量清单或预算书中列明的该项目工程量的变化幅度超过 15% 的，或已标价工程量清单或预算书中无相同项目及类似项目单价的，按照合理的成本与利润构成的原则，由合同当事人按照第 4.4 款［商定或确定］确定变更工作的单价。

（2）变更估价程序

承包人应在收到变更指示后 14 天内，向监理人提交变更估价申请。监理人应在收到承包人提交的变更估价申请后 7 天内审查完毕并报送发包人，监理人对变更估价申请有异议，通知承包人修改后重新提交。发包人应在承包人提交变更估价申请后 14 天内审批完毕。发包人逾期未完成审批或未提出异议的，视为认可承包人提交的变更估价申请。

因变更引起的价格调整应计入最近一期的进度款中支付。

5. 承包人的合理化建议

承包人提出合理化建议的，应向监理人提交合理化建议说明，说明建议的内容和理由，以及实施该建议对合同价格和工期的影响。

除专用合同条款另有约定外，监理人应在收到承包人提交的合理化建议后 7 天内审查完毕并报送发包人，发现其中存在技术上的缺陷，应通知承包人修改。发包人应在收到监理人报送的合理化建议后 7 天内审批完毕。合理化建议经发包人批准的，监理人应及时发出变更指示，由此引起的合同价格调整按照第10.4款［变更估价］约定执行。发包人不同意变更的，监理人应书面通知承包人。

合理化建议降低了合同价格或者提高了工程经济效益的，发包人可对承包人给予奖励，奖励的方法和金额在专用合同条款中约定。

5.8.2 违约责任

在建设工程施工合同中的发包人和承包人同为合同当事人。根据《民法典》规定：合同当事人的法律地位平等，一方不得将自己的意志强加给另一方；依法成立的合同，对当事人具有法律约束力；当事人应当按照约定履行自己的义务，不得擅自变更或者解除合同；依法成立的合同，受法律保护。所以，在建设工程施工合同实施过程中，发包人和承包人都应当而且必须努力按合同约定履行自己的义务，不使自己违约。违约则应当承担责任。

(1) 发包人违约。当发生下列情况时：

1) 发包人不按时支付工程预付款；

2) 发包人不按合同的约定支付工程款导致施工无法进行；

3) 发包人无正当理由不支付工程竣工结算价款；

4) 发包人不履行合同义务或不按合同约定履行义务的其他情况。

发包人承担违约责任，赔偿因其违约给承包人造成的经济损失，顺延延误的工期。双方在专用条款内约定发包人赔偿承包人损失的计算方法，或者发包人应当支付违约金的数额或计算方法。

(2) 承包人违约。当发生下列情况时：

1) 因承包人原因不能按照协议书约定的竣工日期或监理人同意顺延的工期竣工；

2) 因承包人原因工程质量达不到协议书约定的质量标准；

3) 承包人不履行合同义务或不按合同约定履行义务的其他情况。

承包人承担违约责任，赔偿因其违约给发包人造成的损失。双方在专用条款内约定承包人赔偿发包人损失的计算方法，或者承包人应当支付违约金的数额或计算方法。

(3) 一方违约后，另一方要求违约方继续履行合同时，违约方承担上述违约责任后仍应继续履行合同。

【案例5-5】 甲建筑公司与乙房产公司在丙市签订了一份位于丁市的建设工程施工合同，约定甲建筑公司垫资20%，但没有约定垫资利息。后甲建筑公司向人民法院提起诉讼，请求乙房产公司支付垫资利息。

问题：

1. 若在合同履行时出现部分工程价款约定不明时，应按照哪个地区的市场价格履行？为什么？

2. 对甲建筑公司的请求，正确的做法是什么？为什么？

解析：

1. 履行地点不明确时，给付货币的，在接受货币一方所在地履行；交付不动产的，在不动产所在地履行，其他标的，在履行义务一方所在地履行。由于建设工程履行地位于丁市，则应按丁市市场价格履行。

2. 由于未约定利息，甲建筑公司要求支付垫资利息，不予支持。

5.8.3 施工索赔

索赔是指在合同履行过程中，对于并非自己的过错，而是应由对方承担责任的情况造成的实际损失，向对方提出经济补偿和（或）工期顺延的要求。

有关索赔的要求及程序如下：

（1）当一方向另一方提出索赔时，要有正当索赔理由，且有索赔事件发生时的有效证据。

（2）发包人未能按合同约定履行自己的各项义务或发生错误，以及应由发包人承担责任的其他情况，造成工期延误和（或）承包人不能及时得到合同价款及承包人的其他经济损失，承包人可按下列程序以书面形式向发包人索赔：

1）索赔事件发生后 28 天内，向监理人发出索赔意向通知，并说明发生索赔事件的事由。承包人未在前述 28 天内发出索赔意向通知书的，丧失要求追加付款和（或）延长工期的权利；

2）发出索赔意向通知后 28 天内，向监理人提出延长工期和（或）补偿经济损失的索赔报告及有关资料；

3）监理人在收到承包人送交的索赔报告和有关资料后，于 28 天内给予答复，或要求承包人进一步补充索赔理由和证据。招标文件进一步规定监理人应在 42 天内将索赔处理结果答复承包人。承包人接受索赔处理结果的，发包人应在作出索赔处理结果答复后 28 天内完成赔付。承包人不接受索赔处理结果的，按争议解决方式解决；

4）监理人在收到承包人送交的索赔报告和有关资料后 28 天内未予答复或未对承包人作进一步要求，视为该项索赔已经认可；

5）当该索赔事件持续进行时，承包人应当阶段性向监理人发出索赔意向，在索赔事件终了后 28 天内，向监理人送交索赔的有关资料和最终索赔报告。索赔答复程序与1）、4）规定相同。

（3）承包人未能按合同约定履行自己的各项义务或发生错误，给发包人造成经济损失，发包人可按前款确定的时限向承包人提出索赔。

5.8.4 争议处理

尽管各方都很努力地履行各自的合同义务，但由于建设工程施工的长期性和复杂性，双方发生争议的情况也难以完全避免。问题在于发包人和承包人如何充分利用各自的管理与技术优势，加强自身队伍建设，尽可能减少失误，避免合同争议发生，或者在发生争议时如何争取对己方有利的处理结果。

合同双方一旦发生争议应按下列条款规定处理：

（1）发包人、承包人在履行合同时发生争议，可以和解或者要求有关主管部门调解。当事人不愿和解、调解或者和解、调解不成，双方可以在以下专门条款内约定其中一种解决方式：

第一种解决方式：双方达成仲裁协议，向约定的仲裁委员会申请仲裁；

第二种解决方式：向有管辖权的人民法院起诉。

仲裁和诉讼这两种争议处理方式，只能选定一种。选择何种方式应在合同的专用条款中规定。在选定处理方式时，还应同时选定仲裁机构和人民法院。

（2）发生争议后，除非出现下列情况时，双方都应继续履行合同，保持施工连续，保护好已完工程：

1）单方违约导致合同已无法履行，双方协议停止施工；

2）调解要求停止施工，且为双方所接受；

3）仲裁机构要求停止施工；

4）法院要求停止施工。

5.8.5　不可抗力

不可抗力是指承包人和发包人在订立合同时不可预见，在工程施工过程中不可避免发生并不能克服的自然灾害和社会性突发事件，如地震、海啸、瘟疫、水灾、骚乱、暴动、战争和专用合同条款约定的其他情形。

不可抗力发生后，承包人应立即通知监理人，并在力所能及的条件下迅速采取措施，尽力减少损失，发包人应协助承包人采取措施。监理人认为应当暂停施工的，承包人应暂停施工。不可抗力事件结束后 48 小时内承包人向监理人通报受害情况和损失情况，及预计清理和修复的费用。不可抗力事件持续发生，承包人应每隔 7 天向监理人报告一次受害情况，并于不可抗力事件结束后 28 天内提交最终报告及有关资料。

除专用合同条款另有约定外，不可抗力导致的人员伤亡、财产损失、费用增加和（或）工期延误等后果，由合同双方按以下原则承担：

（1）永久工程，包括已运至施工场地的材料和工程设备的损害，以及因工程损害造成的第三者人员伤亡和财产损失由发包人承担；

（2）承包人设备的损坏由承包人承担；

（3）发包人和承包人各自承担其人员伤亡和其他财产损失及其相关费用；

（4）承包人的停工损失由承包人承担，但停工期间应监理人要求照管工程和清理、修复工程的金额由发包人承担；

（5）不能按期竣工的，应合理延长工期，承包人不需要支付逾期竣工违约金。发包人要求赶工的，承包人应采取赶工措施，赶工费用由发包人承包。

合同一方当事人延迟履行，在延迟履行期间发生不可抗力的，不免除其责任。

不可抗力发生后，发包人和承包人均应采取措施尽量避免和减少损失的扩大，任何一方没有采取有效措施导致损失扩大的，应对扩大的损失承担责任。

合同一方当事人因不可抗力不能履行合同的，应当及时通知对方解除合同。合同解除后，承包人应按照约定撤离施工现场。已经订货的材料、设备由订货方负责退货或解除订货合同，不能退还的货款和应退货、解除订货合同发生的费用，由发包人承担，应未及时退货造成的损失由责任方承担。

【案例 5-6】　某工程进入安装调试阶段后，由于雷电引发了一场火灾。在火灾结束后 24 小时内施工单位向项目监理机构通报了火灾损失情况：工程本身损失 150 万元；总价值 100 万元的待安装设备彻底报废；施工单位人员所需医疗费预计 15 万元；租赁的施工机械损坏赔偿 10 万元；其他单位临时停放在现场的一辆价值 25 万元的汽车被烧毁。另外，大火扑灭后施工单位停工 5 天，造成其他施工机械闲置损失 2 万元，以及必要的管理保卫人员费用支出 1 万元，并预计工程所需清理、修复费用 200 万元。损失情况经项目监理机构审核属实。

问题：此项损失属于什么造成，责任如何分担？

解析：属于不可抗力。

工程本身损失 150 万元由建设单位承担；100 万元待安装设备的损失由建设单位承担；施工单位人员医疗费 15 万元由施工单位承担；租赁的施工机械损坏 10 万元由施工单位承担；其他单位临时停放的车辆损失由建设单位承担；施工单位停工 5 天应相应顺延工期；施工机械闲置损失 2 万元由施工单位承担；必要的管理人员费用支出 1 万元由建设单位承担；工程所需清理、修复 200 万元由建设单位承担。

单 元 练 习

一、单选题

1.《建设工程施工合同（示范文本）》GF—2017—0201 主要由（　　）三部分组成。

A. 总则、分则、附则

B. 总则、通用条件、专用条件

C. 合同协议书、通用合同条款、专用合同条款

D. 总则、正文、附件

2. 建设工程施工任务委托的模式，反映了建设工程项目发包人和承包人之间、承包人与分包人等相互之间的（　　）。

A. 委托关系　　　　　B. 合作关系　　　　　C. 合同关系　　　　　D. 代理关系

3. 施工承包合同协议书中的合同工期应填写（　　）。

A. 实际施工天数　　　　　　　　　B. 总日历天数

C. 预计竣工日期　　　　　　　　　D. 扣除节假日后的总日历天数

4. 监理人要求的暂停施工的赔偿与责任的说法错误的为（　　）。

A. 停工责任在发包人，由发包人承担所发生的追加合同价款，赔偿承包人由此造成的损失，相应顺延工期

B. 停工责任在承包人，由承包人承担发生的费用，相应顺延工期

C. 停工责任在承包人，因为监理人不及时做出答复，导致承包人无法复工，由发包人承担违约责任

D. 停工责任在承包人，由承包人承担发生的费用，工期不予顺延

5. 设备安装工程具有联动无负荷试车条件的，应由（　　）组织试车。

A. 发包人   B. 分包人

C. 承包人   D. 设备供应商

二、多选题

1. 根据《示范文本》规定，（ ）属于发包人应完成的工作。

A. 按合同规定主持和组织工程的验收

B. 向承包人提供施工场地，办公室和临时设施

C. 办理施工许可证

D. 做好施工现场地下管线的保护工作

E. 提供工程进度计划

2. 施工承包合同中的实际竣工日期是指（ ）。

A. 工程竣工验收通过的，为承包人送交竣工验收报告的日期

B. 发包人组织竣工验收的日期

C. 发包人对竣工验收给予认可或提出修改意见的日期

D. 发包人要求修改的，承包人修改后提请发包人验收的日期

E. 发包人要求修改的，承包人修改后，发包人组织竣工验收的日期

3. 施工承包合同中规定应由承包人自行承担责任的是（ ）。

A. 施工组织设计和工程进度计划本身存在缺陷，经监理人确认的

B. 因监理人不及时作出答复，导致承包人无法复工

C. 影响施工正常进行的检查检验，检查检验结果合格

D. 因承包人自身原因造成实际进度与计划进度不符时，承包人按监理人的要求提出的改进措施，并经监理人确认

E. 由于承包人原因造成的工程停工

4. 按照《示范文本》规定，在施工中由于（ ）造成工期延误，经发包人代表确认，竣工日期可以顺延。

A. 承包人未能及时调配施工机械

B. 发生不可抗力

C. 雨期天数增多

D. 工程量变化和设计变更

E. 一周内非承包人原因停电、停水、停气等造成停工累计超过 8 小时

5. 对于发包人供应的材料设备，（ ）等工作应当由发包人承担。

A. 到货后，通知清点

B. 参加清点

C. 清点后负责保管

D. 支付保管费用

E. 如果质量与约定不符，运出施工场地并重新采购

三、案例题

某市一家房地产开发公司（发包人）与一家建筑工程公司（承包人）签订了一份工程施工合同。合同约定，由房地产开发公司完成"三通一平"工作，提供施工水电，并在合同约定的开工日期前 7 天，将施工场地交给承包人。在合同履行过程中，由于拆迁等问题，导致发包人不能按

合同约定将施工场地移交给承包人。承包人以发包人没有按合同约定提供施工场地为由，向发包人提出顺延工期、补偿窝工损失的请求。

请问：承包人提出的要求合理吗？为什么？

单元 5 在线自测题

教学单元 6

施工合同的签订与管理

【单元学习导图】

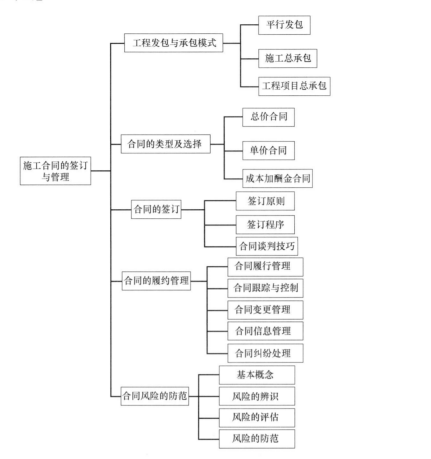

6.1　工程发包与承包模式

建设工程施工任务发包与承包的模式反映了项目建设发包人和承包人、承包人与分包人等相互之间的合同关系。许多工程项目的项目管理实践证明，一个项目建设能否成功，能否进行有效的投资控制、进度控制、质量控制、合同管理及组织协调，很大程度上取决于发包与承包模式的选择。

常见的施工任务发包与承包模式主要有以下几种：

1. 平行发包

平行发包又称为分别发包，是指发包人根据工程项目的特点、项目进展情况和控制目标的要求等因素，将项目按照一定原则分解，分别发包给不同的承包人，各个承包人分别与发包人签订施工合同。

平行发包有以下特点：

（1）每一部分工程的发包，都以施工图设计为基础，投标人进行投标报价有依据，但对发包人来说，要等最后一份合同签订后才知道整个工程的总造价，对投资早期控制不利。

（2）某一部分施工图完成后，即可开始这部分工程的招标，开工日期提前，可以边设计边施工，缩短建设周期。由于要进行多次招标，发包人用于招标的时间较多。

（3）符合质量控制上的"他人控制"原则，对发包人的质量控制有利。合同交界面比较多，应非常重视各合同之间界面的定义，否则对质量控制不利。

（4）发包人要负责所有合同的招标、谈判、签约，招标和合同管理工作量太大，对发包人不利。发包人要负责对多个合同的跟踪管理，工作量较大。

（5）发包人要负责对所有承包人的管理和组织协调，承担类似于总承包管理的角色，工作量大，对发包人不利。这是平行发包的致命弱点，限制了该种发包在大型项目上的应用。

微课 6.1
联合体承发包

2. 施工总承包

施工总承包是指发包人将全部施工任务发包给一个承包人，或由多个承包人组成的施工联合体或施工合作体，经发包人同意，承包人可以根据需要将施工任务的一部分分包给其他符合资质的分包人。

施工总承包有以下特点：

（1）一般以施工图设计为投标报价的基础，投标人的投标报价有依据。开工前就有较明确的合同价，有利于发包人对总造价的早期控制。若在施工过程中发生设计变更，则可能发生索赔。

（2）一般要等施工图设计全部结束后，才能进行施工总承包的招标，开工日期较迟，建设周期势必较长。这是施工总承包模式的最大缺点，限制了其在建设周期紧迫的项目上的应用。

（3）项目质量的好坏很大程度上取决于施工总承包人的选择，取决于施工总承包人的管理水平和技术水平。发包人对施工总承包人的依赖较大。

（4）发包人只要进行一次招标，与一家承包人签约，招标及合同管理工作量大大减小，对发包人有利。

在很多工程实践中，采用的并不是真正的施工总承包，而用所谓的"费率招标"，实质上是开口合同，对发包人的合同管理和投资控制十分不利。

（5）发包人只负责对施工总承包人的管理和组织协调，工作量大大减小，对发包人比较有利。

3. 工程项目总承包

工程项目总承包是指工程总承包人受发包人委托，按照合同约定对工程项目的勘察、设计、采购、施工、试运行（竣工验收）等实行全过程或若干阶段的承包。工程总承包人按照合同约定对工程项目的质量、工期、造价等向发包人负责。工程总承包人可依法将所承包工程中的部分工作发包给具有相应资质的分包人，分包人再按照分包合同的约定对总承包人负责。

工程总承包的具体方式、工作内容和责任等，由发包人与工程总承包人在合同中约定。工程总承包主要有以下方式：

（1）设计—建造总承包（DB 模式）。设计—建造总承包是指工程总承包人按照合同约定，承担工程项目设计和施工，对承包工程的质量、安全、工期、造价全面负责。

DB 模式是指由单一承包人负责项目的设计与建造工作。该承包人既可以是某一公司，也可以是承包联合体。在 DB 模式下，通常总承包人居于领导地位，设计方仅是 DB 实体中的一员。

采用 DB 模式的发包人一般首先选择一家工程咨询/设计公司进行初步设计，这种设计的工作量相当于完成工程总设计工作量的 25%～30%，设计深度以满足 DB 模式的招标为原则。然后，通过竞争性招标来选择 DB 承包人。DB 承包人对设计、施工阶段工程的质量、进度和成本负责，并以竞争性招标方式选择分包人，或使用本公司的专业人员自行完成工程的建设任务。

DB 模式的特点：

1）"单一责任制"。DB 模式使得工程在出现质量等问题时，责任十分明确，容易追究。

2）有利于进度控制，缩短整个工程的建设工期，使工程可以较早投入使用。由于在设计阶段可以根据承包人的施工经验、所拥有的施工机械、熟练工人和技术人员等情况考虑结构形式和施工方法，一般而言，可以使工程提前完工。

3）有利于减少发包人管理的工作量，降低工程交易费用。工程初步设计完成后，发包人只需经过一次招标、签订一个 DB 总承包公司，并且仅对一个合同进行管理，因此，招标信息收集、合同谈判、管理协调等方面的工作量大大减少。交易费用也有明显的降低。

4）有利于投资控制，能够降低工程总造价。在 DB 模式下，可将设计和施工作为一个整体来考虑，在满足发包人的功能要求的前提下，投标人考虑到竞争性。首先，会在设计优化上做文章。DB 可在源头上控制工程项目的投资。国外的经验表明，采用 DB 模式，大约可降低 10% 的工程造价。此外，DB 模式常采用总价合同，在签订总承包合同时就将合同总价明确下来，一方面可以及时明确投资目标，使发包人尽早安排资金计划；另一方面对 DB 承包人有较大的约束力度，有利于工程项目投资控制。

（2）设计—采购—施工（EPC）。EPC 是指工程总承包人按照合同约定，承担工程项目的设计、采购、施工、试运行服务等工作，对承包工程的质量、安全、工期、造价全面负责。

EPC 模式一般是指 EPC 总承包人负责工程项目的策划、计划、设计、采购、施工等全过程的总承包，并负责试运行服务（由发包人进行试运行）。与 DB 总承包方式相比，EPC 的承包工程范围进一步向工程项目的前期延伸，发包人仅大致提出投资的意图和要求，其他工作均由 EPC 总承包人来完成。

EPC 模式有以下主要特点：

1）发包人把工程的设计、采购、施工和试运行服务工作/工程验收全部委托给 EPC 总承包人负责组织实施，发包人只负责整体的、原则的、目标的管理和控制，具体组织实施的程度较低；总承包人更能发挥主观能动性，运用其管理经验，为发包人和承包人创造更多的效益。

2）发包人把管理风险转移给总承包人。在 EPC 模式下，外界（包括自然）风险、经济风险一般都要求承包人来承担，即项目实施中的大部分风险由 EPC 承包人承担。因此，一般来说，EPC 承包人的报价要比在 DB 下的报价要高，甚至会高出很多。对发包人来说，只要承包人的报价在其投资预算的范围内，他就可能接受，因为基本上固定不变的合同价使得发包人的投资可行性和收益得到保证。但有时也可能会出现承包人报价太高，导致整个项目不可行的情况。

3）发包人只与 EPC 总承包人签订一个工程总承包合同，且采用总价合同。设计、采购、施工的组织实施在 EPC 总承包人统一策划、组织、指挥、协调下进行，并得到全过程控制。总价合同并不是 EPC 独有的，但与其他交易方式相比，EPC 的总价合同更接近固定总价合同。在国际工程中，一般情况下，固定总价合同仅在工程规模小、工期短的条件下出现。而 EPC 模式适用的工程一般规模较大、工期较长，且技术也复杂。因此，EPC 模式在合同选择上具有独到之处。这也意味着 EPC 总承包人要承担更多的责任和风险，当然也拥有更多获利的机会。

4）发包人或发包人代表管理工程实施。在 EPC 模式下，发包人不再聘请工程师/监理工程师管理工程，而是自己或委托代表来管理工程。如，在 FIDIC 的 EPC 的合同条件中规定，如发包人委派代表来管理，发包人代表应是发包人的全权代表，如果发包人更换代表，只要提前 14 天通知承包人，不需征得承包人同意。而这一点在其他的标准化合同条件下就有不同的规定。

5）EPC 模式的交易成本低。采用 EPC 模式的工程项目，主要合同只有一个，招标、合同谈判的成本低，合同又是固定总价合同。因此，一般合同实施中的由于工程变更、索赔原因使工程费用增加的机会将减少，由于合同争端所导致费用增加的可能性也较小。因此，整体上工程的交易成本较低。

（3）交钥匙工程。交钥匙工程是 EPC 模式向两头扩展延伸而形成的业务和责任范围更广的总承包模式。在交钥匙模式下，总承包人可能要提供项目从投资机会研究开始，到项目运营维修等工作在内的综合服务。交钥匙模式与 EPC 模式的主要区别在于总承包的范围更大、工期更确定、合同总价更固定、承包人的风险更大，合同价相对较高。发包人只关心工程是否按期交付，以及交付的成果是否满意。

（4）设计—采购总承包（EP）。EP 是指工程总承包人按照合同约定，承担工程项目的设计、采购等工作，对工程的设计和采购全面负责。

（5）采购—施工总承包（PC）。PC 是指工程总承包人按照合同约定，承担工程项目的采购、施工等工作，对工程的采购和施工全面负责。

不同工程总承包模式的承包范围比较见表 6-1。

工程总承包模式　　　　　　　　表 6-1

项目程序 总承包模式	项目决策	初步设计	技术设计	施工图设计	材料设备 采购	施工安装	试运行
交钥匙							
设计—采购—施工							
设计—建造							
设计—采购							
采购—施工							

6.2　施工合同类型及选择

施工合同可以按照不同的标准加以分类，按照承包合同的计价方式可以分为总价合同、单价合同和成本加酬金合同三大类。

1. 总价合同

所谓总价合同，是指根据合同规定的工程施工内容和有关条件，发包人应付给承包人的款项是一个规定的金额，即总价。显然，采用这种合同时，对承发包工程的内容及其各种条件都应基本清楚、明确，否则发包和承包双方都有蒙受损失的风险。因此，一般是在施工图完成，施工任务和范围比较明确，发包人的目标、要求和条件都清楚的条件下才采用总价合同。

总价合同有以下特点：

（1）发包人可以在报价竞争状态下确定项目的总造价，可以较早确定或者预测工程成本；

（2）承包人将承担较多的风险；

（3）评标时易于迅速确定最低报价的投标人；

（4）在施工进度上能极大地调动承包人的积极性；

（5）发包人能更容易、更有把握地对项目进行控制；

（6）必须完整而明确地规定承包人的工作；

（7）必须将设计和施工方面的变化控制在最小限度内。

总价合同可分为固定总价合同和变动总价合同两种。

（1）固定总价合同

固定总价合同的价格计算是以图纸及规定、规范为基础，工程任务和内容明确，发包人的要求和条件清楚，合同总价一次包死、固定不变，即不再因为环境的变化和工程量增减而变化。在这类合同中承包人承担了全部的工作量和价格的风险，因此，承包人在报价时对一切费用的价格变动因素都作了充分估计，并将其包含在价格之中。

对发包人而言，在合同签订时就可以基本确定项目的总投资额，对投资控制有利。在双方都无法预测的风险条件下和可能有工程变更的情况下，承包人承担了较大的风险，发包人的风险较小。但是，工程变更和不可预见的困难也常常引起合同双方的纠纷或者诉讼，最终导致其他费用的增加。

当然，在固定总价合同中可以约定，在发生重大设计变更时或者其他特殊条件下可以对合同价格进行调整。因此，需要定义重大设计变更的含义和什么特殊条件才能调整以及如何调整合同价格。

固定总价合同对于双方结算比较简单，但是由于承包人承担较大风险，因此报价中不可避免地要增加一笔较高的不可预见风险费。承包人的风险主要有两个方面：一是价格风险，二是工作量风险。价格风险有报价计算错误、漏报项目、物价和人工费上涨等；工作量风险有工程量计算错误、工程范围不确定或者设计深度不够所造成的误差等。

固定总价合同适用于以下情况：

1）工程量小、工期短，估计在施工过程中环境因素变化小，工程条件稳定并合理；

2）工程设计详细，图纸完整、清楚，工程任务和范围明确；

3）工程结构和技术简单，风险小；

4）投标期相对宽裕，承包人可以有充足的时间详细考察现场、复核工程量，分析招标文件，拟订施工计划；

5）合同条件中双方的权利和义务十分清楚，合同条件完备。

（2）变动总价合同

变动总价合同又称可调总价合同，合同价格是以图纸及规定、规范为基础，按照时价进行计算，得到包括全部工程任务和内容的暂定合同价格。它是一种相对固定的价格，在合同执行过程中，由于通货膨胀等原因导致工、料成本增加时，可以按照合同约定对合同总价进行相应的调整。当然，一般由于设计变更、工程量变化和其他工程条件变化所引起的费用变化也可以进行调整。因此，对承包人而言，其风险相对较小，但对发包人而言，不利于其进行投资控制，突破投资的风险增大了。

2. 单价合同

当发包工程的内容和工程量一时尚不能明确具体规定时，则可以采用单价合同形式，即根据计划工程内容和估算工程量，合同中明确每项工程内容的单位价格，实际支付时则根据实际完成的工程量乘以合同单价计算应付工程款。

由于单价合同允许随工程量变化而调整总价，即不存在工程量方面的风险，因此对合同双方都比较公平。另外，在招标前，发包人无需对工程范围作出完整的、详尽的规定，从而可以缩短招标准备时间，投标人也只需对所列工程内容报出自己的单价，从而缩短投标时间。

单价合同又分为固定单价合同和变动单价合同两种。

在固定单价合同条件下，无论发生哪些影响价格的因素都不对单价进行调整，因而对承包人而言就存在一定的风险。

当采用变动单价合同时，合同双方可以约定一个估计的工程量，当实际工程量发生较大变化时单价如何调整；也可以约定当通货膨胀达到一定水平或者国家政策发生变化时可以对哪些工程内容的单价进行调整以及如何调整等。因此，承包人的风险就相对较小。固定单价合同适用于工期较短、工程量变化幅度不会太大的项目。在工程实践中，采用单价合同有时也会根据估算的工程量计算一个初步的合同总价，以方便付款。但是，当总价与单价发生矛盾时则肯定以单价为准，即所谓的单价优先。实际工程款的支付也将以实际完成工程量乘以合同单价进行计算。

3. 成本加酬金合同

成本加酬金合同也称为成本补偿合同，这是与固定总价合同正好相反的合同，工程施工的最终合同价格是按照工程的实际成本再加上一定的酬金计算。在合同签订时，工程实际成本往往不能确定，只能确定酬金的取值比例或者计算原则。

案例 6.1
成本加酬金
合同

采用成本加酬金合同，承包人不承担任何价格变化或工程量变化的风险，这些风险主要由发包人承担，对发包人的投资控制很不利，而承包人则往往缺乏控制成本的积极性，常常不仅不愿意控制成本，甚至还会期望提高成本以提高自己的经济效益，因此这种合同容易被那些不道德、不称职的承包人滥用，从而损害工程的整体效益，所以，应该尽量避免采用这种合同。

成本加酬金合同适用于以下情况：

（1）工程特别复杂，工程技术、结构方案不能预先确定，或者尽管可以确定工程技术和结构方案，但是不可能进行竞争性的招标活动以总价合同形式确定承包人，如研究开发性质的工程项目；

（2）时间特别紧迫，如抢险、救灾工程，来不及进行详细的计划和商谈。

对承包人来说，这种合同比固定总价的风险低，利润比较有保证，因而比较有积极性。

为了克服成本加酬金合同的缺点，人们对其进行了许多改进，比如：事先商定一个目标成本，实际成本低于目标成本，则按照实际成本的比例支付酬金，当实际成本超过目标成本时，超过目标成本部分的实际成本不再按比例计算酬金，即酬金不再增加；如果实际成本低于目标成本，除了支付合同规定的酬金以外，将另外给承包人一定比例的奖励；也可以采取成本加固定额度酬金的办法，即规定固定的酬金，酬金不随实际成本的变化而调整。

【案例 6-1】 某施工单位根据领取的某 $2000m^3$ 两层厂房工程项目招标文件和全套施工图纸，采用低价策略编制了投标文件，并获得中标。该施工单位（乙方）于某年某月某日与建设单位（甲方）签订了该工程项目的固定价格施工合同。合同工期为 8 个月。甲方在乙方进入施工现场后，因资金短缺，无法如期支付工程款，口头要求乙方暂停施工 1 个月，乙方也口头答应。工程按合同规定期限验收时，甲方发现工程质量有问题，要求返工。2 个月后，返工完毕。结算时甲方认为乙方迟延交付工程，应按合同约定偿付逾期违约金。乙方认为暂停施工是甲方要求的。乙方为抢工期，加快施工进度才出现了质量问题，因此延迟交付的责任不在乙方。甲方则认为暂停施工和不顺延工期是当时乙方答应的，乙方应履行承诺，承担违约责任。

问题：

1. 该工程采用固定价格合同是否合适？

2. 该施工合同的变更形式是否妥当？合同争议依据合同法律规定范围应如何处理？

解析：

1. 因为固定价格合同适用于工程量不大且能够较准确计算、工期较短、技术不太复杂、风险不大的项目。该工程基本符合这些条件，故采用固定价格合同是合适的。

2. 根据《民法典》和《示范文本》的有关规定，建设工程合同应当采取书面形式，合同变更也应当采取书面形式。若在应急情况下，可采取口头形式，但事后应以书面形式确认。否则，在合同双方对合同变更内容有争议时，往往因口头协议形式很难取证，只能以书面协议约定的内容为准。本案中甲方要求暂停施工，乙方也答应，是甲、乙双方的口头协议，且事后并未以书面的形式确认，所以该合同变更形式不妥当。在竣工结算时双方发生了争议，对此只能以原书面合同规定为准。

6.3 合同的签订

6.3.1 合同签订的原则

合同签订是指招标人与中标人在规定的期限内（中标通知书发出后的 30 天内）签订施工合同。

合同是影响利润最主要的因素，而合同谈判和合同签订是获得尽可能多利润的最好机会。如何利用这个机会，签订一份有利的合同，是每个承包人都十分关心的问题。

在合同签订前，合同当事人可以利用法律赋予的平等权利，进行对等谈判，充分协商，可以自由地修改合同，一切都可以商量。

但合同一经签订，只要它合法有效，即具有法律约束力，受到法律保护，它即成为工程项目中合同双方的最高法律。双方的权利和义务就被限制在合同上。首先双方必须严格履行合同，任何人无权单方修改或撤销合同，如果一方违约，造成对方损失，违约方必须承担经济损失的赔偿责任，如果合同执行中遇到问题、发生争执，也首先按合同规定解决。所以合同不利，常常连法律专家和合同管理专家也无能为力。因此承包人必须十分重视合同签订前的合同管理工作。

施工合同的签订，承包人应注意以下基本原则：

1. 符合承包人的基本目标

承包人的基本目标是取得工程利润，所以"合于利而动，不合于利而止"（孙子兵法火攻篇）。这个"利"可以是该工程的盈利，也可以是承包人的长远利益。合同谈判和签订应服从企业的整个经营战略。"不合不利"即使丧失工程承包资格，失去合同，也不能接受责权利不平衡、明显导致亏损的合同，这应作为基本方针。

承包人在签订施工合同中经常会犯这样的错误：

（1）由于长期承接不到工程，急于使工程成交，而盲目签订合同；

（2）初到一个地方，急于打开局面，为承接工程而草率签订合同；

（3）由于竞争激烈，怕丧失承包资格而接受条件苛刻的合同。

上述情况很少有不失败的。

所以，承包人应牢固地确立：宁可不承接工程，也不能签订不利于自己、明显导致亏损的合同。"利益原则"不仅是合同谈判和签订的基本原则，而且是整个合同管理和工程项目管理的基本原则。

2. 尽可能使用标准的施工合同文本

现在，无论在国际工程中或在国内工程中都有通用的、标准的施工合同文本。标准的合同文本内容完整、条款齐全；双方责权利关系明确，而且比较平衡；风险较小，而且易于分析。承包人能得到一个合理的工作条件，方便合同的签订和合同的实施控制，对双方都有利。承包人应尽可能采用标准的施工合同文本。

3. 积极地争取自己的正当权益

合同法和其他经济法规赋予合同双方以平等的法律地位和权利。任何一方得到的利益应与支付给对方的代价平衡。但在实际经济活动中，这个地位和权利还需靠承包人自己争取。如果合同一方自己放弃这个权利，盲目地、草率地签订合同，致使自己处于不利地位，受到损失，则法律对他难以提供帮助和保护。所以在合同签订过程中放弃自己的正当权益、草率地签订合同对自己是极为不利的。

承包人在合同谈判中应积极地争取自己的正当权益，争取主动。如有可能，应争取合同文本的拟稿权。对发包人提出的合同文本，双方应对每一条款作出具体的商讨，争取修改对自己不利的、苛刻的条款，增加承包人权益的保护条款。对重大问题不能让步和客气，而要针锋相对。承包人在观念上切不可把自己放在被动地位上，处处受发包人的制约。

4. 重视合同的法律性质

分析国内外承包工程的许多案例可以看出，许多施工合同失误是由于承包人不了解或忽视合同的法律性质，没有合同意识造成的。

合同一经签订，即成为合同双方的最高法律，它不是道德规范，合同中的每一条都与双方利害相关，合同签订是一个法律行为，所以在合同谈判和签订中，既不能用道德观念和标准要求和指望对方，也不能用它们来束缚自己。这里要注意以下几点：

（1）一切问题，必须事先商定好，用合同来约束。对各种可能发生的情况和各个细节问题都要考虑到，并作明确的规定，不能有侥幸心理。

尽管从取得招标文件到投标截止时间很短，承包人也应将招标文件内容，包括投标人须知、合同条件、图纸、规范等弄清楚，并详细地了解合同签订前的环境，切不可期望到合同签订后再做这些工作，不能为将来合同实施留下麻烦和"后遗症"。这方面的失误由承包人自己负责。

（2）一切都应明确地、具体地、详细地规定。对方"原则上同意""双方有这个意向"常常是不算数的，也不能指望。在合同文件中一般只有确认性、肯定性语言才有法律约束力，而商讨性、意向性用语很难具有约束力。

（3）在合同的签订和实施过程中，不要轻易相信任何口头承诺和保证，少说多写。双方商讨的结果、作出的决定或对方的承诺，只有写入合同，或双方文字签署才算确定，不要相信"一诺千金"，而要相信"一字千金"。

（4）对在标前会议上和合同签订的澄清会议上的说明、允诺、解释和一些合同外要求，都应以书面的形式确认，如签署附加协议、会议纪要、备忘录等，或直接修改合同文件，写入合同中。这些书面文件也作为合同的一部分，具有法律效力，常常可以作为索赔的理由。

5. 重视合同的审查和风险分析

在合同签订前，承包人应认真地、全面地进行合同审查和风险分析，弄清楚自己的权益和责任、完不成合同责任的法律后果，对每一条款的利弊得失都应清楚了解。不计后果地签订合同是危险的，也很少有不失败的。

6.3.2 合同签订的程序

1. 合同谈判准备

开始谈判之前，一定要做好各方面的谈判准备工作。对于一个工程施工合同而言，一般都投资数额大，实施时间长，而合同内容涉及技术、经济、管理、法律等领域。因此在开始谈判之前，必须细致地做好以下几方面的工作：

（1）谈判的组织准备

谈判的组织准备包括谈判组成员的组成和谈判组长的人选。

1）谈判组成员的组成。选择谈判组成员要考虑的问题有：充分发挥每个成员的作用，避免由于人员过多而有些人不能发挥作用或意见不易集中；组长便于在组内协调，每个成员的专业知识面组合在一起能满足谈判要求；国际工程谈判时还要配备业务能力强，特别是外语写作能力强的翻译。

谈判组成员以3~5人为宜，在谈判的各个阶段所需人员的知识结构不同。如施工合同前期谈判时技术问题和经济问题较多，需要有工程师和经济师，后期谈判涉及合同条款以及准备合同和备忘录文稿，则需要律师、造价工程师和合同专家参加。要根据谈判需要调换谈判组成员。

2）谈判组长的人选。选择谈判组长最主要的条件是具有较强的业务能力和应变能力，即要精通专业知识和具有工程经验，最好还具有合同经验，对于合同谈判中出现的问题能够及时作出判断，主动找出对策。根据这些要求，谈判组长不一定都要由职位高的人员担任，可由 35～50 岁的人员担任。

（2）谈判的方案准备和思想准备

谈判前要对谈判时自己一方想解决的问题和解决问题的方案做好准备，同时要确定对谈判组长的授权范围。要整理出谈判大纲，将希望解决的问题按轻重缓急排队，对要解决的主要问题和次要问题拟定要达到的目标。

谈判组的成员要进行训练，一方面要分析我方和对方的有利、不利条件，制定谈判策略等；另一方面要确定主谈人员、组内成员分工和明确注意事项。

如果是国际工程项目，有翻译参加，则应让翻译参加全部准备工作，了解谈判意图和方案，特别是有关技术问题和合同条款问题，以便做好准备。

（3）谈判的资料准备

谈判前要准备好自己一方谈判使用的各种参考资料，准备提交给对方的文件资料以及计划向对方索取的各种文件资料清单。准备提供给对方的资料一定要经谈判组长审查，以防与谈判时的口径不一致，造成被动。如有可能，可以在谈判前向对方索取有关文件和资料，以便分析和准备。

（4）谈判的议程安排

谈判的议程安排一般由发包人一方提出，征求对方意见后再确定，根据拟讨论的问题来安排议程可以避免遗漏要谈判的重要问题。

议程要松紧适宜，既不能拖得太长，也不宜过于紧张。一般在谈判中后期安排一定的调节性活动，以便缓和气氛，进行必要的请示以及修改合同文稿等。

思政讨论区

初入职场的大学生，如果要参与合同谈判，除了需要掌握谈判技巧外，还需要注重谈判礼仪。比如（1）谈判准备阶段要整理自己的仪容仪表，了解对方人员、座位的尊卑等细节；（2）谈判之初要自然大方，不露傲慢之意，留下良好第一印象，不轻浮，表示尊重与礼貌；（3）谈判之中，心平气和，文明措辞，保持耐心，冷静处理；（4）谈判之后，互相握手、鼓掌等。

问题：为了让自己能尽快适应这种角色的转换，请同学们模拟谈话过程中的活动，互相评价，并在日常生活中改正自己不良的行为习惯。

---

2. 合同谈判的内容

（1）关于工程范围

承包人所承担的工作范围，包括施工、设备采购、安装和调试等。在签订合同时要做到明确具体、范围清楚、责任明确，否则将导致报价漏项。

1）有的合同条件规定：除另有规定外的一切工程，承包人可以合理推知需要提供的为本工程服务所需的一切辅助工程等，其中不确定的内容，可作无限制的解释的，应该在合同中加以明确，或争取写明"未列入本合同中的工程量表和价格清单的工程内容，不包括在合同总价内"。

2）对于"可供选择的项目"，应力争在签订合同前予以明确，究竟选择与否。如果确实难以在签订合同时明确，则应当确定一个具体的期限来选定这些项目是否需要施工。应当注意，如果这些项目的确定时间太晚，可能影响材料设备的订货，承包人可能会受到不应有的损失。

3）对于现场监理人的办公建筑、家具设备、车辆和各项服务，如果已包括在投标价格中，而且招标书规定得比较明确和具体，则应当在签订合同时予以审定和确认。

（2）关于合同文件

1）应使发包人同意将双方一致同意的修改和补充意见整理为正式的"补遗"或"附录"，并由双方签字作为合同的组成部分。

2）应当由双方同意将投标前发包人对各投标人质疑的书面答复和通知，作为合同的组成部分，因为这些答复或通知，既是标价计算的依据，也可能是今后索赔的依据。

3）承包人提供的施工图纸是正式的合同文件内容。不能只认为"发包人提交的图纸属于合同文件"。应该表明"与合同协议同时由双方签字确认的图纸属于合同文件"。以防止发包人借补图纸的机会增加工程内容。

4）对于作为付款和结算工程价款的工程量及价格清单，已经核实审定确认，并经双方签字。

5）尽管采用的是标准合同文本，在签字前都必须全面检查，对于关键词语和数字更应该反复核对，不得有任何差错。必要时，最后的合同文件，包括"补遗""附录"都应请律师或咨询机构咨询，使其正确无误。对当事人而言，合同文件就是法律文书，应该使用严谨、周密的法律语言，不能使用日常通俗语言或"工程语言"，以防一旦发生争端而影响合同的履行。

（3）关于双方的一般义务

1）关于"工作必须使监理人满意"的条款，这是在合同条件中常常见到的。应该载明"使监理人满意"只能是施工技术规范和合同条件范围内的满意，而不是其他。合同条件中还常常规定："应该遵守并执行监理人的指示"。对此，承包人常常是书面记录下他对该指示的不同意见和理由，以作为日后付诸索赔的依据。

2）关于履约保证。应该争取发包人接受由中国银行直接开出的履约保证函。有些国家的发包人一般不接受外国银行开出的履约担保，因此，在合同签订前，应与发包人商选一家既与中国银行有直接往来关系，又能被对方接受的当地银行开具保函，并事先与该当地银行、中国银行协商同意。

3）关于工程保险。应争取发包人接受由中国人民保险公司出具的工程保险单。如果发包人不同意接受，可由一家当地有信誉的保险公司与中国人民保险公司联合出具保险单。

4）关于工人的伤亡事故保险和其他社会保险，应力争向承包人本国的保险公司投保。有些国家往往有强制性社会保险的规定，对于外籍工人，由于是短期居留性质，应争取免除在当地进行社会保险。否则，这笔保险金应计入在合同价格之内。

5）关于不可预见的自然条件和人为障碍问题，一般合同条件中虽有"可取得合理费用"的条款，但由于其措词含糊，容易在实施中引起争执，必须在合同中明确界定"不可预见的自然条件和人为障碍"的内容。对于招标文件中提供的气象、地质、水文资料与实际情况有出入，则应争取列为"非正常气象和水文情况"，此时由发包人提供额外补偿费用的条款。

（4）关于工程的开工和工期

1）区别工期与合同（终止）期的概念。合同期，表明一份合同的有效期，即从合同生效之日至合同终止之日的一段时间，而工期是对承包人完成其工作所规定的时间。在工程承包合同中，通常是施工期虽已结束，但合同期并未终止。因为该工程价款酬金尚未结清，工程缺陷维修期尚未结束，合同仍然有效。

2）应明确规定保证开工的措施。要保证工程按期竣工，首先要保证按时开工。对于发包人影响开工的因素应列入合同条件之中。如果由于发包人的原因导致承包人不能如期开工，则工期应顺延。

3）必须要求发包人按时验收工程，以免拖延付款，影响承包人的资金周转和工期。

4）施工中，如因变更设计造成工程量增加或修改原设计方案，或监理人不能按时验收工程，承包人有权要求延长工期。

5）考虑到我国公司一般动员准备时间较长，应争取适当延长工程准备时间，并规定工期应由正式开工之日算起。

6）发包人向承包人提交的现场应包括施工临时用地，并写明其占用土地的一切补偿费用均由发包人承担。

7）应规定现场移交的时间和移交的内容。所谓移交现场，应包括场地测量图纸、文件和各种测量标志的移交。

8）单项工程较多的工程，应争取分批竣工，并提交监理人验收，发给竣工证明。工程全部具备验收条件而发包人无故拖延验收时，应规定发包人向承包人支付工程费用。

9）承包人应有由于工程变更、恶劣气候影响，或其他由于发包人的原因要求延长竣工时间的正当权利。

（5）关于劳务

1）有些合同条件规定："不管什么原因，发包人发现施工进度缓慢，不能按期完成本工程量，有权自行增加必要的劳动力以加快工程进度，而支付这些劳动力的费用应当在支付给承包人的工程价款中扣除"。这一条需要承包人注意两点：

① 如当地有限制外籍劳务的规定，则须同发包人商定取得入境、临时居住和工作的许可手续，并在合同中明确发包人协助取得各种许可手续的责任的规定；

② 因劳务短缺而延误工期，如果是由于发包人未能取得劳务入境、居留和工作许可，当地又不能招聘到价格合理和技术较好的劳动力，则应归咎为发包人的延误，而非承包人造成的延误。

因此，应该争取修改这种不分析原因的惩罚性条款。

2）为提高工效和缩短工期，应争取发包人同意允许加班，至少对于非隐蔽工程允许加班。由于加班而应额外增加的工资可按当地劳工法的规定，由承包人支付。

175

3）对于限制外籍劳务的国家，应争取列入"当公开招聘和当地劳动人事部门协助下仍不能获得足够的当地的熟练劳务时，允许外籍劳务入境实施该项目工程"条款。

4）应当拒绝列入对外籍人员和劳务有侮辱性和歧视性条款，但劳务人员必须遵守法律、尊重当地风俗习惯、禁酒、禁止出售和使用麻醉毒品和武器弹药、不得扰乱社会治安等。

5）争取列入允许外籍劳务享受其本国节假日的规定。

（6）关于材料和操作工艺

1）对于报送材料样品给监理人或发包人审批和认可，应规定答复期限。发包人或监理人在规定答复期限不予答复，即视作"默许"。经"默许"后再提出更换，应该由发包人承担因工程延误施工期和原报批的材料已订货而造成的损失。

2）对于应向承包人提供的现场测量和试验的仪器设备，应在合同中列出清单，写明型号、规格、数量等。如果超出清单内容，则应由发包人承担超出的费用。

3）争取在合同或"补遗"中写明材料化验和试验的权威机构，以防止对化验结果的权威性产生争执。

4）如果发生材料代用、更换型号及其标准问题时，承包人应注意两点：

① 将这些问题载入合同"补遗"中去。

② 如有可能，可趁发包人在议标时压价而提出材料代用的意见，更换那些招标文件中规定的高价而难以采购的材料，用承包人熟悉货源并可获得优惠价格的材料代替。

5）关于工序质量检查问题。如果监理人延误了上道工序的检查时间，往往使承包人无法按期进行下一道工序，而使工程进度受到严重影响。因此，应对工序检验制度作出具体规定，不得简单地规定"不得无理拖延"了事。特别是对及时安排检验要有时间限制，超出限制，监理人未予检查，则承包人可认为该工序已被接受，可进行下一道工序施工。

（7）关于施工机具、设备和材料的进口

1）承包人应争取用本国的机具、设备和材料去承包涉外工程。许多国家允许承包人从国外运入施工机具、设备和材料为该工程专用，工程结束后再将机具和设备运出国境。如有此规定，应列入合同"补遗"中。

2）应要求发包人协助承包人取得施工机具、设备和材料进口许可。

（8）关于工程的变更和增加

1）工程变更应有一个合适的限额，超过限额，承包人有权修改单价。

2）对于单项工程的大幅度变更，应在工程施工初期提出，并争取规定限期。超过限期大幅度增加单项工程，由发包人承担材料、工资价格上涨而引起的额外费用；大幅度减少单项工程，发包人应承担因材料已经订货而造成的损失。

（9）关于不可抗力的特殊风险

在 FIDIC 条款中有规定，可参照。

（10）关于争端、法律依据及其他

1）应争取用和解和调解的方法解决双方争端。因为和解灵活性比较大，有利于双方经济关系的进一步发展。如果和解不成，需调解，则争取由中国的涉外调解机构调解；如果调解不成，需仲裁解决，则争取由中国国际经济贸易仲裁委员会仲裁。

2) 合同规定管辖的法律通常是当地法律，因此，应对当地有关法律有相当的了解。

3) 应注意税收条款。在投标之前应对当地税收进行调查，将可能发生的各种税收计入报价中，并应在合同中规定，对合同价格确定以后由于当地法令变更而导致税收或其他费用的增加，应由发包人按票据进行补偿。

（11）关于付款

承包人最为关心的问题就是付款问题。经验告诉我们，发包人和承包人发生的争议，多数集中在付款问题上。付款问题可归纳为三个方面，即价格问题、货币问题、支付方式问题。

1) 价格问题。国际承包工程的合同计价方式有三类。如果是固定总价合同，承包人应争取订立"增价条款"，保证在特殊情况下，允许对合同价格进行自动调整。这样，就将全部或部分成本增高的风险转移至建设单位承担。如果是固定单价合同，合同总价格的风险将由建设单位和承包人共同承担。其中，由于工程数量方面的变更而引起的预算价格的超出，将由发包人负担，而单位工程价格中的成本增加，则由承包人承担。对固定单价合同，也可带有"增价条款"。如果是成本加酬金合同，成本提高的全部风险由发包人承担。但是承包人一定要在合同中明确哪些费用列为成本，哪些费用列为酬金。

2) 货币问题。主要是货币兑换限制、货币汇率浮动、货币支付问题。货币支付条款主要有：固定货币支付条款，即合同中规定支付货币的种类和各种货币的数额，今后按此付款，而不受货币价值浮动的影响；选择性货币条款，即可在几种不同的货币中选择支付，并在合同中用不同的货币标明价格。这种方式也不受货币价值浮动的影响，但关键在于选择权属于谁的问题，承包人应争取主动权。

3) 支付问题。主要有时间、支付方式和支付保证金等问题。在支付时间上，承包人越早得到付款越好。支付的方法有：预付款、工程进度付款、最终付款和退还保证金。对于承包人来说，一定要争取到预付款，而且预付款的偿还按预付款与合同总价的同一比例每次在工程进度款中扣除为好。对于工程进度付款，应争取它不仅包括当月已完成的工程价款，还包括运到现场合格材料与设备费用。最终付款，意味着工程的竣工，承包人有权取得全部工程的合同价款中一切尚未付清的款项。承包人应争取将工程竣工结算和保修责任予以区分，可以用一份保修工程的银行担保函来担保自己的保修责任，并争取早日得到全部工程价款。关于退还保留金的问题，承包人争取降低扣留金额的数额，使之不超过合同总价的5%，并争取工程竣工验收合格后全部退还，或者用保修保函代替扣留的应付工程款。

（12）关于工程质量保修

1) 应当明确工程质量保修范围和内容、保修期限、保修责任、保修金的支付和保修金的返还，并双方共同签署工程质量保修书。

2) 一般工程保修期届满应退还保修金。承包人应争取以保修保函替代工程价款的保留金。因为保修保函具有保函有效期的规定，可以保障承包人在保修期满时自行撤销其保修责任。

总之，需要谈判的内容非常多，而且，双方均以维护自身利益为核心进行谈判，更加使得谈判复杂化、艰难化。因此，需要精明强干的投标班子或者谈判班子施行仔细、具体的谋划。

3. 合同审查

（1）合同审查的目的

承包人在获得建设单位的招标文件后，应立即指令工程造价和合同管理者对招标文件中的合同文本进行审查。审查的主要目的有：

1）将合同文本"解剖"开来，使它"透明"和易于理解，使承包人和合同主谈人对合同有一个全面的了解。

这个工作非常需要，因为合同条款常常不易读懂，连贯性差，对某一问题可能会在几个文件或条款中予以定义或说明。所以首先必须将它归纳整理，再进行结构分析。

2）检查合同内容上的完整性，用标准的合同结构对照该合同文本，即可发现它缺少哪些必须条款。

3）分析评价每一合同条款执行的法律后果，将给承包人带来的风险，为合同谈判和签订提供决策依据。

4）通过审查还可以发现：

① 合同条款之间的矛盾性，即不同条款对同一具体问题规定或要求不一致；

② 对承包人不利，甚至有害的条款，如过于苛刻、责权利不平衡、单方面约束性条款；

③ 隐含着较大风险的条款；

④ 内容含糊，概念不清或自己未能完全理解的条款。

所有这些均应向发包人提出，要求解释和澄清。

对于一些重大的工程或合同关系和合同文本很复杂的工程，合同审查的结果应经律师或合同法律专家校对评价，或在他们的直接指导下进行审查。这会减少合同中的风险，减少合同谈判和签订中的失误。

（2）合同审查表

合同审查是通过合同审查表进行的。要达到合同审查的目的，审查表至少应具备以下功能：

1）完整的审查项目和审查内容。通过审查表可以直接检查合同条款的完整性。

2）对应审查项目的具体条款和具体合同内容。

3）对合同内容的分析评价，即合同中有什么样的问题和风险。

4）针对分析出来的问题提出建议或对策。

6.3.3 合同谈判技巧

1. 研究好合同谈判的目的

（1）发包人参加谈判的目的

1）通过谈判，了解投标者报价的构成，进一步审核和压低报价。

2）进一步了解和审查投标者的施工规划和各项技术措施是否合理，以及负责项目实施的班子力量是否足够雄厚，能否保证工程的质量和进度。

3）根据参加谈判的投标者的建议和要求，也可吸收其他投标者的建议，对设计方案、图纸、技术规范进行某些修改后，估计可能对工程报价和工程质量产生的影响。

（2）投标者参加谈判的目的

1）争取中标。即通过谈判宣传自己的优势，包括技术方案的先进性，报价的合理性，所提建议方案的特点，许诺优惠条件等，以争取中标。

2）争取合理的价格，既要准备应付发包人的压价，又要准备当发包人拟增加项目、修改设计或提高标准时适当增加报价。

3）争取改善合同条款，包括争取修改过于苛刻的和不合理的条款，澄清模糊的条款和增加有利于保护承包人利益的条款。

虽然双方的目的看起来是对立的、矛盾的，但在为工程选择一家合格的承包人这一点上则是发包人的基本意图，参加竞争的投标者中，谁能掌握发包人心理，充分利用谈判的技巧争取中标，谁就是强者。

2. 掌握好合同谈判的规则

在谈判中，如果注意掌握好合同谈判的规则，将使谈判富有成效。

1）谈判前应作好充分准备，如备齐文件和资料，拟好谈判的内容和方案，对谈判对方的性格、年龄、嗜好、资历、职务均应有所了解，以便派出合适人选参加谈判。在谈判中，要统一口径，不得将内部矛盾暴露在对方面前。

2）谈判的主要负责人不宜急于表态，应先让副手主谈，主要负责人在旁视听，从中找出问题的症结，以备进攻。

3）谈判中要抓住实质性问题，不要在枝节问题上争论不休。实质性问题不轻易让步，枝节问题要表现宽宏大量的风度。

4）谈判要有礼貌，态度要诚恳、友好，平易近人；发言要稳重，当意见不一致时不能急躁，更不能感情冲动，甚至使用侮辱性语言。一旦出现僵局时，可暂时休会。

5）少说空话、大话，但偶尔赞扬自己在国内、甚至国外的业绩是必不可少的。

6）对等让步的原则。当对方已作出一定让步时，自己也应考虑作出相应的让步。

7）谈判时必须记录，但不宜录音，否则对方情绪紧张，影响谈判效果。

3. 运用好合同谈判策略和技巧

灵活运用好合同谈判策略和技巧是极为重要的。通常，在决标前，即承包人需要与几个对手竞争时，必须慎重，处于守势，尽量少提出对合同文本作大的修改。在中标后，即发包人已选定承包人作为中标人，应积极争取修改风险型条款和过于苛刻的条款，对原则问题不能退让和客气。

合同谈判时既要坚持自己的原则，又要善于寻求多种解决办法，不使谈判破裂。有时由于发包人条件过于苛刻而不能达成协议，也要寻求适当的理由，把其原因归于对方。

合同谈判是多次才能完成的，所以不要急于求成，谈判时对合同中含混不清的词句，应在谈判中加以明确。如合同中不能笼统地写上"发包人提交的图纸属于合同文件"，只能承认"由双方签字确认的图纸属于合同文件"，应防发包人借补充图纸的机会增加内容。

合同谈判双方达成一致协议后，即可由双方法人代表签字，签字后的合同文件即成为工程正式发包承包的法律依据。至此，发包人和中标人即建立了受法律保护的合作关系，招标投标工作即告完成。

6.4 合同的履约管理

合同的履行是指工程建设项目的发包人和承包人根据合同规定的时间、地点、方式、内容和标准等要求，各自完成合同义务的行为。合同的履行是合同当事人双方都应尽的义务。任何一方违反合同，不履行合同义务，或者未完全履行合同义务，给对方造成损失时，都应当承担赔偿责任。

合同签订以后，当事人必须认真分析合同条款，向参与项目实施的有关责任人做好合同交底工作，在合同履行过程中进行跟踪与控制，并加强合同的变更管理，保证合同的顺利履行。

6.4.1 合同履行管理

在合同履行过程中，为确保合同各项指标的顺利实现，承包人需建立一套完整的施工合同管理制度。其内容主要有：

1. 工作岗位责任制度

这是承包人的基本管理制度。它具体规定承包人内部具有施工合同管理任务的部门和有关管理人员的工作范围、履行合同中应负的责任，以及拥有的职权，只有建立工作岗位责任制度，才能使分工明确、责任落实，促进承包人施工合同管理工作正常开展，保证合同指标顺利实现。

2. 检查制度

承包人应建立施工合同履行的监督检查制度，通过检查发现问题，督促有关部门和人员改进工作。

3. 统计考核制度

这是运用科学的方法，利用统计数字，反馈施工合同的履行情况。通过对统计数据的分析，为经营决策提供重要依据。

4. 奖惩制度

奖优罚劣是奖惩制度的基本内容。建立奖惩制度有利于增强有关部门和人员在履行施工合同中的责任。

6.4.2 合同跟踪与控制

合同签订以后，合同中各项任务的执行要落实到具体的项目经理部或具体的项目参与人员身上，承包人作为履行合同义务的主体，必须对合同执行者（项目经理部或项目参与人）的履行情况进行跟踪、监督和控制，确保合同义务的完全履行。

1. 合同跟踪

合同跟踪有两个方面的含义：一是承包人的合同管理职能部门对合同执行者（项目经理部或项目参与人）的履行情况进行的跟踪、监督和检查；二是合同执行者（项目经理部或项目参与人）本身对合同计划的执行情况进行的跟踪、检查与对比。在合同实施过程中二者缺一不可。

对合同执行者而言，应该掌握合同跟踪的以下方面：

（1）合同跟踪的依据

合同跟踪的重要依据是合同以及依据合同而编制的各种计划文件；其次还要依据各种实际工程文件，如原始记录、报表、验收报告等；另外，还要依据管理人员对现场情况的直观了解，如现场巡视、交谈、会议、质量检查等。

（2）合同跟踪的对象

1）承包的任务

① 工程施工的质量，包括材料、构件、制品和设备等的质量，以及施工或安装质量，是否符合合同要求等；

② 工程进度，是否在预定期限内施工，工期有无延长，延长的原因是什么等；

③ 工程数量，是否按合同要求完成全部施工任务，有无合同规定以外的施工任务等；

④ 成本的增加和减少。

2）工程小组或分包人的工作

可以将工程施工任务分解，交由不同的工程小组或发包给专业分包完成，必须对这些工程小组或分包人及其所负责的工程进行跟踪检查，协调关系，提出意见、建议或警告，保证工程总体质量和进度。

对专业分包人的工作和负责的工程，总承包人负有协调和管理的责任，并承担由此造成的损失，所以专业分包人的工作和负责的工程必须纳入总承包工程的计划和控制中，防止因分包人工程管理失误而影响全局。

3）发包人和其委托的监理人的工作

① 是否及时、完整提供了工程施工的实施条件，如场地、图纸、资料等；

② 发包人和监理人是否及时给予了指令、答复和确认等；

③ 发包人是否及时并足额地支付了应付的工程款项。

2. 合同实施的偏差分析

通过合同跟踪，可能会发现合同实施中存在着偏差，即工程实施实际情况偏离了工程计划和工程目标，应该及时分析原因，采取措施，纠正偏差，避免损失。

合同实施偏差分析的内容包括以下几个方面：

（1）产生偏差的原因分析

通过对合同执行实际情况与实施计划的对比分析，不仅可以发现合同实施的偏差，而且可以探索引起差异的原因。原因分析可以采用鱼刺图、因果关系分析图（表）、成

181

本量差、价差、效率差分析等方法定性或定量地进行。

（2）合同实施偏差的责任分析

责任分析即分析产生合同偏差的原因是由谁引起的，应该由谁承担责任。

责任分析必须以合同为依据，按合同规定落实双方的责任。

（3）合同实施趋势分析

针对合同实施偏差情况，可以采取不同的措施，应分析在不同措施下合同执行的结果与趋势，包括：

1）最终的工程状况，包括总工期的延误、总成本的超支、质量标准、所能达到的生产能力（或功能要求）等；

2）承包人将承担什么样的后果，如被罚款、清算，甚至被起诉，对承包人资信、企业形象、经营战略的影响等；

3）最终工程经济效益（利润）水平。

3. 合同实施偏差处理

根据合同实施偏差分析的结果，承包人应该采取相应的调整措施，调整措施可以分为：

（1）组织措施，如增加人员投入，调整人员安排，调整工作流程和工作计划等；

（2）技术措施，如变更技术方案，采用新的高效率的施工方案等；

（3）经济措施，如增加投入，采取经济激励措施等；

（4）合同措施，如进行合同变更，签订附加协议，采取索赔手段等。

6.4.3　合同变更管理

工程变更一般是指在工程施工过程中，根据合同约定对施工的程序、工程的内容、数量、质量要求及标准等作出的变更。

1. 工程变更的原因

工程变更一般主要有以下几个方面的原因：

（1）发包人新的变更指令，对建筑的新要求。如发包人有新的意图，发包人修改项目计划，削减项目预算等。

（2）由于设计人、监理人、承包人事先没有很好地理解发包人的意图，或设计的错误，导致图纸修改。

（3）工程环境的变化，预定的工程条件不准确，要求实施方案或实施计划变更。

（4）由于新技术的应用，有必要改变原设计、原实施方案或实施计划，或由于发包人指令及发包人责任的原因造成承包人施工方案的改变。

（5）政府部门对工程新的要求，如国家计划变化、环境保护要求、城市规划变动等。

（6）由于合同实施出现问题，必须调整合同目标或修改合同条款。

2. 工程变更的范围

根据 FIDIC 施工合同条件，工程变更的内容可能包括以下几个方面：

（1）改变合同中所包括的任何工作的数量；

（2）改变任何工作的质量和性质；

（3）改变工程任何部分的标高、基线、位置和尺寸；

（4）删减任何工作；

（5）任何永久工程需要的附加工作、工程设备、材料或服务；

（6）改动工程的施工顺序或时间安排。

根据我国施工合同示范文本，工程变更包括设计变更和工程质量标准等其他实质性内容的变更，其中设计变更包括：

（1）更改工程有关部分的标高、基线、位置和尺寸；

（2）增减合同中约定的工程量；

（3）改变有关工程的施工时间和顺序；

（4）其他有关工程变更需要的附加工作。

3. 工程变更的程序

根据统计，工程变更是索赔的主要起因。由于工程变更对工程施工过程影响很大，会造成工期的拖延和费用的增加，容易引起双方的争执，所以要十分重视工程变更管理问题。

一般工程施工承包合同中都有关于工程变更的具体规定。工程变更一般按照如下程序。

根据工程实施的实际情况，承包人、发包人、监理人、设计人都可能根据需要提出工程变更。

承包人提出的工程变更，应该交予监理人审查并批准；由设计人提出的工程变更应该与发包人协商或经发包人审查并批准；由发包人提出的工程变更，涉及设计修改的应该与设计人协商，并一般通过监理人发出。监理人发出工程变更的权力，一般会在施工合同中明确约定，通常在发出变更通知前应征得发包人批准。

《标准施工招标文件》的合同条款及格式一章中规定：

在合同履行过程中，发生或可能发生合同约定情形的，监理人可向承包人发出变更意向书。变更意向书应说明变更的具体内容和发包人对变更的时间要求，并附必要的图纸和相关资料。变更意向书应要求承包人提交包括拟实施变更工作的计划、措施和竣工时间等内容的实施方案。发包人同意承包人根据变更意向书要求提交的变更实施方案的，由监理人按合同约定发出变更指示。

承包人收到监理人按合同约定发出的图纸和文件，经检查认为其中存在合同约定情形的，可向监理人提出书面变更建议。变更建议应阐明要求变更的依据，并附必要的图纸和说明。监理人收到承包人书面建议后，应与发包人共同研究，确认存在变更的，应在收到承包人书面建议后的 14 天内作出变更指示。经研究后不同意作为变更的，应由监理人书面答复承包人。

若承包人收到监理人的变更意向书后认为难以实施此项变更，应立即通知监理人，说明原因并附详细依据。监理人与承包人和发包人协商后确定撤销、改变或不改变原变更意向书。

4. 工程变更的责任分析

根据工程变更的具体情况可以分析确定工程变更的责任和费用补偿。

（1）由于发包人要求、政府部门要求、环境变化、不可抗力、原设计错误等导致的设计修改，应该由发包人承担责任，由此所造成的施工方案的变更以及工期的延长和费用的增加应该向发包人索赔。

（2）由于承包人的施工过程、施工方案出现错误或疏忽而导致设计的修改，应该由承包人承担责任。

（3）施工方案变更要经过监理人的批准，不论这种变更是否会对发包人带来好处（如工期缩短，节约费用）。

由于承包人的施工过程、施工方案本身的缺陷而导致了施工方案的变更，由此所引起的费用增加和工期延长应该由承包人承担责任。

发包人与承包人签订合同前，可以要求承包人对施工方案进行补充、修改或作出说明，以便符合发包人的要求。签订合同后发包人为了加快工期、提高质量等要求变更施工方案，由此所引起的费用增加可以向发包人索赔。

【案例6-2】 某施工单位（乙方）与某建设单位（甲方）按照《建设工程施工合同（示范文本）》GF—2017—0201签订了某项工业建筑的地基处理与基础工程施工合同。由于工程量无法准确确定，根据施工合同专用条款的规定，按施工图预算方式计价，乙方必须严格按照施工图及施工合同规定的内容及技术要求施工。乙方的分项工程首先向监理工程师申请质量验收，取得质量验收合格文件后，向造价工程师提出计量申请和支付工程款。工程开工前，乙方提交了施工组织设计并得到批准。

问题：

1. 在工程施工过程中，当进行到施工图所规定的处理范围边缘时，乙方在取得在场的监理工程师认可的情况下，为了使夯击质量得到保证，将夯击范围适当扩大。施工完成后，乙方将扩大范围内的施工工程量向造价工程师提出计量付款的要求，但遭到拒绝。试问造价工程师拒绝乙方的要求合理否？为什么？

2. 在工程施工过程中，乙方根据监理工程师指示就部分工程进行了变更施工。试问工程变更部分合同价款应根据什么原则确定？

解析：

1. 造价工程师的拒绝合理。其原因：该部分的工程量超出了施工图的要求，一般地讲，也就超出了工程合同约定的工程范围。对该部分的工程量监理工程师可以认为是承包商的保证施工质量的技术措施，一般在甲方没有批准追加相应费用的情况下，技术措施费用应由乙方自己承担。

2. 根据《建设工程施工合同（示范文本）》GF—2017—0201规定，应按照下列原则调整：

（1）已标价工程量清单或预算书有相同项目的，按照相同项目单价认定；

（2）已标价工程量清单或预算书中无相同项目，但有类似项目的，参照类似项目的单价认定。

6.4.4　合同信息管理

施工合同管理是对工程承包合同的签订、履行、变更和解除等进行筹划和控制的过程。为了确保各方利益，保证合同的顺利履行，必须重视合同信息管理工作，即对合同执行过程中的各种信息进行收集、整理、处理、存储、传递和应用，使有关部门和人员能及时准确地获取相应的信息，便于及时作出有关决策。

施工合同信息管理的任务包括对有关施工合同信息进行分类和编码，确定合同信息收集与处理工作流程图，确定信息管理任务分工表，确定各种报表和报告的内容和格式，进行合同信息的文档管理，建立信息管理制度和文档管理制度等。

1. 信息分类与编码

建设项目中的发包人与承包人是一种合同关系，双方均应该以合同为核心展开相关工作，而项目实施过程中的多数信息都是与合同有关的，如有关质量、进度和费用等的信息都是合同信息，设计变更、材料采购与供应、有关试验和检验报告等都与合同的履行有关。因此项目施工中的信息种类多，数量大，必须对其进行分类和编码，才能有效地进行管理。

一个项目有不同类型和不同用途的信息，可以从不同角度对其进行分类，如可以按项目的分解结构进行分类，如子项目 1、子项目 2、子项目 n 等进行信息分类；也可以按项目管理工作的任务进行分类，如成本控制、进度控制、质量控制等进行信息分类。

施工合同履行过程中可能产生的各种信息有：

（1）补充签订的协议；

（2）发包人或监理人的工作指令、工程签证、信件、会谈纪要等；

（3）各种变更指令、申请、变更记录；

（4）各种检查验收报告、鉴定报告；

（5）施工中的各种记录、施工日记等；

（6）官方的各种批文、文件；

（7）反映工程实施情况的各种报表、报告、图片等。

为了有组织地存储信息，方便信息检索和加工整理，必须对施工项目的合同信息进行编码，如合同编码、项目结构编码、函件编码、进度报告编码、成本项编码等。这些编码可以为不同的用途而编制，如成本项编码服务于成本控制。但是有些编码并不仅仅是对某一项管理工作而编制，如成本控制、进度控制、质量控制等都要用到项目的结构编码，因此，需要进行编码的组合，如某合同中某部位（或某子项目）的进度信息可以用组合编码的方式表示为：

合同号/部位或子项目号/类别信息号/流水号。

2. 明确责任分工

为保证信息管理任务的落实，必须从组织上予以保证，明确信息管理的人员、分工和责任，建立信息管理任务分工表和职能分工表，明确哪些信息由谁负责收集、谁负责处理、职能分工是什么等。比如，文件的收发由某一专人负责，但不同文件的签发权可能属于不同的管理人员，而收到的质量或费用的信息又可能由不同的管理人员处理等。因此，必须落实具体管理岗位和人员，并进行任务分工和职能分工。

3. 建立合同信息管理制度

要建立合同信息的采集、处理、存储和应用的工作制度，确定各种信息的处理工作流程，从制度上保证信息管理工作的有序、顺畅。对施工管理中的各种文档，要建立文档管理工作制度，对归档资料进行分类、登记和编码，建立合理的借阅制度和保密制度。

承包人应做好施工合同的文件管理，不但应做好施工合同的归档工作，还应以此指导生产，安排计划，使其发挥重要作用。承包人应当由项目经理组织管理人员，特别是总工程师、总会计师、负责设计和施工的工程师、测量及计算工程量的造价工程师、负责财务的人员等认真学习和研究合同条件，只有熟悉理解合同条件，才能自觉执行和运用合同文件，保证合同的顺利实施，保护自己权益，避免不必要的损失。

微课 6.2
不可抗力的
免费条款

6.4.5　合同纠纷处理

根据《中华人民共和国民法典》《中华人民共和国招标投标法》《中华人民共和国民事诉讼法》等法律规定，结合民事审判实际，就审理建设工程施工合同纠纷案件适应法律的问题，制定了《最高人民法院关于审理建设工程施工合同纠纷案件适用法律问题的解释》，实际工作中以本解释为准。

1. 施工合同争议的解决方式

根据《中华人民共和国民法典》规定，合同争议的解决方式主要有和解、调解、仲裁和诉讼等。

合同当事人在履行施工合同时发生争议，可以和解或者要求合同管理及其他有关主管部门调解。和解或调解不成的，双方可以在专用条款内约定以下一种方式解决争议：

（1）双方达成仲裁协议，向约定的仲裁委员会申请仲裁；

（2）向有管辖权的人民法院起诉。

如果当事人选择仲裁的，应当在专用条款中明确的内容有：请求仲裁的意思表示；仲裁事项；选定的仲裁委员会。在施工合同中直接约定仲裁的，关键是要指明仲裁委员会。

仲裁没有法定管辖，而是依据当事人的约定由哪一个仲裁委员会仲裁。选择仲裁和仲裁事项，则可用专用条款的方式实现。当事人选择仲裁的，仲裁机构作出的裁决是终局的，具有法律效力，当事人必须执行。如果一方不执行的，另一方可向有管辖权的人民法院申请强制执行。

如果当事人选择诉讼的，则施工合同的纠纷一般应由工程所在地的人民法院管辖。当事人只能向有管辖权的人民法院起诉作为解决争议的最终方式。

2. 争议发生后允许停止履行合同的情况

发生争议后，在一般情况下，双方都应继续履行合同，保证施工连续，保护好已完工程，只有出现下列情况时，当事人方可停止履行施工合同：

（1）单方违约导致合同确已无法履行，双方协议停止施工；

（2）明确要求停止施工，且为双方接受；

（3）仲裁机关要求停止施工；

（4）法院要求停止施工。

【案例 6-3】　在西南部某专业部委的一个工程项目建设，其资金来源于某专业部委的一家国有独资大型企业全额投资，工程用途为货场，原预算投资为 1000 多万元，工程结算方式为经审批的设计预算加"工程变更设计"和工程签证的计价。

地基基础施工时，龙门吊地基开挖时遇到出乎意料的岩石，该工程的设计、施工、监理、建设几方现场开会讨论，设计单位现场确定施工方案，但是没有任何书面依据，施工单位继续施工，在此期间和之后一直未办理工程变更手续，施工单位也没有提出口头的变更要求。但是，在工程竣工验收 3 个月之后，施工单位向监理单位提出书面变更要求，提出龙门吊地基开挖岩石，需调增设计标高范围内原预算土方的单价，并要求全部土方工程价格都调增。不仅如此，还提出基础底面标高比原设计图纸标高平均超深 2 米，不仅增加了土方开挖量，还需要回砌 4000 多立方米 M10 的水泥砂浆砌筑片石，总共要求增加造价 100 多万元。

然而实际情况是，在原设计标高范围内，地基开挖确遇岩石，但只有一小部分，其余大部分仍是土方，施工单位要求全部土方工程都调增单价，属于高估冒算。至于基础底面标高比原设计超深，要求调增的开挖岩石工程数量和砌筑片石数量纯属无中生有。项目监理人员甲经过审核，将绝大多数工程数量核减之后，签署了意见，估计需增加造价 4 万多元。施工单位觉得太少，遂重新做了一份几乎一模一样的变更单，并且吸取经验"教训"改变策略：首先找设计人签字，设计人签署了完全肯定性的意见，然后再找项目监理人员乙签字，签署了与设计人一致的意见，最后由建设单位签了相同意见，以上各方都加盖了公章，估计总共约需增加造价 100 多万元。同一个工程项目同一个施工单位同一个施工部位提出的同样的工程变更内容，前后两份变更单增加的投资绝对数额上相差 100 多万元，相对差距近 30 倍！更不用说该工程的其他变更了。

问题：

1. 你认为，前后两次的变更单中投资数额相差悬殊的原因是什么？

2. 你认为，项目团队在进行项目变更时应该怎样做，才能避免日后不必要的纠纷呢？

解析：

1. 该项目对于工程变更没有按照规范的变更流程进行，更没有设立任何书面文档，导致项目结束后因范围变更引起纠纷。

2. 第一，项目团队应该使用《范围变更请求表》，正式记录范围变更需求，不执行口头收到的任何请求；第二，项目团队应有一套规范的变更管理程序，在发生变更时遵循规范的变更流程来进行；第三，利用"范围报告"定期报告、更新项目信息，随时了解项目的新情况，不接受项目收尾后的补充；第四，及时对项目外部的变化采取应对措施，因为项目外部环境发生变化（如政府的有关规定发生变化），客户对项目或项目产品等的要求也会发生变化。

6.5 合同风险的防范

188

6.5.1 风险管理的基本概念

1. 风险和风险量的基本概念

（1）风险指的是损失的不确定性，对于工程项目管理而言，风险是指可能出现的影响项目目标实现的不确定因素。

（2）风险量指的是不确定的损失程度和损失发生的概率。

$$风险量＝风险概率×风险损失量$$

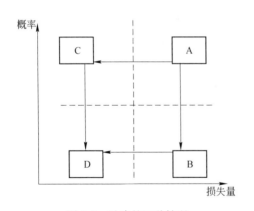

图 6-1 风险的四种情况

风险一般有四种情况（图 6-1）：

1）A 区，可能发生的事件其可能的损失程度和发生的概率都很大，则其风险量就很大。

2）B 区，可能发生的事件的可能的损失量很大，但发生的概率却很小。

3）C 区，可能发生的事件的可能的损失量较小，但发生的概率却很大。

4）D 区，可能发生的事件的可能的损失量较小，且发生的概率也很小。

（3）根据历史资料的统计和分析，若某事件经过风险评估，它处于风险 A 区时，则应采取措施降低其概率，或采取措施降低其损失量；当它处于风险 B 区和 C 区时，则应采取措施使其损失量减小，且发生的概率也变小。

（4）国际上有一些专门从事风险管理的咨询公司，在项目决策阶段和实施阶段对工程的风险进行评估，它们通过大量已发生的工程事故的调查，积累了许多事故的统计资料。风险管理的咨询公司不仅对工程的风险进行评估，并对风险管理的措施提出咨询建议等。

2. 风险管理的工作流程

风险管理是为了达到一个组织的既定目标，而对组织所承担的各种风险进行管理的系统过程，其采取的方法应符合公众利益、人身安全、环境保护以及有关法规的要求。

风险管理包括策划、组织、领导、协调和控制等方面的工作。其工作流程如下：

（1）风险辨识，分析存在哪些风险；

（2）风险分析，对各种风险衡量其风险量；

（3）风险控制，制定风险管理方案，采取措施降低风险量；

（4）风险转移，如对难以控制的风险进行投保等。

6.5.2　风险的辨识

风险是客观存在能导致损失，但发生与否又不能确定的现象。在市场经济中，不确定因素，也就是风险，总是存在的。而工程承包的风险往往比其他行业更大，但风险和利润是并存的，它们是矛盾和对立的统一体。在实践中，既没有零风险和百分之百获利的机会，也没有百分之百风险和零利润的可能，关键在于承包人能不能在投标和经营过程中，善于分析风险因素，正确估计风险大小，认真研究风险防范措施，以避免和减轻风险，把风险造成的损失控制至最低限度，甚至学会利用风险，把风险转为机遇，利用风险盈利。

研究风险，首先应该了解和辨识可能产生的风险因素，并结合将要投标和实施的工程进行具体的、细致的研究和分析，才谈得上风险管理。所以风险的辨识是进行风险管理的首要工作。

1. 风险因素分类

风险因素是指可能发生风险的各类问题和原因。风险因素范围广、内容多，从不同的角度划分，大致有以下几种分类：

（1）从风险的来源性质分类

从风险的来源可分为政治风险、经济风险、技术风险、商务及公共关系风险和管理方面风险五大类。

（2）从工程实施不同阶段分类

从工程实施全过程可分为投标阶段的风险、合同谈判阶段的风险、合同实施阶段的风险三大类。

（3）从风险严峻程度分类

从风险严峻程度可分为特殊风险和特殊风险以外的各类风险。特殊风险也称非常风险，主要指发包人所在国的政治风险，即由于内战、军事政变等原因引起了政权更迭，从而有可能使合同作废，甚至没收承包人的财产等。虽然在合同条件中一般都规定这类风险属于发包人应承担的风险，但政权更迭后，原有的政府被推翻，由原政府签订的一切合同等均有可能被废除，因而承包人无处索赔。特殊风险以外的各类风险，这些风险因素尽管有的也可能造成较严重的危害，有的可能造成一般危害，但只要善于管理，采取必要的防范措施，有一些风险是可以转移或避免的。

（4）从工程风险的范围分类

从工程风险的范围可分为项目风险、国别风险和地区风险三大类。这是指对于一个国际承包商而言，他所面临的风险不仅是具体项目的风险，而且范围更广泛，具有国家特征以至地区特征的重大风险。

（5）从建设工程项目构成风险的因素分类

建设工程项目的风险包括项目决策的风险和项目实施的风险。项目实施的风险主要包括设计的风险、施工的风险以及材料、设备和其他建设物资的风险等。建设工程项目的风险类型有多种分类方法，以下就构成风险的因素进行分类：

1）组织风险

① 设计人员和监理人员的知识、经验和能力；

② 承包管理人员和一般技工的知识、经验和能力；

③ 施工机械操作人员的知识、经验和能力；

④ 损失控制和安全管理人员的知识、经验和能力等。

2）经济与管理风险

① 工程资金供应条件；

② 合同风险；

③ 现场与公用防火设施的可用性及其数量；

④ 事故防范措施和计划；

⑤ 人身安全控制计划；

⑥ 信息安全控制计划等。

3）工程环境风险

① 自然灾害；

② 岩土地质条件和水文地质条件；

③ 气象条件；

④ 引起火灾和爆炸的因素等。

4）技术风险

① 工程设计文件；

② 工程施工方案；

③ 工程物资；

④ 工程机械等。

（6）从承包人在承包工程中可能面临的风险分类

承包人面临的风险可分为决策错误风险、缔约和履约风险、责任风险三大类。

承包人作为工程施工合同的一方当事人，所面临的风险贯穿于项目的始终。随着建筑市场竞争越来越激烈，承包人面临的风险也越来越大。承包人要求生存、图发展，必须对面临的风险有深刻的认识。

2. 风险因素辨识与估计

（1）风险因素辨识

一个公司的领导班子、一个工程的项目经理或是一个投标小组，在研究招标文件（或合同文件）以及在合同实施过程中，必须有强烈的风险意识，也就是要用风险分析与管理的眼光研究他接触到的每一个问题，并思考这个问题是否有风险？程度如何？一个善于驾驭风险的管理者必须对可能遇到的因素有一个比较全面而深刻的了解。下面按风险来源分类并辨识风险因素：

1）政治风险。它是指承包市场所处的政治背景可能给承包人带来的风险，属于来自投标大环境的风险因素，并不是工程项目本身所发生的，可是一旦发生，往往会给承包人带来难以估量的损失。属于这一类的风险因素有：对外战争或内战，国有化或低价收购甚至没收外资，政权更迭，国际经济制裁和封锁，发包人国家社会管理、社会风气等。

2）经济风险。它是指承包市场所处的经济形势和项目发包国的经济政策变化可能给承包人造成损失的因素，也属于来自投标大环境的风险，而且往往与政治风险相关联。这一类风险因素有：通货膨胀，货币贬值，外汇汇率变化，保护主义政策，发包人支付能力差，拖延付款等。

3）技术风险。它是指工程所在地的自然条件和技术条件给工程和承包人的财产造成损失的可能性。这一类风险因素有：

① 工程所在地自然条件的影响，主要表现于工程地质资料不完备，异常的酷暑或严寒、暴雨、台风、洪水等。

② 工程承包过程中技术条件的变化，此类情况比较复杂，常见的问题主要有：材料供应问题，设备供应问题，工程变更，技术规范要求不合理或过于苛刻，工程量表中项目说明不明确而投标时未发现等。

4）商务及公共关系风险。它是指不是来自工程所在国政治形势、经济状况或经济政策等投标大环境的风险，而是来自发包人、监理人或其他第三方以及承包人自身的风险因素，主要有：发包人支付能力和信誉差，监理人效率低，分包人或器材供应人不能履行合同，承包人自身的失误，联营体内部各方的关系，与工程所在国地方部门的关系。

5）管理方面风险。管理方面风险是指承包人在生产经营过程中因不能适应客观形势的变化，或因主观判断失误，或对已发生的事件处理欠妥而构成的威胁。这一类风险的因素有：工地领导班子及项目经理工作能力，工人效率，开工时的准备工作，施工机械维修条件，不了解的国家和地区可能引起的麻烦等。

（2）风险因素估计

一个工程在投标时可能会发现许多类似风险的因素和问题，究竟哪一些是属于风险因素？哪一些不属于风险因素？这是进行风险分析时必须首先研究解决的问题。

风险因素是指那些有可能发生的潜在危险，从而可能导致经济损失和时间损失的因

191

素。正确估计和确认风险因素的方法主要有：

1）深入细致地调查研究，不论在投标决策或是在投标前准备工作，都应十分注意调查研究，包括对项目所在国和地区的政治形势、经济形势、发包人资信、物资供应、交通运输、自然条件等方面的调查研究。

2）依赖投标人员的实践经验和知识面。因为一个项目投标牵涉到招标单位、工程技术、物资管理、合同、法律、金融、保险、贸易等许多方面的问题，因此，要由各方面的有经验的专家来参加分析确定。国外一些公司，对重要项目的风险评估，都要在由总经理主持的公司专门委员会上审议、讨论、确定是否投标。

在项目投标阶段会发现许多不确定因素，凡是通过调查研究可以排除的或是根据合同条款有可能在问题发生后通过索赔解决的，一般都不列为风险因素，例如图纸变更、工作范围变更引起的费用增加，都是可以根据合同条件向发包人提出索赔的，一般不应列为风险因素。

6.5.3　风险的评估

风险管理是分析处理由不确定性产生的各种问题的一整套方法，包括风险的识别、风险的估计和风险的控制与管理。风险评估的特点是广泛应用各门学科的理论和方法。比较适用于风险评估的方法主要有专家评分比较法和改进的专家评分法。

1. 专家评分比较法

专家评分比较法主要找出各种潜在的风险并对风险后果作出定性评估。对那些风险后果很难在较短时间内用统计方法、实验分析方法或因果关系论证得出的情形特别适用。

在投标时采用专家评分比较法分析风险的具体步骤如下：

（1）由投标小组成员和有投标和工程施工经验的、最好去过该国或该地区工作的工程师，以及负责该项目的成员组成专家小组，共同就某一项目可能遇到的风险因素进行分类、排序，并分别为各个因素确定权数，以表示其对项目风险的影响程度。

（2）评估每种风险发生的可能性，按很大、较大、中等、较小、很小 5 个等级分别赋予发生概率权数 B：1.0、0.8、0.6、0.4、0.2。

（3）以影响程度权数 W 与风险发生的概率权数 B 相乘，求出该项目风险因素的得分（表 6-2）。若干项风险因素得分之和即为此工程项目风险因素的总分 ΣWB。这个数值越大说明风险越大。

专家评分比较法 表 6-2

可能发生的风险因素	权数 W	风险发生的概率权数 B					$W \times B$
		很大 1.0	较大 0.8	中等 0.6	较小 0.4	很小 0.2	
1. 物价上涨	0.50		✓				0.40
2. 发包人支付能力	0.10			✓			0.06
......							
10. 海洋运输问题	0.10			✓			0.06

$$\Sigma WB = 0.52$$

表 6-2 为用专家评分比较法对风险因素进行评估的示例，表中假设有 10 个风险因素（未一一列出）。ΣWB 叫风险度，表示一个项目的风险程度。由 $\Sigma WB = 0.52$，说明该项目的风险属于中等水平，是一个可以投标的项目，而且在报价中的风险费也可以取中等水平。

2. 改进的专家评分法

改进的专家评分法就是在专家评分比较法的基础上，进一步考虑专家的权威程度，并对他们的评定结果的重要性、权威性予以评价。其具体步骤如下：

（1）按专家评分比较法的具体要求，各位专家对项目的风险因素综合评分，得出 ΣWB。

（2）由公司的少数领导和权威人士对参与评分的专家参照以下几个方面，确定专家权威性权数的大小：

1）有国内外进行工程承包工作的经验；

2）对投标项目所在国及项目情况的了解程度；

3）是否参加了投标准备工作；

4）知识领域（单一学科或综合性学科）；

5）在投标项目风险分析讨论会上发言的水平。

该权威性权数的取值建议在 0.5～1.0 之间，1.0 代表专家的最高水平，对于其他专家，权威性取值可相应减少。最后的风险度值为各位专家评定的风险度乘以各位专家的权威性权数的和除以全部专家权威性权数的总和。

6.5.4 风险的防范

1. 风险的全过程防范管理

风险的分析和防范要贯彻在从递交投标文件、合同谈判阶段开始，到工程项目实施完成合同为止。

（1）投标阶段

这一阶段如果细分可分为资格预审阶段、研究投标报价阶段和递送投标文件阶段。

1）资格预审阶段：只能根据资格预审文件的一般介绍和对该国、该地区、该项目的粗略了解，对风险因素进行初步分析。将一些不清楚的风险因素作为投标时要重点调查研究的问题。

2）研究投标报价阶段：应该对所有可能出现的风险因素进行深入调研和探讨，以确定各项风险因素的加权值，同时将风险因素的分析送交项目投标决策人，以便研究决定是否递送投标文件。

3）递送投标文件阶段：在决定投标后，根据风险因素的分析，确定工程估价中风险系数的高低，以便确定风险费和其他费用，从而决定总报价。

（2）合同谈判阶段

要力争将风险因素发生的可能性减小，增加限制发包人的条款，并且采用保险、分散风险等方法来减少风险。

（3）合同实施阶段

项目经理及主要领导干部要经常对投标时所列的风险因素进行分析，特别是权数大、发生可能性大的因素，以主动防范风险的发生，同时注意研究投标时未估计到的，可能产生的风险，不断提高本公司风险分析和防范的水平。

（4）合同实施结束阶段

要专门对风险问题进行总结，以便不断提高本公司风险分析和防范的水平。

2. 风险的防范对策

（1）风险回避

风险回避主要是中断风险源，使其不致发生或遏制其发展。这种手段主要包括：

1）拒绝承担风险。采取这种手段有时可能不得不做出一些必要的牺牲，但较之承担风险，这些牺牲可能造成的损失要小得多，甚至微不足道。

2）放弃已经承担的风险以避免更大的损失。事实证明这是紧急自救的最佳办法。作为工程承包人，在投标决策阶段难免会因为某些失误而铸成大错。如果不及时采取措施，就有可能一败涂地。

回避风险是一种消极的防范手段。因为回避风险虽然避免损失，但同时也失去了获利的机会。如果企业想生存图发展，又想回避其预测的某种风险，最好采用除回避以外的其他方法。

（2）风险转移

风险转移包括相互转移风险和向第三方转移风险。转移工程项目风险有以下几种措施：

1）利用索赔制度，相互转移风险

对于预测到的工程项目风险，在谈判和签订施工合同时，采取双方合理分担的方法，对一个风险来讲，是最公平合理的处理方法。由于一些不可预测的风险总是存在的，不会有不承担风险、绝对完美和双方责权利关系绝对平衡的合同。因此，不可预测风险事件的发生，是造成经济损失或时间损失的根源，合同双方都希望转移风险，所以在合同履行中，推行索赔制度是相互转移风险的有效方法。因为在实际工程中，索赔是双向的：承包人可以向发包人索赔；发包人也可能向承包人索赔。但发包人向承包人索赔处理比较方便，它可以通过扣拨工程款及时解决索赔问题。而最常见、最有代表性、处理比较困难的是承包人向发包人转移风险，提出索赔。所以通常将它作为处理风险和进行索赔管理的重点和主要对象。这也是国际承包工程中一种普遍的做法。工程索赔制度在我国尚未普遍推行，发包和承包双方对索赔的认识还很不足，索赔和反索赔具体作法也还十分生疏。因此，发包和承包双方要不断了解索赔制度转移风险的意义，学会索赔方法，使转移工程风险的合理合法的索赔制度健康地开展起来，逐步与国际工程惯例接轨。

2）向第三方转移风险

向第三方转移风险包括推行担保制度、保险制度和向分包人转移风险。

① 实行担保。推行担保制度是向第三方转移风险的一种有法律、有保证的作法。《中华人民共和国担保法》中规定有五种担保方式。在建筑工程施工阶段以推行保证和抵押两种方式为宜。

a. 保证。保证是指保证人和债权人约定，当债务人不履行债务时，保证人按照约定履行债务或者承担责任的行为。当前我国已逐步推行银行保证或企业保证。

银行保证。国际上通行作法是在工程招标和合同履约过程中，实行银行保函制。由发包和承包双方开户银行，根据被保证人（即承包人或发包人）在银行存款情况和资信，开具保函，承担代偿责任。我国当前银行保函制，因为没有相应法规或规章，尚未普遍推行。要推行这一制度，国家建设行政主管部门和金融主管部门应当依据《中华人民共和国民法典》《中华人民共和国中国人民银行法》《中华人民共和国建筑法》等法律，制定"商业银行为建筑工程出具保函的管理规定"，对银行出具保函的原则、条件、责任和管理等作出详细规定，以利在我国逐渐推行银行保函制度。

企业保证。除推行银行保函制外，也可以推行有实力的大型企业作为工程承包人或发包人的保证人，由其出具保函，承担代偿责任。推行这种担保制度，也需有相应法规或规章作为依据。

推行保证制度，不仅可以转移合同当事人的风险，还可以对那些资信程度不高，实力不足的工程发包人或承包人，发包工程或承包工程有着很大的遏制作用，从根本上控制工程风险。

b. 抵押。抵押是指债务人或者第三人不转移抵押财产的占有，将该财产作为债权的担保。债务人不履行债务时，债权人有权依据《中华人民共和国民法典》规定，以该财产折价或者拍卖、变卖该财产的价款优先受偿。当然债务人抵押财产不属于向第三方转移风险范畴，但以第三人抵押财产，实行代偿则属于向第三方转移风险。推行这一制度，要在发包和承包双方签订工程承包合同的同时，由发包和承包双方或其任何一方与第三方抵押人订立抵押合同，并依法进行抵押物登记。建筑工程推行抵押制度转移工程风险，也需有相应法规或规章加以规范。

② 实行保险。保险是指投保人根据合同约定，向保险人支付保险费，保险人对于合同约定的可能发生的事故（风险），因其发生所造成的财产损失承担保险金责任；或者当被保险人死亡、伤残、疾病或者达到合同约定的年龄、期限时承担给付保险金责任的商业保险行为。上述保险概念，前者为财产保险，后者为人身保险。工程保险是工程发包人和承包人转移风险的一种重要手段。当出现保险范围内的风险，造成经济损失时，工程发包人或承包人才可以向保险公司索赔，以获得相应的赔偿。一般在招标文件中，特别是在投标报价说明中都要求承包人作出保险的承诺。建筑工程常见的险种有建筑工程一切险（及第三者责任险）、安装工程一切险（及第三者责任险）、工伤保险，以及其他保险。

③ 向分包人转移风险。有时有些条款发包人不会作出让步，但承包人又必须接受，否则会失去承包工程资格。对此可采取其他措施予以补救，如在分包合同中，通常要求分包人接受发包人合同文件中的各项合同条款，使分包人分担一部分风险。有的承包人

直接把风险比较大的部分分包出去，将发包人规定的误期损害赔偿费如数订入分包合同，将这些风险转移给分包人，从而减轻自身的风险压力。

（3）风险分离

风险分离是指将各风险单位分离间隔，以避免发生连锁反应或互相牵连。这种处理可以将风险局限在一定的范围内，从而达到减少损失的目的。为了尽量减少因汇率波动而招致的汇率风险，承包人可在若干不同的国家采购设备，付款采用多种货币。

（4）风险分散

风险分散与风险分离不一样，后者是对风险单位进行分离，限制以避免互相波及，从而发生连锁反应，而风险分散则是通过增加风险单位以减轻总体风险的压力，达到共同分摊集体风险的目的。对于工程承包人，多揽项目，广种薄收即可避免单一项目的过大风险。

（5）风险控制

风险控制是指使风险发生的概率和导致的损失降到最低程度。控制工程项目风险有以下几种主要措施：

1）熟悉和掌握有关工程施工阶段的法律法规

涉及施工阶段的法律法规是保护工程发包和承包双方利益的法定根据。发包和承包双方只有熟悉和掌握这些法律法规，才能依据法律法规办事。政府主管建设的行政部门和相关的中介机构，不断地向工程发包和承包双方宣传、讲解有关法律法规，提高发包和承包双方用法律保护自己利益的意识，才能有效地依法控制工程风险。

2）深入研究和全面分析招标文件

承包人取得招标文件后，应当深入研究和全面分析，正确理解招标文件，吃透发包人的意图和要求。要全面分析投标人须知，详细审查图纸，复核工程量，分析合同文本，研究投标策略，以减少合同签订后的风险。政府主管部门或中介机构，要提供或及时修订招标文件范本，以规范建筑工程交易行为，保证施工招标竞争的公平性，利于发包和承包双方控制风险。

3）签订完善的施工合同

基于"利益原则"，作为承包人宁可不承包工程，也不能签订不利的、独立承担过多风险的合同。在工程施工过程中存在很多风险，问题是由谁来承担。减少或避免风险是施工合同谈判的重点。通过合同谈判，对合同条款拾遗补缺，尽量完整，防止不必要的风险；通过合同谈判，使合同能体现双方责权利关系的平衡和公平，对不可避免的风险，由双方合理分担。使用合同示范文本（或标准文本）签订合同是使施工合同趋于完善的有效途径。由于合同示范文本内容完整，条款齐全，双方责权利明确、平衡，从而风险较小，对一些不可避免的风险，分担也比较公正合理。政府主管部门或中介机构，要提供不同类型工程施工合同示范文本，并不断修订和完善条款内容，对发包和承包双方签订合同和控制风险都是十分有利的。

4）掌握要素市场价格动态

要素市场价格变动是经常遇到的风险。在投标报价时，必须及时掌握要素市场价格，使报价准确合理，减少风险的潜在因素。但是在投标报价时往往对要素市场价格变化预测不周、考虑不足，特别是可调价格合同要控制风险，必须随时掌握要素市场价格变化，及时按照合同约定调整合同价格，以减少风险。

5）管理分包人，减少风险事件

对分包人的工程和工作，总承包人负有协调和管理的责任，并承担由此造成的损失。所以对分包人的承包工程和其工作，要严格管理，督促分包人认真履行分包合同，把总、分包之间可能发生的风险，减少到最低程度。依据政府主管部门制定的建筑工程总承包和分包管理办法，规范总承包和分包之间的行为，改变二者之间的无序现象。

6）在履行合同中分析工程风险

虽然在合同谈判和签订过程中，对工程风险已经发现，但是合同中还会存在词语含糊、约定不具体、不全面、责任不明确，甚至矛盾的条款。因此，任何建筑工程施工合同履行过程中都要加强合同管理，分析不可避免的风险，如果不能及时、透彻地分析出风险，就不可能对风险有充分的准备，则在合同履行中很难进行有效的控制。特别是对风险大的工程更要强化合同分析工作，预防和减少损失的发生。

（6）风险自留

风险自留又称自留风险。这是指当风险不能避免或因风险有可能获利时，由自己承担风险的一种作法。风险自留分为有意识和无意识自留风险两种。无意识风险自留是指不知风险的存在而未作处理，或风险已经发生，但没有意识到而未作处理。有意识风险自留是指虽然明知风险事件已经发生，但经分析由自己承担风险更为方便，或者风险较小自己有能力承担，从而决定自己承担风险。也有采取设立风险基金的方法，损失发生后用基金弥补。在建筑工程固定价格合同中考虑一定比例的风险基金，以前通常称为不可预见费，就是对合同中明确的潜在风险的处理基金。风险基金的比例，取决于合同风险范围和对风险分析的结果。一旦出现风险，发生经济损失，由风险基金支付。

（7）风险综合管理

风险综合管理是指在施工合同的实施过程中，采取技术的、经济的和管理的措施，以提高应变能力和对风险的抵抗能力。对风险大的工程派遣最得力的项目经理、技术人员、合同管理人员等，组成精干的项目管理小组；在技术力量、机械设备、材料供应、资金供应、劳务安排等方面予以特殊对待，全力保证合同实施；做周密的计划，采取有效的检查、监督和控制手段。

风险综合管理的主要防范措施要注意落实到具体的分部分项工程上，例如：

1）土方工程风险防范措施

土方开挖属建筑工程施工中高风险工程，应认真针对其风险源作好防范，积极采取有效对策。基本要求为：取得一切资料，全面掌握有关情况，积极采取防范措施。

① 塌方防范措施。防止开挖后塌方的关键是保证土坡的稳定。如严格按照规定放足边坡；控制坑（槽）周边的弃土、堆料及施工机械的开行和振动等。

② 滑坡防范措施。滑坡既有内因也有外因，内因是土体或岩体内层的方向与坡向角一致；外因是水和人工活动的影响，如填土、堆土、停放机具设备的影响，促使滑坡的发生。滑坡风险防范主要从控制外因着手，减少滑坡的诱发因素。

③ 基底扰动防范措施。防止基底土壤扰动的关键是按规范要求挖土和排、降水，如分层分段依次开挖；开挖至设计基底标高时，应及时铺设基础垫层和进行基础工程，否则应留保护层，等基础工程施工前挖至规定标高。

④ 流沙防范措施。产生流沙的主要原因是水，因此防水是首要防范措施。如合理选择施工时间，在地下水位低的枯水期施工；采用井点降水，使水位降低至规定要求等。

⑤ 填方工程风险防范措施。填方工程的主要风险事故实际上是由于土的密实度不足所引起的，因此填方达到设计的密实度，就可以降低填方工程中的许多风险，避免许多事故的产生。

2）钢筋混凝土结构工程风险防范措施

防止或减少各种工程质量事故或质量问题的发生，避免或减少由于事故而引起的财产损失和人员伤亡。

3）钢结构工程风险防范措施

为了控制和减少风险，减少和避免事故的发生，保证工程质量，应该从设计、材料、制作和安装等方面采取必要的措施。

4）建筑幕墙工程风险防范措施

为了控制和减少风险，保证幕墙工程质量，应该从设计、材料、制作和安装等方面采取必要的措施。如在幕墙安装施工时，应采取必要的安全措施。

5）脚手架工程风险防范措施

脚手架质量检查，是风险防范及控制的最主要手段，脚手架的一般检查主要包括：脚手架搭设检查，特殊情况下的检查，使用阶段的检查，拆除阶段的检查。

总之，在对风险进行识别分析和评价之后，承包人应根据招标文件要求和自身实际情况，决定是否参加投标，一般而言，对于风险极其严重的项目，多数承包人会主动放弃；对于潜伏严重风险的项目，除非能找到有效的回避措施，应采取谨慎的态度；而对于存在一般风险的项目，承包人应从工程实施全过程，全面地、认真地研究风险因素和可以采用的减轻风险、转移风险、控制损失的防范对策。

单 元 练 习

一、单选题

1. 不接受实力差、信誉不佳的分包人，属于承包人（　　）。

A. 回避风险　　　　B. 利用风险　　　　C. 转移风险　　　　D. 自留风险

2. 工程合同正式签订之前的工作程序是（　　）。

A. 合同谈判　　　　B. 合同交底　　　　C. 合同审查　　　　D. 合同分析

3. 合同正式履行之前，从执行的角度梳理、补充和解释合同的工作是（　　）。

A. 招标投标　　　　　B. 合同交底　　　　C. 合同审查　　　　D. 合同分析

4. 工程合同档案管理（　　）。

A. 就是工程档案管理　　　　　　　B. 高于工程档案管理

C. 属于工程档案管理　　　　　　　D. 与工程档案管理不尽相同

5. 合同变更，即双方当事人依法对合同的内容进行修改的时段应是在（　　）。

A. 工程开工以后合同履行完毕以前

B. 合同成立以后和工程竣工以前

C. 合同成立以后和履行完毕以前

D. 合同成立以前和履行完毕以后

二、多选题

1. 对施工合同执行者而言，合同跟踪的对象有（　　）。

A. 承包的任务　　　　　　　　　　B. 工程小组或分包人的工程和工作

C. 发包人和其委托的监理人的工作　D. 设计部门的设计变更工作

E. 供应商的供应进度和质量

2. 根据《标准施工招标文件》中的通用合同条款的规定，除专用合同条款另有约定外，在履行合同中发生（　　）之一，应按照规定进行工程变更。

A. 改变合同中所包括的任何工作的数量

B. 改变合同中任何一项工作的质量或其他特性

C. 改变合同工程的基线、标高、位置或尺寸

D. 删除任何工作

E. 改变工程的施工顺序或时间安排

3. 在项目施工中，若承包人提出的合理化建议涉及对设计图纸的变更，此变更（　　）。

A. 须经监理人同意

B. 不须经监理人同意

C. 发生的费用由发包人承担

D. 发生的费用由承包人承担

E. 发生的费用由双方约定承担

4. 施工合同按照计价方式不同可以分（　　）。

A. 总价合同　　　　　　　　　　　B. 单价合同

C. 成本加酬金合同　　　　　　　　D. 劳动合同

E. 劳务合同

5. 合同签订的原则有（　　）。

A. 符合承包人目标　　　　　　　　B. 尽可能使用标准的施工合同文本

C. 积极地争取自己的正当利益　　　D. 重视合同的法律性质

E. 重视合同的审查风险和风险分析

三、案例题

某矿山机械厂与某钢铁公司签订了加工承揽合同。合同规定：由钢铁公司提供原料，机械厂为其加工烧成车50台，总价款250万元。钢铁公司给付机械厂定金5万元。钢铁公司提供加工图纸，并要求机械厂保密。合同规定，由钢铁公司于××××年5月底自提货物，验收合格后按价

款转账结算。

××××年 5 月，钢铁公司去机械厂提货。检验后钢铁公司认为 20 台烧成车与加工图纸规格不符，另外 30 台质量低劣，因此拒收货并要求机械厂承担违约责任。

机械厂认为，与加工图纸不符的 20 台是合理的技术误差，另 30 台质量低劣是因为钢铁公司供料不合格。双方为此发生了纠纷。

问题：

1. 钢铁公司与机械厂签订的是什么合同？该类合同中还有什么其他种类？

2. 双方所签订合同中没有质量和技术标准，双方又各执一词。怎么处理？

3. 钢铁公司给付机械厂 5 万元预付款，如果机械厂不履行合同怎么处置？

200

单元 6　在线自测题

教学单元 7

施工索赔

【单元学习导图】

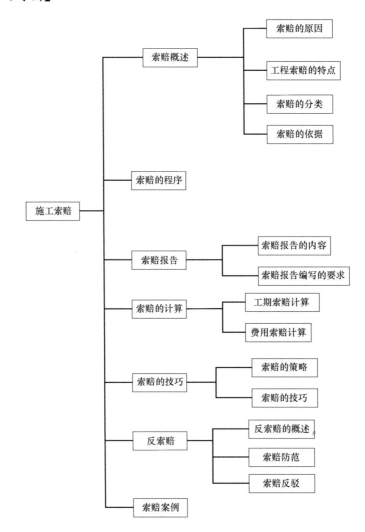

7.1 索 赔 概 述

7.1.1 索赔的原因

索赔是在合同实施过程中，合同当事人一方因对方违约，或其他过错，或无法防止的外因而受到损失时，要求对方给予赔偿或补偿的活动。

施工索赔是在施工过程中，承包人根据合同和法律的规定，对并非由于自己的过错所造成的损失，或承担了合同规定之外的工作所付的额外支出，承包人向发包人提出在经济或时间上要求补偿的活动。施工索赔也包括发包人对承包人的反索赔。施工索赔的性质属于经济补偿行为，而不是惩罚。索赔的损失结果与被索赔人的行为并不一定存在法律上的因果关系。索赔工作是承包和发包双方之间经常发生的管理业务，是双方合作的方式，而不是对立的。

据国外资料统计，施工索赔无论在数量或金额上，都在稳步增长。如在美国有人统计了由政府管理的 22 项工程，发生施工索赔的次数达 427 次，平均每项工程索赔约 20 次，索赔金额约占总合同额的 6％，索赔成功率占 93％。因此，承包人应当树立起索赔意识，重视索赔，善于索赔。

微课 7.1
索赔和违约
的区别

施工索赔发生的主要原因有以下 8 个方面：

1. 建筑过程的难度和复杂性增大

随着社会的发展，出现了越来越多的新技术、新工艺，一方面发包人对项目建设的质量和功能要求越来越高，越来越完善，因而使设计难度不断增大；另一方面施工过程也变得更加复杂。由于设计难度加大，要求设计人在设计时，使用规范不出差错、尽善尽美是不可能的，因而往往在施工过程中随时发现问题，随时解决，需要进行设计变更，这就会导致施工费用的变化。

2. 建筑业经济效益的影响

有人说索赔是发包人和承包人之间经济效益"对立"关系的结果，这种认识是不对的，如果双方能够很好地履约或得到了满意的收益，那么都不愿意计较另一方给自己造成的经济损失。反过来讲，假如双方都不能很好地履约，或得不到预期的经济效益，那么双方就容易为索赔的事件发生争议。基于这个前提，索赔与建筑业的经济效益低下有关。在投标报价中，承包人常采用"靠低标争标，靠索赔盈利"的策略，而发包人也常由于建筑成本的不断增加，预算常处于紧张状态。因此，合同双方都不愿承担义务或作出让步。所以工程施工索赔与建筑成本的增长及建筑业经济效益低下有着一定的联系。

3. 项目及管理模式的变化

在建筑市场中，工程建设项目采用招标投标制。有总承包、专业分包、劳务分包、材料设备供应分包等。这些单位会在整个项目的建设中发生经济、技术、工作等方面的联系和影响。在工程实施过程中，管理上的失误往往是难免的。若一方失误，不仅会对自己造成损失，也会连累与此有关系的单位。特别是如果处于关键路线上的工程的延期，会对整个工程产生连锁反应。对此若不能采取有效措施及时解决，可能会产生一系列重大索赔。特别是采用边勘测、边设计、边施工的建设管理模式尤为明显。

4. 发包人违约

发包人违约主要有以下 14 种情况：

（1）发包人未按合同规定交付施工场地。发包人应当按合同规定的时间、大小等交付施工场地，否则，承包人即可提出索赔要求。

（2）发包人交付的施工场地没有完全具备施工条件。发包人未在合同规定的期限内办理土地征用、青苗树木赔偿、房屋拆迁、清除地面和地下障碍等工作，施工场地没有或者没有完全具备施工条件。

（3）发包人未保证施工所需水、电及电信。发包人未按合同规定将施工所需水、电、电信或线路从施工场地外部接至约定地点，或虽接至约定地点，但不能满足施工期间的需要。

（4）发包人未保证施工期间运输的畅通。发包人没有按合同规定开通施工场地与城乡公共道路的通道，施工场地内的主要交通干道没有满足施工运输的需要，不能保证施工期间运输的畅通。

（5）发包人未及时提供工地工程地质和地下管网线路资料。发包人没有按合同规定及时向承包人提供施工场地的工程地质和地下管网线路资料，或者提供的数据不符合真实准确的要求。

（6）发包人未及时办理施工所需各种证件。发包人未及时办理施工所需各种证件、批件和临时用地、占道及铁路专用线的申报批准手续，影响施工。

（7）发包人未及时交付水准点与坐标控制点。发包人未及时将水准点与坐标控制点以书面形式交给承包人。

（8）发包人未及时进行图纸会审及设计交底。发包人未及时组织设计单位和承包人进行图纸会审，未及时向承包人进行设计交底。

（9）发包人没有协调好工地周围建筑物等的保护。发包人没有妥善协调处理好施工现场周围地下管线和邻接建筑物、构筑物的保护，影响施工顺利进行。

（10）发包人没有提供应供的材料设备。发包人没有按合同规定提供应由发包人提供的建筑材料、机械设备，影响施工正常进行的。

（11）发包人拖延合同规定的责任。例如拖延图纸的批准、隐蔽工程的验收、对承包人提问的答复，造成施工的延误。

（12）发包人未按合同规定支付工程款。发包人未按合同规定的时间和数量支付工程款，给承包人造成损失的，承包人有权提出索赔。

（13）发包人要求赶工，一般会引起承包人加大支出，也可导致承包人提出索赔。

（14）发包人提前占用部分永久工程，会给施工造成不利影响，也可引起承包人提出索赔。

5. 不可预见因素

（1）不可预见因素是指承包人在开工前，根据发包人所提供的工程地质勘探报告及现场资料，并经过现场调查，都无法发现的地下自然或人工障碍，如古井、墓坑、断层、溶洞及其他人工构筑物类障碍等。

不可预见因素在实际工程中，表现为不确定性障碍的情况更为常见。所谓不确定性障碍，是指承包人根据发包人所提供的工程地质勘探报告及现场资料，或经现场调查可以发现地下自然的或人工的障碍存在，但因资料描述与实际情况存在较大差异，而这些差异导致承包人不能预先准确地作出处理方案及处置费用的障碍。

（2）其他第三方原因。其他第三方原因是指与工程有关的其他第三方所发生的问题对本工程的影响。其表现的情况是复杂多样的，难于划定某些范围，有下述情况：

1）正在按合同供应材料的单位因故被停止营业，使正需用的材料供应中断。

2）因铁路紧急调运救灾物资繁忙，正常物资运输造成压站，使工程设备迟于安装日期到场或不能配套到场。

3）进场设备运输必经桥梁因故断塌，使绕道运输费大增。

4）由于支付系统原因，使发包人工程款没有按合同要求向对方付出应付款项等。

6. 国家政策、法规的变更

国家政策、法规的变更，通常是指直接影响到工程造价的某些政策及法规。我国正处在改革开放的发展阶段，新的经济法规、建设法规与标准不断出台和完善，价格管理逐步向市场调节过渡，对于这些变化因素，双方在签订合同时必须引起重视，具体如下：

（1）由工程造价管理部门发布的建筑工程材料预算价格调整。

（2）国家调整关于建设银行贷款利率的规定。

（3）国家有关部门关于在工程中停止使用某种设备、某种材料的通知。

（4）国家有关部门关于在工程中推广某些设备、施工技术的规定。

（5）国家对某种设备、建筑材料限制进口或提高关税的规定等。

显然，上述有关政策、法规对建筑工程的造价必然产生影响，一方可依据这些政策、法规的规定向另一方提出补偿要求。

7. 合同变更与合同缺陷

（1）对合同变更的影响分析

合同变更是索赔机会，应在合同规定的索赔有效期内完成对它的索赔处理。在合同变更过程中就应记录、收集、整理所涉及的各种文件，如图纸、各种计划、技术说明、规范和发包人的变更指令，以作为进一步分析的依据和索赔的证据。

由于合同中有索赔有效期的规定，在实际工作中，合同变更必须与提出索赔同步进行，甚至先进行索赔谈判，待达成一致后，再进行合同变更。在这里赔偿协议是关于合同变更的处理结果，也作为合同的一部分。

由于合同变更对工程施工过程的影响大，会造成工期的拖延和费用的增加，容易引起双方的争执。所以合同双方都应十分慎重地对待合同变更问题。

一个工程，合同变更的次数、范围和影响的大小与该工程招标文件（特别是合同条件）的完备性、技术设计的正确性，以及实施方案和实施计划的科学性直接相关。

（2）合同缺陷

合同缺陷是指所签订的施工合同进入实施阶段才发现的、合同本身存在的（合同签订时没有预料的）现时已不能再作修改或补充的问题。

大量的工程合同管理经验证明，合同在实施过程中，常发现有以下缺陷：

1）合同条款规定用语含糊、不够准确，难以分清承包和发包双方的责任和权益。

2）合同条款中存在着漏洞。对实际可能发生的情况未做预料和规定，缺少某些必不可少的条款。

3）合同条款之间存在矛盾。在不同的条款中，对同一问题的规定或要求不一致。

4）双方对某些条款理解不一致。由于合同签订前没有把各方对合同条款的理解进行沟通，发生合同争执。

5）合同的某些条款中隐含着较大风险，即对单方面要求过于苛刻、约束不平衡，甚至发现条款是一种圈套。

8. 合同中止与解除

实际工作中，任何事物的发展都不可能像人们预先想象的那样完善、顺利。由于国家政治的变化，不可抗力以及承包和发包双方之外的原因导致工程停建或缓建的情况时有发生，必然造成合同中止。另外，由于在合同履行中，承包和发包双方在工作合作中不协调、不配合甚至矛盾激化，使合同履行不能再维持下去的情况；或承包人严重违约，发包人行使驱除权解除合同等，都会产生合同的解除。由于合同的中止或解除是在施工合同还没有履行完而发生的，必然对双方产生经济损失，发生索赔是难免的。引起合同中止与解除的原因不同，索赔方的要求及解决过程也大不一样。

7.1.2 工程索赔的特点

1. 索赔具有双向性

不仅承包人可以向发包人索赔，发包人也可以向承包人索赔。由于实践中承包人向发包人索赔发生的概率高，发包人向承包人的索赔概率低，因此，索赔一般指承包人向发包人的索赔，而发包人向承包人的索赔称为反索赔。合同双方在索赔中的地位是不同的，发包人在反索赔中往往占据主动地位，他可以直接从应付工程款中扣抵或者没收履约保函、扣留保留金，甚至留置承包人的材料设备作为抵押等来实现自己的赔偿要求；承包人向发包人的索赔相对是比较困难的，但承包人向发包人索赔的范围非常广泛，一般认为只要是因非承包人自身原因造成其工期延长或者成本增加，都有可能向发包人提出索赔。

2. 索赔以实际发生的经济损失或权利损害为前提

经济损失是指因对方因素造成合同外的额外支出，如人工费、材料费、机械费、管理费等额外开支。权利损害是指虽然没有经济上的损失，但造成了一方权利上的损害，如由于恶劣的气候条件对工程进度的不利影响，承包人有权要求工期延长等。经济损失与权利损害有时同时存在，有时单独存在，如发包人未及时交付合格的施工现场，既造成承包人的经济损失，又侵害了承包人的工期权利；再如发生不可抗力，承包人根据合同规定或者惯例，只能要求延长工期，不应要求经济补偿。

微课 7.2
索赔事件
责任的划分

3. 索赔是一种未经对方确定的单方行为

索赔对对方尚未形成约束力，其索赔能否实现，要看是否得到对方的确认。索赔是一种正当的权利或要求，是合情合理合法的行为，是在正确履行合同的基础上争取合理的偿付，不是无中生有、无理争利。索赔同守约、合作并不矛盾。

7.1.3 索赔的分类

工程施工过程中发生索赔所涉及的内容是广泛的，施工索赔分类的方法很多，从不同的角度，有不同的分类方法。

1. 按索赔的目的分类

（1）工期延长索赔

工期延长索赔是指承包人对施工中发生的非承包人直接或间接责任事件造成计划工期延误后，向发包人提出的赔偿要求。

（2）费用索赔

费用索赔是指承包人对施工中发生的非承包人直接或间接责任事件造成的合同价外费用支出，向发包人提出的赔偿要求。

2. 按索赔依据的范围分类

（1）合同内索赔

合同内索赔是指索赔涉及的内容在合同文件中能够找到依据，发包人或承包人可以据此提出赔偿要求的索赔，如工期延误、工程变更、工程师给出错误数据导致放线的差错、发包人不按合同规定支付进度款等。这种在合同文件中有明文规定的条款，常称为明示条款。这类索赔不大容易发生争议，往往容易索赔成功。

（2）合同外索赔

合同外索赔是指难以直接从合同的某条款中找到依据，但可以从对合同条件的合理推断或同其他的有关条款联系起来论证该索赔是合同规定的索赔。这种隐含在合同条款中的要求，国际上常称为默示条款。它包含合同明示条款中没有写入，但符合合同双方签订合同时设想的愿望和当时的环境条件的一切条款。这些默示条款，都成为合同文件的有效条款，要求合同双方遵照执行。例如：在一些国际工程的合同条件中，对于外汇汇率变化给承包人带来的经济损失，并无明示条款规定，但承包人确实受到了汇率变化的损失，有些汇率变化与工程所在国政府的外汇政策有关，承包人因而有权提出汇率变化损失索赔。这虽然属于非合同规定的索赔，但也能得到合理的经济补偿。

（3）道义索赔

道义索赔是指通情达理的发包人看到承包人为圆满地完成某项困难的施工，承受了额外费用损失，甚至承受重大亏损，承包人提出索赔要求时，发包人出于善良意愿给承包人以适当的经济补偿，因在合同条款中没有此项索赔的规定，所以也称为额外支付，这往往是合同双方友好信任的表现，但较为罕见。

3. 按索赔的有关当事人分类

（1）承包人同发包人之间的索赔；

（2）总承包人同分包人之间的索赔；

（3）承包人同供货商之间的索赔；

（4）承包人向保险公司、运输公司索赔等。

4. 按索赔的业务性质分类

（1）工程索赔

工程索赔是指涉及工程项目建设中施工条件或施工技术、施工范围等变化引起的索赔，一般发生频率高，索赔费用大，这是本章论述的重点。

（2）商务索赔

商务索赔是指实施工程项目过程中的物资采购、运输、保管等方面活动引起的索赔事项。由于供货商、运输公司等在物资数量上短缺，质量上不符合要求，运输损坏或不能按期交货等原因，给承包人造成经济损失时，承包人向供货商、运输商等提出索赔要求；反之，当承包人不按合同规定付款时，则供货商或运输商向承包人提出索赔等。

5．按索赔中合同主从关系分类

（1）工程承包合同索赔；

（2）工程承包合同索赔可能涉及的其他从属合同的索赔。发包人或承包人为工程建设而签订的从属合同有：借款合同、技术协作合同、加工合同、运输合同、材料供应合同等。

6．按索赔的处理方式分类

（1）单项索赔

单项索赔是指采取一事一索赔的方式，即在每一件索赔事项发生后，报送索赔通知书，编报索赔报告，要求单项解决支付，不与其他的索赔事项混在一起。这是工程索赔通常采用的方式，它避免了多项索赔的相互影响和制约，解决起来较容易。

（2）总索赔

总索赔又称综合索赔、一揽子索赔，是指承包人在工程竣工结算前，将施工过程中未得到解决的，或承包人对发包人答复不满意的单项索赔集中起来，综合提出一份索赔报告的索赔。采取这种方式进行索赔，是在特定的情况下被迫采用的一种索赔方法。有时候，在施工过程中受到非常严重的干扰，以致承包人的全部施工活动与原来的计划大不相同，原合同规定的工作与变更后的工作相互混淆，承包人无法为索赔保持准确而详细的成本记录资料，无法分辨哪些费用是原定的、哪些费用是新增的，在这种条件下，无法采用单项索赔的方式。但注意总索赔方式应尽量避免采用，因为它涉及的因素十分复杂，且纵横交错，不太容易索赔成功。

7．按索赔管理策略上的主动性分类

（1）索赔

主动寻找索赔机会，分析合同缺陷，抓住对方的失误，研究索赔的方法，总结索赔经验，提高索赔的成功率，把索赔管理作为工程及合同管理的重要组成部分。

（2）反索赔

在索赔管理策略上表现为防止被索赔，不给对方留有进行索赔的漏洞。使对方找不到索赔机会，在工程管理中体现为签订严密的合同条款，避免己方违约，当对方向自己提出索赔时，对索赔理由进行反驳，以达到减少索赔额度甚至否定对方索赔要求之目的。

7.1.4　索赔的依据

任何索赔事件的确立，其前提条件是必须有正当的索赔依据。对正当索赔依据的说明必须具有证据，因为索赔的进行主要是靠证据说话。没有证据或证据不足，索赔是难以成功的。这正如建设工程施工合同中所规定的，当一方向另一方提出索赔时，要有正当索赔理由，且有索赔事件发生时的有效证据。

1. 对索赔证据的要求

（1）真实性。索赔证据必须是在实施合同过程中确实存在和发生的，必须完全反映实际情况，能经得住推敲；

（2）全面性。所提供的证据应能说明事件的全过程。索赔报告中涉及的索赔理由、事件过程、影响、索赔值等都应有相应证据，不能零乱和支离破碎；

（3）关联性。索赔的证据应当能够互相说明，相互具有关联性，不能互相矛盾；

（4）及时性。索赔证据的取得及提出应当及时；

（5）具有法律证明效力。一般要求证据必须是书面文件、有关记录、协议、纪要，工程中重大事件、特殊情况的记录、统计必须由工程师签证认可。

2. 索赔证据的种类

（1）招标文件、工程合同及附件、发包人认可的施工组织设计、工程图纸、技术规范等；

（2）工程各项有关设计交底记录、变更图纸、变更施工指令等；

（3）工程各项经发包人或监理人签认的签证；

（4）工程各项往来信件、指令、信函、通知、答复等；

（5）工程各项会议纪要；

（6）施工计划及现场实施情况记录；

（7）施工日志及工长工作日志、备忘录；

（8）工程送电、送水，道路开通、封闭的日期及数量记录；

（9）工程停电、停水和干扰事件影响的日期及恢复施工的日期；

（10）工程预付款、进度款拨付的数额及日期记录；

（11）图纸变更、交底记录的送达份数及日期记录；

（12）工程有关施工部位的照片及录像等；

（13）工程现场气候记录，有关天气的温度、风力、雨雪等；

（14）工程验收报告及各项技术鉴定报告等；

（15）工程材料采购、订货、运输、进场、验收、使用等方面的凭据；

（16）工程会计、核算资料；

（17）国家、省、自治区、市有关影响工程造价、工期的文件、规定等。

7.2　索赔的程序

1. 发出索赔意向通知

索赔事件发生后，承包人应在索赔事件发生后的 28 天内向监理人递交索赔意向通知，声明将此事件提出索赔。该意向通知是承包人就具体的索赔事件向监理人和发包人提出索赔愿望和要求。如果超过这个期限，监理人和发包人有权拒绝承包人的索赔要求。索赔事件发生后，承包人有义务做好现场施工的同期检查和记录，监理人有权随时检查和调阅相关资料，以判断索赔事件造成的实际损失。

2. 提交索赔报告和索赔资料

承包人发出索赔意向通知后 28 天内，向监理人提出补偿经济损失和（或）延长工期的索赔报告和索赔资料。若干扰事件持续发生，则承包人应按监理人要求的合理时间间隔，提交中间索赔报告（或阶段索赔报告），并于干扰事件影响结束后的 28 天内提交最终索赔报告。具体工作包括：

（1）事态调查。了解事件经过，掌握事件的详细情况。

（2）索赔事件原因分析。分析干扰事件是由谁引起的，由谁承担责任。如果责任是多方面的，则需划分各方面的责任范围，以便按责任分担损失。

（3）分析索赔依据，即索赔的理由。认真进行合同分析，只有符合合同规定的索赔才是合法的，才能成立。

（4）损失调查，即为干扰事件的实际影响分析。它主要表现为工期的延长和费用的增加。如果干扰事件没造成实际损失，则不能进行索赔。损失调查的重点是收集、分析、对比实际施工进度和计划施工进度、工程成本和费用方面的资料，在此基础上计算索赔值。

（5）收集证据。干扰事件一旦发生，承包人就应该按监理人的要求做好并保存（在干扰事件持续期间内）完整的当时记录，接受监理人的审查。证据是索赔有效的前提条件，如果索赔时提不出有效有力的证据，索赔是不能成立的。依据合同条件的规定，承包人只能获得证据证实的那部分索赔。

（6）起草索赔报告并提交。

3. 监理人审核承包人的索赔报告

监理人在收到承包人送交的索赔报告和有关资料后，于 28 天内给予答复，或要求承包人进一步补充索赔理由和证据。监理人审查分析索赔报告，评价索赔要求的合理性和合法性，或要求承包人修改索赔要求，监理人做出索赔处理意见，并提交发包人。监理人 28 天内未答复或未对承包人做出进一步要求，视为该项索赔已经认可。

4. 发包人审查、批准承包人的索赔报告

根据监理人的处理意见，发包人审查、批准承包人的索赔报告，也可能反驳、否定或部分否定承包人的索赔要求。承包人常常需要作进一步的解释和补充证据，监理人也需就处理意见作出说明。三方就索赔的解决进行磋商，达成一致。对达成共识的，或经监理人和发包人认可的索赔要求（或部分要求），承包人有权在工程进度付款中获得支付。

5. 监理人与承包人谈判

如果双方对索赔事件的责任、索赔款额或工期展延天数分歧较大，通过谈判达不成共识，按照条款规定，监理人有权确定一个他认为合理的单价或价格作为最终的处理意见报送发包人并通知承包人。

6. 索赔争端的解决

如果承包人和发包人对索赔的解决达不成一致，有一方或双方都不满意监理人的处理意见（或决定）时，则双方按照合同规定的程序解决争端。

案例 7.1
索赔程序

7.3 索 赔 报 告

7.3.1 索赔报告的内容

索赔报告是承包人向监理工程师（建设单位）提交的一份要求发包人给予一定经济（费用）补偿和（或）延长工期的正式报告。

1. 索赔报告的基本内容

（1）题目。高度概括索赔的核心内容，如"关于×××事件的索赔"。

（2）事件。陈述事件发生的过程，如工程变更情况，施工期间监理工程师的指令，双方往来信函、会谈的经过及纪要，着重指出发包人（监理人）应承担的责任。

（3）理由。提出作为索赔依据的具体合同条款、法律、法规依据。

（4）结论。指出索赔事件给承包人造成的影响和带来的损失。

（5）计算。列出费用损失或工程延期的计算公式（方法）、数据、表格和计算结果，并依此提出索赔要求。

（6）总索赔。总索赔应在上述各分项索赔的基础上提出索赔总金额或工程总延期天数的要求。

（7）附录。各种证据材料，即索赔证据。

2. 索赔报告的报送时间和方式

索赔报告一定要在索赔事件发生后的有效期（一般为 28 天）内报送，过期索赔无效。对于新增的工程量、附加工作等应一次性提出索赔要求，并在该项工程进行到一定程度，能计算出索赔额时，提交索赔报告；对于已征得监理人同意的合同外工作项目的索赔，可以在每月上报完成工程量结算单的同时报送。

7.3.2 索赔报告编写的要求

需要特别注意的是索赔报告的表述方式对索赔的解决有重大影响。一般要注意以下几方面：

（1）索赔事件要真实、证据确凿。索赔针对的事件必须实事求是，有确凿的证据，令对方无可推卸和辩驳。对事件叙述要清楚明确，避免使用"可能""也许"等猜测性语言，造成索赔说服力不强。

（2）责任分析应清楚、准确。在报告中所提出索赔的事件的责任是对方引起的。应把全部或主要责任推给对方，不能有责任含混不清和自我批评式的语言，这样会丧失自己在索赔中的有利地位，使索赔失败。

（3）索赔值的计算依据要正确，计算结果要准确。计算依据要用文件规定的公认合理的计算方法，并加以适当的分析。数字计算上不要有差错，一个小的计算错误可能影响到整个计算结果，容易给人在索赔的可信度上造成不好的印象。

（4）在索赔报告中，要强调事件的不可预见性和突发性，说明承包人对它不可能有准备，也无法预防，并且承包人为了避免和减轻该事件的影响和损失已尽了最大的努力，采取了能够采取的措施，从而使索赔理由更加充分，更易于对方接受。

（5）明确阐述由于干扰事件的影响，使承包人的工程施工受到严重干扰，并为此增加了支出，拖延了工期，表明干扰事件与索赔有直接的因果关系。

（6）索赔报告书写用语要婉转和恰当，避免使用强硬、不客气的抗拒式的语言，不能因语言而伤害了和气及双方的感情；切忌断章取义、牵强附会、夸大其词，否则会给索赔带来不利的影响。

7.4　索赔的计算

7.4.1　工期索赔计算

工期索赔的目的是取得发包人对于合理延长工期的合法性的确认。

在工期索赔中，首先要确定索赔事件发生对施工活动的影响及引起的变化，其次再分析施工活动变化对总工期的影响。常用的计算工期索赔的方法有以下 4 种：

（1）网络图分析法

网络图分析法是利用进度计划的网络图，分析其关键线路，如果延误的工作为关键工作，则延误的时间为索赔的工期；如果延误的工作为非关键工作，当该工作由于延误超过时差限制而成为关键工作时，可以索赔延误时间与时差的差值；若该工作延误后仍为非关键工作，则不存在工期索赔的问题。

可以看出，网络图分析法要求承包人切实使用网络技术进行进度控制，才能依据网络计划提出工期索赔。这是一种科学合理的计算方法，容易得到认可，适用于各类工期索赔。

（2）对比分析法

对比分析法比较简单，适用于索赔事件仅影响单位工程或分部分项工程的工期，需由此而计算对总工期的影响。计算公式为：

$$总工期索赔＝原合同总工期×\frac{额外或新增工程量价格}{原合同总价} \tag{7-1}$$

（3）劳动生产率降低计算法

在索赔事件干扰正常施工导致劳动生产率降低，而使工期拖延时，可按下式计算：

$$索赔工期＝计划工期×\frac{（预期劳动生产率－实际劳动生产率）}{预期劳动生产力} \tag{7-2}$$

（4）简单累加法

在施工过程中，由于恶劣气候、停电、停水及意外风险造成全面停工而导致工期拖延时，可以一一列举各种原因引起的停工天数，累加结果，即可作为索赔天数。应该注意的是由多项索赔事件引起的总工期索赔，最好用网络图分析法计算索赔工期。

7.4.2　费用索赔计算

1. 经济损失索赔及其费用项目构成

经济损失索赔是施工索赔的主要内容。承包人通过费用损失索赔，要求发包人对索赔事件引起的直接损失和间接损失给予合理的经济补偿。费用项目构成、计算方法与合同报价中基本相同，但具体的费用构成内容却因索赔事件性质不同而有所不同。

2. 经济损失索赔额的计算

（1）总费用法和修正的总费用法

总费用法又称总成本法，就是计算出该项工程的总费用，再从这个已实际开支的总费用中减去投标报价时的成本费用，即为要求补偿的索赔费用额。

总费用法并不十分科学，但仍被经常采用，原因是对于某些索赔事件，难于精确地确定它们导致的各项费用增加额。

一般认为在具备以下条件时采用总费用法是合理的：

1）已开支的实际总费用经过审核，认为是比较合理的；

2）承包人的原始报价是比较合理的；

3）费用的增加是由于对方原因造成的，其中没有承包人管理不善的责任；

4）由于该项索赔事件的性质和现场记录的不足，难于采用更精确的计算方法。

修正总费用是指对难于用实际总费用进行审核的，可以考虑是否能计算出与索赔事件有关的单项工程的实际总费用和该单项工程的投标报价。若可行，可按其单项工程的实际费用与报价的差值来计算其索赔的金额。

（2）分项法

分项法是将索赔的损失费用分项进行计算，其内容如下：

1）人工费索赔

人工费索赔包括额外雇佣劳务人员、加班工作、工资上涨、人员闲置和劳动生产率降低的工时所花费的费用。

对于额外雇佣劳务人员和加班工作，用投标时人工单价乘以工时数即可；对于人员闲置费用，发包人通常认为不应计算闲置人员奖金、福利等报酬，所以折扣余数一般为

0.75；工资上涨是指由于工程变更，使承包人的大量人力资源的使用从前期推到后期，而后期工资水平上调，因此应得到相应的补偿。

有时监理人指令进行计日工，则人工费按计日工表中的人工单价计算。

对于劳动生产率降低导致的人工费索赔，一般有以下两种计算方法：

① 实际成本和预算成本比较法。这种方法是对受干扰影响工作的实际成本进行比较，索赔其差额。这种方法需要有正确合理的估价体系和详细的施工记录。这样索赔，只要预算成本和实际成本计算合理，成本的增加确属发包人的原因，其索赔成功的把握性是很大的。

② 正常施工期与受影响期比较法。这种方法是在承包人的正常施工受到干扰，生产率下降，通过比较正常条件下的生产率和干扰状态下的生产率，得出生产率降低值，以此为基础进行索赔。

2）材料费索赔

材料费索赔主要包括材料消耗量和材料价格的增加而增加的费用。追加额外工作、变更工程性质、改变施工方案等，都可能造成材料用量的增加或使用不同的材料。材料价格增加的原因包括材料价格上涨，手续费增加，运输费用增加可能是运距加长，二次倒运等原因。仓储费增加可能是因为工作延误，使材料储存的时间延长导致费用增加。

材料费索赔需要提供准确的数据和充分的证据。

3）施工机械费索赔

施工机械费索赔包括增加台班数量、机械闲置或工作效率降低、台班费率上涨等费用。通常有以下两种方法：

① 采用公布的行业标准的租赁费率。承包人采用租赁费率是基于两种考虑：一是如果承包人的自有设备不用于施工，他可将设备出租而获利；二是虽然设备是承包人自有，他却要为该设备的使用支出一笔费用，这费用应与租用某种设备所付出的代价相等。因此在索赔计算中，施工机械的索赔费用的计算表达如下：

$$施工机械索赔费 = 设备额外增加工时（包括闲置）\times 设备租赁费率 \qquad (7\text{-}3)$$

这种计算，发包人往往会提出不同的意见，他认为承包人不应得到使用租赁费率中所得到的附加利润。因此一般将租赁费率打一折扣。

② 参考定额标准进行计算。在进行索赔计算中，采用标准定额中的费率或单价是一种能为双方所接受的方法。对于监理人指令实施的计日工作，应采用计日工作表中的机械设备单价进行计算。对于租赁的设备，均采用租赁费率。在处理设备闲置的单价时，一般都建议对设备标准费率中的不变费用和可变费用分别扣除 50% 和 25%。

4）现场管理费索赔

现场管理费包括工地的临时设施费、通信费、办公费、现场管理人员和服务人员的工资等。

现场管理费索赔计算的方法一般公式为：

$$现场管理费索赔值 = 索赔的直接成本费用 \times 现场管理费率 \qquad (7\text{-}4)$$

现场管理费率的确定选用下面的方法：

① 合同百分比法，即管理费比率在合同中规定。

② 行业平均水平法，即要采用公开认可的行业标准费率。

③ 原始估价法，即采用承包报价时确定的费率。

④ 历史数据法，即采用以往相似工程的管理费率。

5）公司管理费索赔

公司管理费是承包人的上级部门提取的管理费，如公司总部办公楼折旧费，总部职员工资、交通差旅费，通信、广告费等。公司管理费是无法直接计入某具体合同或某项具体工作中，只能按一定比例进行分摊的费用。

公司管理费与现场管理费相比，数额较为固定。一般仅在工程延期和工程范围变更时才允许索赔公司管理费。目前在国外应用得最多的公司管理费索赔的计算方法是埃尺利（Eichialy）公式。该公式可分为两种形式：一是用于延期索赔计算的日费率分摊法；二是用于工作范围索赔的工程总直接费用分摊法。

① 日费率分摊法。在延期索赔中采用，计算公式为：

$$\text{延期合同应分摊的管理费}(A) = \frac{\text{延期合同额}}{\text{同期公司所有合同额之和}} \times \text{同期公司总计划管理费} \qquad (7\text{-}5)$$

$$\text{单位时间（日或周）管理费率}(B) = \frac{(A)}{\text{计划合同工期（日或周）}} \qquad (7\text{-}6)$$

$$\text{管理费索赔值}(C) = (B) \times \text{延期时间（日或周）} \qquad (7\text{-}7)$$

② 总直接费分摊法。在工作范围变更索赔中采用，计算公式为：

$$\text{被索赔合同应分摊的管理费}(A_1) = \frac{\text{被索赔合同原计划直接费}}{\text{同期公司所有合同直接费总和}} \times \text{同期公司计划管理费总和} \qquad (7\text{-}8)$$

$$\text{每元直接费包含管理费率}(B_1) = \frac{(A_1)}{\text{被索赔合同原计划直接费}} \qquad (7\text{-}9)$$

$$\text{应索赔的公司管理费}(C_1) = (B_1) \times \text{工作范围变更索赔的直接费} \qquad (7\text{-}10)$$

埃尺利（Eichialy）公式最适用的情况是：承包人应首先证明由于索赔事件出现确实引起管理费用的增加。在工程停工期间，确实无其他工程可干。对于工作范围索赔的额外工作的费用不包括管理费，只计算直接成本费。如果停工期间短，时间不长，工程变更的索赔费用中已包括了管理费，埃尺利公式将不再适用。

6）融资成本、利润与机会利润损失的索赔

融资成本又称资金成本，即取得和使用资金所付出的代价，其中最主要的是支付资金供应者利息。

由于承包人只有在索赔事件处理完结以后一段时间内才能得到其索赔费用，所以承包人不得不从银行贷款或以自有资金垫付，这就产生了融资成本问题，主要表现在额外贷款利息的支付和自有资金的机会利润损失，可以索赔利息的有以下两种情况：

① 发包人推迟支付工程款和保留金，这种金额的利息通常以合同约定的利率计算。

② 承包人借款或动用自有资金来弥补合法索赔事项所引起的现金流量缺口。在这种情况下，可以参照有关金融机构的利率标准，或者假定把这些资金用于其他工程承包

可得到的收益来计算索赔费用，后者实际上是机会利润损失。

利润是完成一定工程量的报酬，因此在工程量增加时可索赔利润。不同的国家和地区对利润的理解和规定不同，有的将利润归入公司管理费中，则不能单独索赔利润。

机会利润损失是由于工程延期或合同终止而使承包人失去承揽其他工程的机会而造成的损失。在某些国家和地区，是可以索赔机会利润损失的。

7.5　索赔的技巧

7.5.1　索赔的策略

工程索赔是一门涉及面广，融技术、经济、法律为一体的边缘学科，它不仅是一门科学，也是一门艺术。要想索赔成功，必须要有强有力的、稳定的索赔班子，正确的索赔战略和机动灵活的索赔技巧是取得索赔成功的关键。

1. 组建强有力的、稳定的索赔班子

索赔是一项复杂细致而艰巨的工作，组建一个知识全面、有丰富索赔经验、稳定的索赔小组从事索赔工作是索赔成功的首要条件。索赔小组应由项目经理、合同法律专家、建造师、造价师、项目管理师、会计师、施工工程师和文秘公关人员组成。索赔人员要有良好的素质，需懂得索赔的战略和策略，工作要勤奋、务实、不好大喜功，头脑要清晰，思路要敏捷，懂逻辑，善推理，懂得搞好各方的公共关系。

索赔小组的人员一定要稳定，不仅各负其责，而且每个成员要积极配合，齐心协力，对内部讨论的战略和对策要保密。

2. 确定索赔目标

承包人的索赔目标是指承包人对索赔的基本要求，可对要达到的目标进行分解，按难易程度进行排队，并大致分析它们实现的可能性，从而确定最低、最高目标。

分析实现目标的风险，如能否抓住索赔机会，保证在索赔有效期内提出索赔；能否按期完成合同规定的工程量，执行发包人加速施工指令；能否保证工程质量，按期交付工作，工程中出现失误后的处理办法等。总之要注意对风险的防范，否则就会影响索赔目标的实现。

3. 对被索赔方的分析

分析对方的兴趣和利益所在，要让索赔在友好和谐的气氛中进行，处理好单项索赔和总索赔的关系，对于理由充分而重要的单项索赔应力争尽早解决，对于发包人坚持拖后解决的索赔，要按发包人意见认真积累有关资料，为总索赔解决准备充分的资料。需根据对方的利益所在，对双方感兴趣的地方，承包人在不过多损害自己的利益的情况下作适当让步，打破问题的僵局。在责任分析和法律方面要适当，在对方愿意接受索赔的情况下，不要得理不让人，否则反而达不到索赔目的。

4. 承包人的经营战略分析

承包人的经营战略直接制约着索赔的策略和计划，在分析发包人情况和工程所在地的情况以后，承包人应考虑有无可能与发包人继续进行新的合作，是否在当地继续扩大业务，承包人与发包人之间的关系对当地开展业务有何影响等。这些问题决定着承包人的整个索赔要求和解决的方法。

5. 相关关系分析

利用监理人、设计人、发包人的上级主管部门对发包人施加影响，往往比同发包人直接谈判有效，承包人要同这些单位搞好关系，展开"公关"，取得他们的同情与支持，并与发包人沟通，这就要求承包人对这些单位的关键人物进行分析，同他们搞好关系，利用他们同发包人的微妙关系从中调解、调停，能使索赔达到十分理想的效果。

6. 谈判过程分析

索赔一般都在谈判桌上最终解决，索赔谈判是双方面对面的较量，是索赔能否取得成功的关键。一切索赔的计划和策略都是在谈判桌上体现和接受检验，因此，在谈判之前要做好充分准备，对谈判的可能过程要做好分析，如怎样保持谈判的友好和谐气氛，估计对方在谈判过程中会提什么问题、采取什么行动，我方应采取什么措施争取有利的时机等。因为索赔谈判是承包人要求发包人承认自己的索赔，承包人处于很不利的地位，如果谈判一开始就气氛紧张、情绪对立，有可能导致发包人拒绝谈判，使谈判旷日持久，这是最不利索赔问题解决的，谈判应从发包人关心的议题入手，从发包人感兴趣的问题开谈，使谈判气氛保持友好和谐是很重要的。

谈判过程中要重事实、重证据，既要据理力争、坚持原则，又要适当让步、机动灵活，所谓索赔的"艺术"，常常在谈判桌上能得到充分的体现，因此选择和组织好精明强干、有丰富的索赔知识及经验的谈判班子就显得极为重要。

7.5.2　索赔的技巧

索赔的技巧是为索赔的策略目标服务的，因此，在确定了索赔的策略目标之后，索赔技巧就显得格外重要，它是索赔策略的具体体现。索赔技巧应因人、因客观环境条件而异。

1. 要及早发现索赔机会

一个有经验的承包人，在投标报价时就应考虑将来可能要发生索赔的问题，要仔细研究招标文件中合同条款和规范，仔细查勘施工现场，探索可能索赔的机会，在报价时要考虑索赔的需要。在进行单价分析时，应列入生产效率，把工程成本与投入资源的效率结合起来，这样，在施工过程中论证索赔原因时，可引用效率降低来论证索赔的根据。

在索赔谈判中，如果没有生产效率降低的资料，则很难说服监理人和发包人，索赔无取胜可能。反而可能被认为，生产效率的降低是承包人施工组织不好，没有达到投标时的效率，应采取措施提高效率，赶上工期。

要论证效率降低，承包人应做好施工记录，记录好每天使用的设备、工时、材料和人工数量、完成的工程量和施工中遇到的问题。

2. 商签好合同协议

在商签合同过程中，承包人应对明显把重大风险转嫁给承包人的合同条件提出修改的要求，对其达成修改的协议应以"谈判纪要"的形式写出，作为该合同文件的有效组成部分。特别要对发包人开脱责任的条款特别注意，如：合同中不列索赔条款；拖期付款无时限、无利息；没有调价公式；发包人认为对某部分工程不够满意，即有权决定扣减工程款；发包人对不可预见的工程施工条件不承担责任等。如果这些问题在签订合同协议时不谈判清楚，承包人就很难有索赔的机会。

3. 对口头变更指令要得到确认

监理人常常乐于用口头指令变更，如果承包人不对监理人的口头指令予以书面确认，就进行变更工程的施工，此后有的监理人矢口否认、拒绝承包人的索赔要求，使承包人有苦难言，索赔无证据。

4. 及时发出"索赔通知书"

一般合同规定，索赔事件发生后的一定时间内，承包人必须送出"索赔通知书"，过期无效。

5. 索赔事件论证要充足

承包合同通常规定，承包人在发出"索赔通知书"后，每隔一定时间（28天），应报送一次证据资料，在索赔事件结束后的28天内报送总结性的索赔计算及索赔论证，提交索赔报告。索赔报告一定要令人信服，经得起推敲。

6. 索赔计价方法和款额要适当

索赔计算时采用"附加成本法"容易被对方接受，因为这种方法只计算索赔事件引起的计划外的附加开支，计价项目具体，使经济索赔能较快得到解决。另外索赔计价不能过高，要价过高容易让对方发生反感，使索赔报告束之高阁，长期得不到解决。另外还有可能让发包人准备周密的反索赔计划，以高额的反索赔对付高额的索赔，使索赔工作更加复杂化。

7. 力争单项索赔，避免总索赔

单项索赔事件简单，容易解决，而且能及时得到支付。总索赔问题复杂，金额大，不易解决，往往到工程结束后还得不到付款。

8. 坚持采取"清理账目法"

承包人往往只注意接受发包人对某项索赔的当月结算索赔款，而忽略了该项索赔款的余额部分，没有以文字的形式保留自己今后获得余额部分的权利，等于同意并承认了发包人对该项索赔的付款，以后对余额再无权追索。

因为在索赔支付过程中，承包人和监理人对确定新单价和工程量方面经常存在不同意见。按合同规定，监理人有决定单价的权力，如果承包人认为监理人的决定不尽合理，而坚持自己的要求时，可同意接受监理人决定的"临量单价"，或"临时价格"付款，先拿到一部分索赔款，对其余不足部分，则书面通知监理人和发包人，作为索赔款的余额，保留自己的索赔权利，否则将失去将来要求付款的权利。

9. 力争友好解决，防止对立情绪

索赔争端是难免的，如果遇到争端不能理智协商讨论问题，会使一些本来可以解决的问题悬而未决。承包人尤其要头脑冷静，防止对立情绪，力争友好解决索赔争端。

10. 注意同监理人搞好关系

监理人是处理解决索赔问题的公正的第三方，注意同监理人搞好关系，争取监理人的公正裁决，避免仲裁或诉讼。

7.6　反　索　赔

7.6.1　反索赔的概述

1. 反索赔的意义

反索赔对合同双方有同等重要的意义，主要表现在：

（1）减少和防止损失的发生

如果不能进行有效的反索赔，不能推卸自己对干扰事件的合同责任，则必须满足对方的索赔要求，支付赔偿费用，致使己方蒙受损失。由于合同双方利益不一致，索赔和反索赔又是一对矛盾，所以一个索赔成功的案例，常常又是反索赔不成功的案例。

（2）避免被动挨打的局面

不能进行有效的反索赔，处于被动挨打的局面，会影响工程管理人员的士气，进而影响整个工程的施工和管理。工程中常常有这种情况，由于不能进行有效的反索赔，自己会处于被动地位，在双方交往时丧失主动权。而许多承包人也常采用这个策略，在工程刚开始就抓住时机进行索赔，以打掉对方管理人员的锐气和信心，使他们受到心理上的挫折，这是应该防止的。对于苛刻的对手必须针锋相对，丝毫不让。

（3）不能进行有效的反索赔，同样也不能进行有效的索赔

承包人的工作漏洞百出，对对方的索赔无法反击，则无法避免损失的发生，也无力追回损失，索赔的谈判通常有许多回合，由于工程的复杂性，对干扰事件常常双方都有责任，所以索赔中有反索赔，反索赔中又有索赔，形成一种错综复杂的局面。不同时具备攻防本领是不能取胜的。这里不仅要对对方提出的索赔进行反驳，而且要反驳对方对己方索赔的反驳。

所以索赔和反索赔是不可分离的，工程管理人员必须同时具备这两个方面的本领。

2. 反索赔的原则

反索赔的原则是，以事实为根据，以合同和法律为准绳，实事求是地认可合理的索赔要求，反驳、拒绝不合理的索赔要求，按合同法原则公平合理地解决索赔问题。

3. 反索赔的主要步骤

在接到对方索赔报告后，就应着手进行分析、反驳。反索赔与索赔有相似的处理过程。通常对对方提出的重大的或总索赔的反驳处理过程如图 7-1 所示。

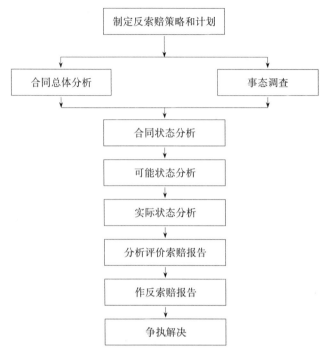

图 7-1　反索赔步骤

7.6.2　索赔防范

1. 防止对方提出索赔

在合同实施中进行积极防御，"先为不可胜"（《孙子兵法·形篇》），使自己处于不能被索赔的地位，这是合同管理的主要任务。积极防御通常表现在：防止自己违约，使自己完全按合同办事。但在实际工程中干扰事件常常双方都有责任，许多承包人采取先发制人的策略，首先提出索赔。

· 思政讨论区 ·

　　建筑工程索赔的预防就是要加强索赔的前瞻性预防，主动控制索赔事件的发生，确保建设工程项目的顺利完成。这一未雨绸缪的思想同样可以用到当代大学生的职业规划上。目前大部分学生都缺乏职业规划，对自身价值也充满迷茫。很多毕业生眼高手低，总是抱怨找不到合适的工作。

　　其实，大学生就业规划在自己填写高考志愿时就已经在逐步确定下来，学生在选择自己心仪的高校、专业时，需要有前瞻性；在大学校园学习中，要做到真正蛰伏、戒骄戒躁，杜绝游手好闲，用踏实的心态做事，才能厚积薄发，找到自己满意的工作。

　　问题：请同学们谈谈自己的职业规划，讨论如何逐步实现自身价值。

2. 反击对方的索赔要求

为了避免和减少损失，必须反击对方的索赔要求。对承包人而言，对方的索赔要求可能来自发包人、总（分）包人、合伙人、供应商等。最常见的反击对方索赔要求的措施有：

（1）用我方提出的索赔对抗（平衡）对方的索赔要求，最终双方都作让步，互不支付。

在工程过程中干扰事件的责任常常是双方面的，对方也有违约和失误的行为，也有薄弱的环节，抓住对方的失误，提出索赔，在最终索赔解决中双方都作让步。这是"攻"对"攻"，攻对方的薄弱环节。用索赔对索赔，是常用的反索赔手段。

在国际工程中发包人常常用这个措施对待承包人的索赔要求，如找出工程中的质量问题，承包人管理不善之处加重处罚，以对抗承包人的索赔要求，达到少支付或不付的目的。

（2）反驳对方的索赔报告，找出理由和证据，证明对方的索赔报告不符合事实、不符合合同规定、计算不准确，以推卸或减轻自己的赔偿责任，使自己不受或少受损失。

在实际工程中，这两种措施都很重要，常常同时使用，索赔和反索赔同时进行，即索赔报告中既有反索赔，也有索赔。攻守手段并用会达到很好的索赔效果。

7.6.3　索赔反驳

1. 索赔事件的真实性

不真实，不肯定，没有根据或仅出于猜测的事件是不能提出索赔的。事件的真实性可以从两个方面证实：

（1）对方索赔报告后面的证据。不管事实如何，只要对方索赔报告上未提出事件经过的有力证据，己方即可要求对方补充证据，或否定索赔要求。

（2）己方合同跟踪的结果。从其中寻找对对方不利的，构成否定对方索赔要求的证据。

2. 索赔理由分析

反索赔和索赔一样，要能找到对自己有利的法律条文，推卸自己的合同责任，或找到对对方不利的法律条文，使对方不能推卸或不能完全推卸自己的合同责任。这样可以从根本上否定对方的索赔要求。例如，对方未能在合同规定的索赔有效期内提出索赔，故该索赔无效。

3. 干扰事件责任分析

干扰事件和损失是存在的，但责任不在己方。通常有：

（1）责任在于索赔者自己，由于他疏忽大意、管理不善造成损失，或在干扰事件发生后未采取有效措施降低损失等，或未遵守监理人的指令、通知等。

（2）干扰事件是其他方面引起的，不应由己方赔偿。

（3）合同双方都有责任，则应按各自的责任分担损失。

4. 干扰事件的影响分析

分析索赔事件和影响之间是否存在因果关系，可通过网络计划分析和施工状态分析两方面得到其影响范围。如在某工程中，总承包人负责的某种安装设备配件未能及时运到工地，使分包人安装工程受到干扰而拖延，但拖延天数在该工程活动的时差范围内，不影响工期。且总承包人已事先通知分包人，而施工计划又允许人力作调整，则不能对工期和劳动力损失作索赔。

5. 证据分析

（1）证据不足。即证据还不足以证明干扰事件的真相、全过程或证明事件的影响，需要重新补充。

（2）证据不当。即证据与本索赔事件无关或关系不大。证据的法律证明效力不足，使索赔不能成立。

（3）片面的证据。即索赔者仅出具对自己有利的证据，如合同双方在合同实施过程中，对某问题进行过两次会谈，作过两次不同决议，则按合同变更次序，第二次决议（备忘录或会谈纪要）的法律效力应优先于第一次决议。如果在该问题相关的索赔报告中仅出具第一次会谈纪要作为双方决议的证据，则它是片面的、不完全的，片面的证据，索赔是不成立的。

（4）尽管对某一具体问题合同双方有过书面协商，但未达成一致，或未最终确定，或未签署附加协议，则这些书面协商无法律约束力，不能作为证据。

6. 索赔值审核

如果经过上面的各种分析、评价仍不能从根本上否定该索赔要求，则必须对最终认可的合情合理合法的索赔要求认真细致地进行索赔值的审核，因为索赔值的审核工作量大、涉及资料多、过程复杂、要花费许多时间和精力，这里还包含许多技术性工作。

实质上，经过己方在事态调查和收集、整理工程资料的基础上进行合同状态、可能状态、实际状态分析，已经很清楚地得到对方有理由提出的索赔值，按干扰事件和各费用项目整理，即可对对方的索赔值计算进行对比、审查与分析，双方不一致的地方也一目了然。对比分析的重点在于：

（1）各数据的准确性

对索赔报告中所涉及的各个计算基础数据都必须作审查、核对，以找出其中的错误和不恰当的地方。例如：工程量增加或附加工程的实际量方结果；工地上劳动力、管理人员、材料、机械设备的实际使用量；支出凭据上的各种费用支出；各个项目的"计划—实际"量差分析；索赔报告中所引用的单价；各种价格指数等。

（2）计算方法的合情合理合法性

尽管通常都用分项法计算，但不同的计算方法对计算结果影响很大。在实际工程中，这方面争执常常很大，对于重大的索赔，须经过双方协商谈判才能对计算方法达到一致。例如：公司管理费的分摊方法；工期拖延的计算方法；双方都有责任的干扰事件，如何按责任大小分摊损失。

7.7 索 赔 案 例

7.7.1 施工合同类型案例分析

1. 背景

发包人为某市房地产开发公司，发出公开招标书，对该市一幢商住楼建设进行招标。按照公开招标的程序，通过严格的资格审查以及公开开标、评标后，某省建工集团第三工程公司被确定为该商住楼的承包人，同时进行了公证。随后双方签订了"建设工程施工合同"。合同约定建筑工程面积为 $6000m^2$，总造价 370 万元，签订变动总价合同，今后有关费用的变动，如由于设计变更、工程量变化和其他工程条件变化所引起的费用变化等可以进行调整，同时还约定了竣工期及工程款支付办法等款项。合同签订后，承包人按发包人提供的经规划部门批准的施工平面位置放线后，发现拟建工程南端应拆除的构筑物（水塔）影响正常施工。发包人查看现场后便作出将总平面进行修改的决定，通知承包人将平面位置向北平移 4m 后开工。正当承包人按平移后的位置挖完基槽时，规划监督工作人员进行检查发现了问题，当即向发包人开具了 6 万元人民币罚款单，并要求仍按原位施工。承包人接到发包人仍按原平面位置施工后的书面通知后提出索赔如下：

某市房地产开发公司工程部：

接到贵方仍按原平面图位置进行施工的通知后，我方将立即组织实施，但因平移 4m 使原已挖好的所有横墙及部分纵墙基槽作废，需要用土夯填并重新开挖新基槽，所发生的此类费用及停工损失应由贵方承担。

（1）所有横墙基槽回填夯实费用 4.5 万元；

（2）重新开挖新的横墙基槽费用 6.5 万元；

（3）重新开挖新的纵墙基槽费用 1.4 万元；

（4）90 人停工 25 天损失费 3.2 万元；

（5）租赁机械工具费 1.8 万元；

（6）其他应由发包人承担的费用 0.6 万元；

以上 6 项费用合计：18.0 万元。

（7）顺延工期 25 天。

××建工集团第三工程公司

××年×月×日

2. 问题

（1）建设工程施工合同按照承包工程计价方式不同分为哪几类？

（2）承包人向发包人提出的费用和工期索赔的要求是否成立？为什么？

3. 分析

（1）建设工程施工合同按照承包工程计价方式不同分为总价合同（又分为固定总价合同和变动总价合同两种）、单价合同和成本加酬金合同三类。

（2）成立。因为本工程采用的是变动总价合同，这种合同的特点是，可调总价合同，在合同执行过程中，由于发包人修改总平面位置所发生的费用及停工损失应由发包人承担。因此承包人向发包人请求费用及工期索赔的理由是成立的，发包人审核后批准了承包人的索赔。此案是法制观念淡薄在建设工程方面的体现。许多人明明知道政府对建筑工程规划管理的要求，也清楚已经批准的位置不得随意改变，但执行中仍是我行我素、目无规章。此案中，发包人如按报批的平面位置提前拆除水塔，创造施工条件，或按保留水塔方案报规划争取批准，能避免 24 万元（其中规划部门罚款 6 万元，承包人索赔 18 万元）的损失。

7.7.2 施工合同文件的组成及解释顺序案例分析

1. 背景

某工程采用固定单价承包形式的合同，在施工合同专用条款中明确了组成本合同的文件及优先解释顺序如下：①本合同协议书；②中标通知书；③投标书及附件；④本合同专用条款；⑤本合同通用条款；⑥标准、规范及有关技术文件；⑦图纸；⑧工程量清单；⑨工程报价单或预算书。合同履行中，发包人和承包人有关工程的洽商、变更等书面协议或文件视为本合同的组成部分。在实际施工过程中发生了以下事件：

事件 1：因发包人未按合同规定交付全部施工场地，致使承包人停工 10 天。承包人提出将工期延长 10 天及停工损失人工费、机械闲置费等 3.6 万元的索赔。

事件 2：本工程开工后，钢筋价格由原来的 3600 元/吨上涨到 3900 元/吨，承包人经过计算，认为中标的钢筋制作安装的综合单价每吨亏损 300 元，承包人在此情况下向发包人提出请求，希望发包人考虑市场因素，给予酌情补偿。

2. 问题

（1）承包人就事件 1 对工期的延长和费用索赔的要求，是否符合本合同文件的内容约定？

（2）承包人就事件 2 提出的要求能否成立？为什么？

3. 分析

（1）符合。根据合同专用条款的约定，发包人未按合同规定交付全部施工场地，导致工期延误和给承包人造成损失的，发包人应赔偿承包人有关损失，并顺延因此而延误的工期，所以，承包人提出对工期的延长和费用索赔是符合合同文件的约定的。

（2）不能成立。根据合同专用条款的有关约定，本工程属于固定单价包干合同，所有因素的单价调整将不予考虑。

7.7.3 施工索赔成立的条件案例分析

1. 背景

某工程基坑开挖后发现有古墓，须将古墓按文物管理部门的要求采取妥善保护措施，报请有关单位协同处置。为此，发包人以书面形式通知承包人停工 15 天，并同意合同工期顺延 15 天。为确保继续施工，要求工人、施工机械等不要撤离施工现场，但在通知中未涉及由此造成承包人停工损失如何处理。承包人认为对其损失过大，意欲索赔。

2. 问题

（1）施工索赔成立的条件有哪些？

（2）承包人的索赔能否成立，索赔证据是什么？

（3）由此引起的损失费用项目有哪些？

3. 分析

（1）施工索赔成立的条件如下：

1）与合同对照，事件已造成了承包人工程项目成本的额外支出，或直接工期损失；

2）造成费用增加或工期损失的原因，按合同约定不属于承包人的行为责任或风险责任；

3）承包人按合同规定的程序提交索赔意向通知和索赔报告。

（2）索赔成立。这是因发包人的原因（古墓的处置）造成的施工临时中断，从而导致承包人工期的拖延和费用支出的增加，因而承包人可提出索赔。

索赔证据为发包人以书面形式提出的要求停工通知书。

（3）此事项造成的后果是承包人的工人、施工机械等在施工现场窝工 15 天，给承包人造成的损失主要是现场窝工的损失，因此承包人的损失费用项目主要有：15 天的人工窝工费；15 天的机械台班窝工费；由于 15 天的停工而增加的现场管理费。

7.7.4 施工索赔程序案例分析

1. 背景

承包人为某建工集团第五工程公司（乙方），于 2000 年 10 月 10 日与某职业技术学院（甲方）签订了新建建筑面积 20000m^2 综合教学楼的施工合同。乙方编制的施工方案和进度计划已获监理工程师的批准。该工程的基坑施工方案规定：土方工程采用租赁两台斗容量为 1m^3 的反铲挖掘机施工。甲乙双方合同约定 2000 年 11 月 6 日开工，2002 年 7 月 6 日竣工。在实际施工中发生以下事件：

事件 1：2000 年 11 月 10 日，因租赁的两台挖掘机大修，致使承包人停工 10 天。承包人提出停工损失人工费、机械闲置费等 3.6 万元。

事件 2：2001 年 5 月 9 日，因发包人供应的钢材经检验不合格，承包人等待钢材更换，使部分工程停工 20 天。承包人提出停工损失人工费、机械闲置费等 7.2 万元。

事件 3：2001 年 7 月 10 日，因发包人提出对原设计局部修改引起部分工程停工 13 天，承包人提出停工损失费 6.3 万元。

事件 4：2001 年 11 月 21 日，承包人书面通知发包人于当月 24 日组织主体结构验收。因发包人接收通知人员外出开会，使主体结构验收的组织推迟到当月 30 日才进行，也没有事先通知承包人。承包人提出装饰人员停工等待 6 天的费用损失 2.6 万元。

事件 5：2002 年 7 月 28 日，该工程竣工验收通过。工程结算时，发包人提出反索赔应扣除承包人延误工期 22 天的罚金。按该合同"每提前或推后工期一天，奖励或扣罚 6000 元"的条款规定，延误工期罚金共计 13.2 万元人民币。

2. 问题

（1）简述工程施工索赔的程序。

（2）承包人对上述哪些事件可以向发包人要求索赔，哪些事件不可以要求索赔；发包人对上述哪些事件可以向承包人提出反索赔，并说明原因。

（3）每项事件工期索赔和费用索赔各是多少？

（4）本案例给人的启示意义？

3. 分析

（1）我国《建设工程施工合同（示范文本）》GF—2017—0201 规定的施工索赔程序如下：

1）索赔事件发生后 28 天内，向监理人发出索赔意向通知；

2）发出索赔意向通知后的 28 天内，向监理人提出补偿经济损失和（或）延长工期的索赔报告及有关资料；

3）监理人在收到承包人送交的索赔报告和有关资料后，于 28 天内给予答复，或要求承包人进一步补充索赔理由和证据；

4）监理人在收到承包人送交的索赔报告和有关资料后 28 天内未给予答复或未对承包人作进一步要求，视为该项索赔已经认可；

5）当该索赔实践持续进行时，承包人应当阶段性向监理人发出索赔意向，在索赔事件终了后 28 天内，向监理人提出索赔的有关资料和最终索赔报告。

（2）监理人对索赔是否成立的审查结论：

事件 1 索赔不成立。因此事件发生原因属承包人自身责任。

事件 2 索赔成立。因此事件发生原因属发包人自身责任。

事件 3 索赔成立。因此事件发生原因属发包人自身责任。

事件 4 索赔成立。因此事件发生原因属发包人自身责任。

事件 5 反索赔成立。因此事件发生原因属承包人的责任。

（3）事件 2 至事件 4，由于停工时，承包人只提出了停工费用损失索赔，而没有同时提出延长工期索赔，工程竣工时，已超过索赔有效期，故工期索赔无效。

事件 5，甲乙双方代表进行了多次交涉后仍认定承包人工期索赔无效，最后承包人只好同意发包人的反索赔成立，被扣罚金，记做一大教训。

本案例：承包人共计索赔费用为：7.2＋6.3＋2.6＝16.1（万元），工期索赔为零；发包人向承包人索赔延误工期罚金共计 13.2 万元人民币。

（4）本案例给人的启示意义，合同无戏言，索赔应认真、及时、全面和熟悉程序。此例若是事件 2、事件 3、事件 4 等三项停工费用损失索赔时，同时提出延长工期的要求被批准，合同竣工工期应延长至 2002 年 8 月 14 日，可以实现竣工日期提前 17 天。不仅避免工期罚金 13.2 万元的损失，按该合同条款的规定，还可以得到 10.2 万元的提前工期奖。由于索赔人员业务不熟悉或粗心，使本来名利双收的事却变成了泡影，有关人员应认真学习索赔知识，总结索赔工作中的成功经验和失败的教训。

单 元 练 习

一、单选题

1. 变更与索赔的联系是（　　）。

A. 变更包含索赔　　　　　　　　　B. 变更导致索赔

C. 都希望获得工期和（或）费用补偿　　D. 索赔包含变更

2. 递交索赔意向通知的时间，一般是当事人知道或应当知道索赔事件发生后（　　）。

A. 14 天内　　　　　　B. 21 天内　　　　　　C. 28 天内　　　　　　D. 56 天内

3. 费用索赔的计算原则是（　　）。

A. 实际损失原则　　　　　　　　　　B. 利润索赔原则

C. 直接损失原则　　　　　　　　　　D. 资金时间价值索赔原则

4. 涉及的合同事件较为简单，双方也较容易达成协议的索赔是（　　）。

A. 延期索赔　　　B. 工程变更索赔　　　C. 一揽子索赔　　　D. 单项索赔

5. 工期索赔值计算最有效的方法是（　　）。

A. 比例计算法　　　B. 分析换算法　　　C. 关键线路分析法　　　D. 据实计算法

二、多选题

1. 索赔按目的划分包括（　　）。

A. 综合索赔　　　　　　　　　　　　B. 单项索赔

C. 工期索赔　　　　　　　　　　　　D. 合同内索赔

E. 费用索赔

2. 工程索赔的处理依据主要包括（　　）。

A. 监理人认同　　　　　　　　　　　B. 法规

C. 合同　　　　　　　　　　　　　　D. 相关资料

E. 发包人认同

3. 费用索赔的实际损失包括（　　）。

A. 直接损失　　　　　　　　　　　　B. 间接损失

C. 直接成本损失　　　　　　　　　　D. 利润损失

E. 间接成本损失

4. 分项法是将索赔的损失费用分项进行计算，其中直接费一般包括（　　）。

A. 人工费索赔　　　　　　　　　　　B. 材料费索赔

C. 施工机械费索赔　　　　　　　　　D. 利润损失索赔

E. 现场管理费索赔

5. 索赔的原因有（　　）。

A. 建筑过程的难度和复杂性增大　　　B. 建筑业经济效益的影响

C. 项目及管理模式的变化　　　　　　D. 发包人违约

E. 不可预见因素

三、案例题

甲乙双方合同约定 8 月 15 日开工。工程施工中发生以下事件：

事件 1：降水方案错误，致使工作 D 推迟 2 天、乙方人员配用工 5 个工日、窝工 6 个工日；

事件 2：8 月 23 日至 8 月 24 日，因供电中断停工 2 天，造成全场性人员窝工 36 个工日；

事件 3：因设计变更，工作 E 工程量由招标文件中的 300m³ 增至 350m³，超过了 15%；合同中该工作的全费用单价为 110.00 元/m³，经协商超出部分的全费用单价为 100.00 元/m³；

事件 4：为保证施工质量，乙方在施工中将工作 B 原设计尺寸扩大，增加工程量 15m³，该工作全费用单价为 128.00 元/m³；

事件 5：在工作 D、E 均完成后，甲方指令增加一项临时工作 K，且应在工作 G 开始前完成。

经核准，完成工作 K 需要 1 天时间，消耗人工 10 工日、机械丙 1 台班（500.00 元/台班）、材料费 2200.00 元。

问题：

1. 如果乙方对工程施工中发生的 5 项事件提出索赔要求，试问工期和费用索赔能否成立？说明其原因。

2. 每项事件工期索赔各是多少？总工期索赔多少天？

3. 工作 E 结算价应为多少？

4. 假设人工工日单价为 80.00 元/工日，合同规定：窝工人工费补偿按 45.00 元/工日计算；窝工机械费补偿按台班折旧费计算；因增加用工所需综合税费为人工费的 60％；工作 K 的综合税费为人工、材料、机械费用的 25％；人工和机械窝工补偿综合税费为 10％。试计算除事件 3 外合理的费用索赔总额。

单元 7　在线自测题

附 录

课程设计指导书

一、目的和要求

通过本课程设计使学生达到：

（1）熟悉招投标工作的程序；

（2）掌握投标书的编制技能；

（3）熟悉开标会议议程；

（4）掌握评标办法。

学生以六至八人为一组，要求每组完成一套完整的投标书，且按招标文件要求参加各项投标活动。

本课程设计尽量以真实工程项目为案例。为了让学生能全过程全方位地实践投标书的编制，项目最好不要太大，一般宜控制在 3000m^2 以下。

本课程设计宜尽量与施工组织设计和施工图预算的课程设计合为一体。让学生根据一个实际工程实例，编制一个施工组织设计，并以此为基础形成技术标标书；编制一个施工图预算，并以此为基础运用报价技巧确定投标报价，进而形成商务标标书。这样既能对投标书的编制训练具有完整性，同时也避免了与施工管理和概、预算课程在课程设计上的重复，在课程设计的时间上也会比较宽余。

二、设计内容和时间安排

本课程设计的工作内容和时间安排见附表。

课程设计的工作内容及时间安排　　　　　　　　　　　　　附表

序号	活动名称	工 作 内 容	时间（天）
1	资格预审发放招标文件	根据教师提供的招标通告，各组模拟提交全套资格预审文件，然后发放招标文件	0.5
2	招标文件学习	学习招标文件，包括施工图	2(1)
3	招标预备会	提出对招标文件和施工图的疑问，教师予以解答，并形成会议纪要下发	0.5
4	编制标书	根据招标文件编制技术标和商务标，签章、包封	7(3)
5	开标	按时递交标书，参加开标会议。招标办、招标人代表、公证人员各组抽调	0.3
6	评标	各组抽调人员组成评委，按招标文件中的评标细则评标，确定中标人	0.5
7	总结	教师讲评	0.2

注：括号内的课时数适用于不与施工组织设计和施工预算结合，课程设计时间为一周的情况。

三、资料准备

招标文件尽量采用真实工程的（包括施工图），否则由教师编制。若考虑由学生编制时应适当增加课时数。

四、评价标准

1. 小组成绩评价

（1）标书内容不符合招标文件和相关课程要求的不合格；

（2）标书内容符合招标文件和相关课程要求，但参加投标活动时违反有关程序或规定的为合格；

（3）标书内容符合招标文件和相关课程要求，且为有效标的为良好；

（4）最后中标的小组为优秀。

2. 个人成绩评价

个人成绩应根据学生在标书编制过程中实际承担的工作量和工作质量，在小组成绩的基础上进行增减确定。

主要参考文献

[1] 编写小组. 合同法及其配套规定 [M]. 北京：中国法制出版社，2002.

[2] 陆惠民，苏振民，王延树. 工程项目管理 [M]. 南京：东南大学出版社，2002.

[3] 成虎. 建筑工程合同管理与索赔 [M]. 南京：东南大学出版社，2001.

[4] 财政部注册会计师考试委员会办公室编. 经济法 [M]. 北京：中国财政经济出版社，1998.

[5] 朱宏亮. 建设法规 [M]. 武汉：武汉工业大学出版社，2003.

[6] 成虎. 工程项目管理 [M]. 2版. 北京：中国建筑工业出版社，2001.

[7] 全国建筑业企业项目经理培训教材编写委员会. 工程招投标与合同管理 [M]. 修订版. 北京：中国建筑工业出版社，2001.

[8] 吴泽. 建筑企业管理 [M]. 北京：中国建筑工业出版社，1995.

[9] 常英. 国家司法考试复习指南 [M]. 北京：中国物价出版社，2001.

[10] 邓铁军. 现代建筑业企业管理 [M]. 长沙：湖南大学出版社，1996.

[11] 谷学良，孙波. 工程招标投标与合同 [M]. 哈尔滨：黑龙江科学技术出版社，2000.

[12] 陈惠玲. 建设工程招标投标指南 [M]. 南京：江苏科学技术出版社，2000.

[13] 武育秦，赵彬. 建筑工程经济与管理 [M]. 2版. 武汉：武汉理工大学出版社，2002.

[14] 全国一级建造师执行资格考试用书编写委员会. 建设工程法规及相关知识 [M]. 北京：中国建筑工业出版社，2004.

[15] 全国二级建造师执业资格考试用书编写委员会. 建设工程施工管理 [M]. 北京：中国建筑工业出版社，2004.

[16] 全国二级建造师执业资格考试用书编写委员会. 房屋建筑工程管理与实务 [M]. 北京：中国建筑工业出版社，2004.

[17] 刘亚臣，朱昊. 新编建设法规 [M]. 2版. 北京：机械工业出版社，2009.

[18] 吴泽. 建筑经济 [M]. 2版. 北京：机械工业出版社，2005.

[19] 江怒. 建设工程招投标与合同管理 [M]. 2版. 大连：大连理工大学出版社，2018.

[20] 黄志华，丁晓华. 建设工程招投标与合同管理实务课程思政教学探析 [J]. 山西建筑，2020，46（6）.